沈志翔 / 编著

达芬奇19
高质量调色实操手册

清华大学出版社

北 京

内 容 简 介

本书在围绕DaVinci Resolve(达芬奇调色)软件各项基础工具介绍的基础上,详细讲解该软件的核心工具,并重点介绍19版本最新更新的色轮六矢量切片工具与电影感外观创作器等内容,着重分析工具的核心逻辑与原理,深入讲解节点逻辑、色彩管理、轴心与对比度的结合、饱和度与曝光的关系、影调创造等达芬奇调色软件的内容,结合功能详细举例并通过多种真实项目案例,讲解如何利用达芬奇调色软件更好地进行视频调色。

全书共12章:第1~4章为基础认知部分,重点介绍调色师在影视行业中的工作细则,以及达芬奇调色软件各项工具的具体原理;第5~8章为进阶操作部分,着重分享达芬奇调色软件在曝光、饱和度、对比度、风格化操作与肤色校正等方面的具体操作技巧;第9~12章为实操案例部分,讲解调色的具体流程以及一级校色轮、曲线与色彩扭曲器、风格LUT等基础工具的使用思路与优势,并结合多个具体项目进行实操案例解析。

本书适合作为艺术院校相关专业学生的教材和辅导用书,也可以作为影视行业中希望深入学习达芬奇视频调色的从业人员的参考用书。

图书在版编目(CIP)数据

达芬奇19高质量调色实操手册 / 沈志翔编著.

北京 : 清华大学出版社, 2025.6. -- ISBN 978-7-302-69624-7

Ⅰ. TP391.413-62

中国国家版本馆CIP数据核字第2025J4X072号

责任编辑: 陈绿春
封面设计: 潘国文
责任校对: 胡伟民
责任印制: 刘 菲

出版发行: 清华大学出版社
    网   址: https://www.tup.com.cn, https://www.wqxuetang.com
    地   址: 北京清华大学学研大厦A座   邮   编: 100084
    社   总   机: 010-83470000   邮   购: 010-62786544
    投稿与读者服务: 010-62776969, c-service@tup.tsinghua.edu.cn
    质 量 反 馈: 010-62772015, zhiliang@tup.tsinghua.edu.cn
印 装 者: 小森印刷(北京)有限公司
经   销: 全国新华书店
开   本: 188mm×260mm   印   张: 14.5   字   数: 450千字
版   次: 2025年8月第1版   印   次: 2025年8月第1次印刷
定   价: 89.00元

产品编号: 109624-01

前　言

大家好，欢迎阅读这本关于 DaVinci Resolve（达芬奇调色）软件（以下简称"达芬奇"）的专业指南。我是来自"视觉映像"（VisualMirroring）的调色平台负责人老叉。在影视行业，我已经积累了十多年的丰富经验。从担任摄影指导到成为职业导演，再到如今专门从事调色工作，我已参与了超过百部宣传片、30 多部短剧以及 20 多个 TVC 项目的制作。因此，我对影视行业的运作逻辑和审美标准有着深入的了解。调色这一技艺，在我的导演生涯中得到了锤炼，现在，我非常愿意将这些宝贵的经验分享并传授给大家。同时，我还在全网创建了"老叉的摄影教室"这一分享账号，旨在通过我多年的项目实践，与大家分享实用的调色技巧。而且通过自媒体平台，我能够获得更多关于调色效果的反馈，从而更全面地提高自己的调色技能。

许多人在学习调色的道路上，尤其是初入行的调色师，在项目实践与技能提高过程中，常常会遇到三大难题。

第一，工具多样化带来的使用复杂性。达芬奇内置了丰富的工具集，其中不少工具都能实现相似的效果。如果对这些工具的理解不够深入，就可能在调色时选择不当，导致效果与预期不符。大家可能都有过这样的疑惑：为什么总是调不出理想中的"味道"？其实，问题的根源在于没有完全掌握各工具之间的细微差别。本书正是围绕这一核心问题，通过详细解析达芬奇的每一个工具，帮助读者深刻理解它们之间的区别。书中采用分节形式逐一介绍每个工具，方便读者随时查阅。即使无法立刻记住所有特性，也能在需要时迅速找到答案。

第二，调色流程的模糊。达芬奇独特的底层逻辑，特别是其"节点"概念，常常让初学者感到困惑。此外，素材分析能力的不足也使人不清楚该如何入手。针对这一问题，本书在前半部分介绍工具的同时，结合具体的应用场景，帮助读者在学习工具的过程中逐步培养素材分析与构建调色思路的能力。而后半部分则通过组合操作与实例演练，结合多种素材类型，直观展示市场所需的调色技巧，助力读者构建更加成熟的调色体系。

第三，操作细腻度的欠缺。有些人虽然对工具运用自如，也初步建立了调色思路，但在实际操作中，画面效果却总是不尽如人意。这可能是由于审美水平的限制，或者对调色目标缺乏明确规划，导致每一步操作都显得盲目。与市场上仅浅尝辄止地介绍工具效果的书籍不同，本书还将深入探讨工具的使用技巧。例如，在达芬奇中调整对比度时，会如何间接影响饱和度。如果忽视这类细节，画面就可能"失控"，越来越难以达到预期效果。

必须明确的是，在当今影视制作中，调色已不再是简单的附属环节，而是塑造作品风格、增强情感表达的关键所在。我深知调色对于影视作品的重要性，因此精心编写了这本书，旨在引领大家深入探索达芬奇这一调色界的领军工具，助力你们成为调色领域的佼佼者。色彩是影视作品的灵魂，是情感传递的桥梁。调色师这一神秘而充满魅力的角色，以他们的巧思与慧眼为每一帧画面注入生命与活力。本书正是为了满足广大调色师及影视爱好者的迫切需求而编写的，深入剖析达芬奇的精髓，带领大家走进色彩调整的奇妙世界，领略调色的无穷魅力。

本书特点

从零基础到调色大师，一本书全搞定！ 市场上大部分的达芬奇调色书籍往往只追求内容的全面性，却对核心调色工具的深入讲解有所忽视。然而，本书与众不同，它不仅内容系统全面，更对达芬奇的每一个工具都进行了深入剖析，挖掘其核心原理。达芬奇调色的精髓并不在于简单的参数调整，而是在于如何结合细腻的变化，使调色更加科学，从而呈现更优质的画面效果。无论你是初涉调色的新手，还是希望技艺更进一步的调色师，都能在本书中找到适合自己的宝贵知识，助你逐步成长为调色界的佼佼者。

实战为王，揭秘调色界的"独门秘籍"！ 许多人仅了解达芬奇每个工具的单独效果，却不清楚如何将这些工具串联起来使用，以形成完整的调色思路。本书以实战为导向，通过丰富的实例和案例分析，揭示调色过程中的关键技巧和独门秘籍。这些技巧不仅来源于作者多年的项目执行经验，还结合了自媒体时代对调色结果的广泛反馈，确保你能够掌握到最实用、最前沿的调色技能。同时，书中还详细介绍了达芬奇 19 版本的最新工具，让你始终走在技术发展的前沿。

深度剖析，解锁达芬奇的"隐藏技能"！ 除了详尽介绍达芬奇的常规功能，本书还深入探索了许多隐藏技能和高级用法。这些"隐藏技能"对于调色师而言如同珍贵的宝藏，它们将帮助你在掌握基础技能的同时，领略到调色的更深层次魅力，并充分释放达芬奇的无限潜能。

逻辑清晰，层次分明，调色学习之路不再迷茫！ 本书章节设置合理，逻辑严密清晰。从调色师的工作流程到软件操作技巧，再到实战练习，内容层层递进，构建了一个完整的学习体系。这样的结构设计旨在帮助读者在学习过程中保持清晰的思路，轻松把握学习的方向和节奏，从而实现学习效果的最大化。

实用与创新并重，塑造你的专属调色风格！ 本书在注重实用性的同时，也强调创新性的培养。通过介绍多样化的调色风格和效果，本书旨在激发读者的创作灵感，帮助你塑造独一无二的调色风格。此外，书中还融入了最新的调色理念和行业趋势，让你在掌握实用技能的同时，也能保持对调色领域的敏锐洞察力和创新思维。

内容框架

第 1 章，从调色师的行业现状与发展前景入手，深入阐述调色在影视制作中不可或缺的地位，并详细剖析成为一名优秀调色师所必备的素养与技能。通过详细解读调色在影视制作流程中的介入时机与交付标准，你将深刻理解调色工作是如何与整个影视制作流程紧密相扣的。

第 2~4 章，系统地展开对达芬奇的学习旅程。通过对比达芬奇与其他剪辑软件的工作流程，凸显达芬奇的调色优势，并深入解读其工作界面与节点逻辑，你将逐步领略这款强大软件的精髓。特别是第 4 章，将逐一深入探讨达芬奇的各类调色工具，包括一级校色轮、LOG 色轮、HDR 色轮、曲线工具，以及色彩扭曲器、限定器、神奇遮罩等。此外，还将重点介绍达芬奇 19 版本更新的色轮六矢量切片工具与电影感外观创作器工具，每一个工具都蕴藏着无尽的创意与可能性。

第 5~8 章则聚焦于达芬奇的基础知识与操作流程。通过精细调整曝光、饱和度、对比度等参数，你将学会如何精准把控画面的整体氛围。同时，我们还将提供调色前的设置准备指南，并分享一级校色与还原的实战技巧，助你迅速掌握达芬奇的调色要领。

第 9~12 章构成本书的实战篇。其中，我们将引领你探索局部精细化调整、风格化颜色调整、肤色调整等高级技巧，让你亲身体验达芬奇的神奇魅力。第 11 章的调色魔法案例将展示如何利用一级校色轮、曲线、色彩扭曲器以及 LUT 等工具，打造独具匠心的画面风格。而第 12 章的综合练习则旨在全面检验你的学习成果，通过室内场景、户外人像、宣传片风格、电影风格以及风光的综合调色实践，你将真正领悟达芬奇的深邃内涵。

读者群体

本书适合影视后期制作从业者、摄影爱好者与摄影师、影视制作相关专业学生，以及对调色充满兴趣的自学者和渴望提高视频作品质量的创作者等广大读者群体。书中系统地介绍了达芬奇的基础知识和实战技巧，结合实例分析，帮助读者深入掌握调色的核心要领。无论你是专业人士还是业余爱好者，都能在本书中找到贴合自身需求的学习内容和提高方法，助你轻松进阶为调色高手。

配套资源及技术支持

本书的配套资源请扫描右侧二维码进行下载，如果在下载过程中碰到问题，请联系陈老师（chenlch@tup.tsinghua.edu.cn），如果有技术性问题，请扫描右侧的技术支持二维码，联系相关人员解决。

配套资源　　技术支持

作者

2025 年 6 月

目　录

第1章
调色与调色师

在影视制作领域，调色是一个融合了技术与艺术的关键环节，对作品的视觉展现和情感表达起着至关重要的作用。调色师作为此专业领域的核心从业者，他们的工作既富有挑战性，也蕴藏着无限的机遇，如图1-1所示。

图1-1

虽然调色师的需求增长或许并不如其他岗位那般显著，但其在影视制作流程中的重要性却不容忽视。调色不仅是一个技术处理的过程，更是艺术创作中不可或缺的一环，它与观众的视觉体验和情感共鸣紧密相连。因此，对于剪辑师等相关从业者而言，掌握调色技能不仅有助于提高个人职场竞争力，更是深入参与艺术创作的关键途径。

调色师通过精湛的色彩调整技巧，能够显著增强影片的视觉效果，进而丰富其情感层次，使作品更具吸引力和感染力。这一岗位要求调色师必须具备敏锐的色彩感知力、深厚的艺术素养以及精湛的调色技术。伴随着国内影视产业的蓬勃发展，调色师日益受到重视，无论是在传统影视作品还是新媒体内容中，调色对于提高视觉品质的作用都愈发凸显。

若要成为一名杰出的调色师，不仅需要对调色技术有深入的理解和掌握，还需具备良好的艺术审美和创新能力。调色师在影视制作的每一环节都扮演着举足轻重的角色，从项目的前期策划到拍摄，再到后期制作和最终呈现，都需要调色师以专业的眼光进行精细的调整。同时，为了适应不断变化的行业需求和观众审美，调色师还需持续学习和探索新的调色方法和技巧，以保持其专业水平的前沿性。

随着影视产业的持续进步和观众对视觉体验要求的不断提高，调色师的角色将更加重要，其职业发展前景也将更加广阔。对于那些立志于投身调色事业的人来说，不断提高调色技能、增强艺术修养、拓宽知识视野，将是他们实现个人职业成长和价值提高的重要步骤。

1.1 调色师的行业现状

在影视艺术的瑰丽殿堂中,调色这一技术与艺术完美融合的学科,正在潜移默化地改变着影视作品的视觉呈现与情感传递。本节将带领读者深入调色世界的内核,细致分析调色在当今影视行业中所占据的独特地位及其发展现状,并展望调色师行业在多元化的发展背景下的广阔前景。

1.1.1 为什么要学习调色

在当前的影视行业中,存在一个较为特殊的现状:尽管职业调色师的专业需求并不如其他岗位那般显著,但调色环节的重要性却不容忽视。这种情况往往导致许多剪辑师在完成剪辑工作的同时,还需兼顾调色任务。这种"一肩挑"的现象虽然在一定程度上体现了行业资源的灵活调配,但也凸显了专业细分领域内人才布局的不均衡。

造成这一现状的原因是多方面的。一方面,可能是市场对调色服务的认知度不足,导致职业调色师的需求未能充分显现。在许多项目中,调色仍被视为剪辑的附属环节,而未被充分认识到其作为独立艺术创作部分的价值;另一方面,成本控制也是一个重要因素,在预算有限的情况下,项目方可能更倾向于让剪辑师同时负责调色工作,以节约成本。

然而,这种现状并不意味着调色环节可以被轻视或忽略。相反,随着观众对影视作品视觉效果要求的不断提高,调色在影视制作中的重要性日益凸显。优秀的调色师能够通过色彩调整,提高影片的视觉效果,强化情感表达,使影片更具吸引力。同时,调色也是一项极富创造性和艺术性的工作,它要求调色师具备敏锐的色彩感知能力、丰富的艺术修养以及深厚的调色技术功底。

对于剪辑师而言,学习调色不仅是为了适应行业现状、提高个人竞争力,更是一次深入艺术创作的探索。在调色过程中,剪辑师可以更加深入地理解色彩与情感、氛围之间的关联,通过色彩调整来丰富影片的层次感和立体感,为观众带来更加震撼的视觉体验。这种创作过程不仅是对技术的挑战,更是对艺术的追求和表达。

此外,学习达芬奇对于影视工作人员而言,更是一次技术层面的提高。它如同桥梁一般,连接了影视制作的各个环节,从制片管理到导演构思,再到美术设计、前期拍摄、后期剪辑,每一个环节的参与者都能更加精准地把握光影、色彩与情感的融合,从而实现影片质量与艺术价值的双重提高。

在导演层面,学习达芬奇使他们对影片的视觉呈现有了更加细腻的掌控。调色成为导演艺术构思的延伸,通过色彩语言去传递情感、营造氛围、塑造风格,进而引导观众的视觉感受和心理体验。

在制片层面,达芬奇为制片人带来了更为广阔的视野和精细的管理手段。在项目筹备阶段,制片人可以通过调色技术预估影片的视觉效果和整体风格,从而科学合理地制定预算和拍摄计划,避免因色彩问题导致的后期额外开销。

在前期拍摄层面,摄影师通过学习达芬奇调色,能够更加明确地了解不同拍摄参数对应不同型号摄像机在后期调色时的区别,显著提高对光影的把控能力。他们更能确保拍摄素材的色彩准确性和一致性。

总而言之,尽管当前行业内对职业调色师的需求并不显著,但调色环节的重要性不容忽视。对于剪辑师而言,学习调色不仅是为了适应行业现状、提高个人竞争力,更是一次深入艺术创作的探索和享受。通过调色,剪辑师可以更加深入地理解色彩与情感、氛围之间的关联,为观众带来更加震撼的视觉体验。同时,调色也是一项充满乐趣的工作,它能让剪辑师在创作过程中感受到艺术的魅力和力量。

1.1.2 调色师行业的发展前景

在国内,职业调色师行业的发展前景正展现出积极且多元化的态势,这一行业的未来蕴藏着无限的潜力和机会。

随着我国影视产业的繁荣发展，无论是电影、电视剧，还是网络视频内容，都愈发重视视觉效果的展现。调色作为后期制作中不可或缺的一环，其重要性日渐突出。一部作品的色彩搭配与色调处理，直接影响到观众的视觉感受和情感共鸣。因此，对于专业调色师而言，他们的工作不仅限于技术操作，更是艺术创作的重要组成部分，是影片情感和氛围的关键塑造者。

在国内市场，调色师的需求正持续增长。一方面，随着影视制作水平的提高，制片方对调色质量的要求也相应提高，他们愿意投入更多资源聘请专业调色师，以确保作品在视觉上达到卓越效果；另一方面，新兴媒体形式的涌现，如短视频、直播、网络电影等，也为调色师带来了更多的就业机遇，这些新媒体内容同样需要专业的调色处理，以吸引观众的视线并提高观看体验。

除了电影、电视剧等传统影视作品，调色师在宣传片、广告等商业领域的需求也在日益增长，如图1-2所示的农业宣传片。这些作品通常需要在短时间内吸引观众的注意力，传递特定的品牌信息和情感氛围。调色师凭借精湛的调色技艺，能够将这些作品打造得更具吸引力，从而帮助客户达成商业目标。这一领域的调色工作，不仅要求技术上的精确无误，更需要调色师具备丰富的创意和审美能力，以创造出独特且契合品牌特性的视觉效果。

图1-2

随着短视频和短剧的流行，调色师在这些新兴媒体形式中发现了广阔的施展空间。短视频和短剧因其短小精悍、节奏明快的特质，已成为年轻人娱乐和获取信息的重要途径。调色师通过巧妙的色彩调整，能够增强这些作品的视觉吸引力，使其在繁杂的内容中独树一帜。同时，短视频和短剧较短的制作周期和高频的更新，为调色师带来了更多的工作契机和创作自由度。

此外，直播中的实时调色也成为调色师新的职业发展方向。直播行业的迅速崛起，使越来越多的品牌和个人通过直播与观众实时互动。在直播期间，调色师可借助实时调色技术，调整直播画面的色彩和亮度，使之更为鲜活、引人入胜。这种实时调色的技能，不仅要求调色师具备迅捷的反应和精准的判断力，还需要他们深谙直播流程和观众心理，以打造出最理想的直播效果。

值得一提的是，当前国内专业调色师的数量相对较少，这意味着该领域的竞争尚不激烈。对于有志投身调色行业的人才而言，这无疑是一个难得的机遇。

调色师的工作，本质上就是一次艺术创作的旅程。在调色过程中，调色师可以充分施展自己的想象力和创造力，通过色彩的变换与组合，为观众带来别具一格的视觉盛宴。这种创作过程，既是对技术的挑战，也是对艺术追求的体现。当目睹自己亲手调色的作品在屏幕上绽放出独特的光彩时，那种成就感和喜悦之情，实在是难以用言语来形容。

1.2 成为一名合格的调色师

在初步了解了调色师的工作之后，我们将目光转向调色师这一关键角色的个人成长和技能提高。本节将深入探讨调色师如何汲取创作灵感、进行自我学习，以及通过多样化的学习渠道，持续攀登调色艺术的巅峰。

1.2.1 调色在影视执行中的介入流程与交付标准

在影视制作流程中，调色师的介入环节与其交付标准之间存在着紧密的联系。调色师的工作不仅关乎技术操作，更影响着影视作品的最终视觉效果和观众感受。因此，明确调色师的介入时机和严格遵循交付标准，对于确保影视作品的高质量呈现至关重要。

1.前期准备阶段

流程：

※ 理解需求：与导演、摄影师等团队成员进行深入沟通，准确理解影片的整体风格、情感需求和色彩预期。

※ 制定色彩方案：根据影片的具体类型和风格特点，精心制定详细的色彩方案，涵盖整体色调、色彩搭配等关键要素。

※ 创建LUT：依据已制定的色彩方案，精确创建LUT(查找表)，以此为摄影团队提供明确的色彩指导。

交付标准：

※ 色彩方案必须详尽且切实可行，能够精准地反映导演的创作意图和影片的整体风格。

※ LUT应确保准确无误，从而保障拍摄画面在色彩层面的一致性和精确性。

2.拍摄现场阶段

流程：

※ 监控画面色彩：借助专业的调色设备和技术手段，对拍摄画面的色彩进行实时监控，以确保画面色彩严格符合预先制定的色彩方案和LUT的标准要求。

※ 与数字影像工程师（DIT）合作：与数字影像工程师保持紧密的工作联系与协作，共同确保拍摄素材的高质量管理以及色彩的连贯性和一致性。

※ 反馈与调整：根据现场的实际拍摄情况，及时发现并反馈色彩方面的问题，积极与摄影团队及导演进行有效的沟通，商讨并实施相应的调整方案。

交付标准：

※ 拍摄画面的色彩必须严格遵循色彩方案和LUT的设定，确保整体色彩的一致性和准确性。

※ 数字影像工程师的工作记录应详尽完整，以保证所有拍摄素材得到高质量的管理，同时维护色彩的稳定性和一致性。

※ 反馈和调整的流程需要及时且高效，确保所有与色彩相关的问题能够得到迅速而妥善的解决。

3.后期剪辑阶段

流程：

※ 接收素材：从制片方接收全部原始素材，并从剪辑师处获取待调色的时间线文件。

※ 一级调色：对整体画面进行全面的色彩校正工作，具体涵盖对比度、饱和度、色调等关键参数的细致调整。

※ 二级调色：在完成一级调色的基础上，进一步开展更为精细的色彩处理工作，例如，灵活运用各种特效、滤镜等手段，以显著增强影片的视觉效果。

※ 与导演、剪辑师沟通：保持与导演及剪辑师的密切沟通，根据他们的专业反馈，对调色效果进行有针对性的优化和微调。

交付标准：

※ 调色效果必须紧密契合影片的整体艺术风格和情感表达需求，有效提高影片的视觉效果，并强化其情感传递的力度。

※ 影片中的色彩过渡应自然、流畅，严格避免出现色彩断层或跳跃等视觉上的不协调现象。

※ 最终调色完成的影片，其技术质量必须达到行业标准，特别是色彩饱和度、对比度、亮度等核心参数，需要完全符合行业规范或影片发行的具体要求。

4.输出与交付阶段

流程：

※ 选择输出格式：根据影片的预定发行渠道和播放平台的具体技术要求，精准选择合适的输出格式及编码方式。

※ 输出调色成片：在确保所有调色工作完成后，将影片以高质量标准输出成片。

※ 整理交付文件：系统地整理调色完成的影片、详细的调色方案、LUT 文件等必要资料，为交付做好准备。

交付标准：

※ 所选输出格式必须准确无误，以确保能够精确地展现调色师的工作成果。

※ 调色后的影片技术质量必须达标，严格避免出现噪点、闪烁、色彩失真等任何技术问题。

※ 交付的文件需要完整且符合规范，务必包含调色后的影片、调色方案说明、LUT 文件等核心资料。

5.持续优化与调整

流程：

※ 收集反馈：积极从导演、剪辑师等核心团队成员处收集关于调色成果的详细反馈意见。

※ 分析反馈：对收集到的各类反馈意见进行深入分析和综合评估，准确识别出需要进一步优化和改进的方向及具体内容。

※ 优化调整：依据分析结果，针对性地对调色成果进行精细优化和调整，旨在进一步提高影片的视觉效果和情感表达层次。

交付标准：

※ 持续优化与调整的过程必须高效及时，以确保最终的调色成果能够全面满足导演和剪辑师的专业要求。

※ 经过优化调整后的调色成果，其技术质量不仅需要维持达标状态，更应在视觉效果和情感传递方面实现显著的提高。

调色师的工作流程和交付标准在影视制作过程中构成了紧密衔接的重要环节。通过严格遵循既定流程和坚持高标准的交付要求，调色师能够确保每部影片在色彩呈现上均达到专业与艺术的双重高度。

1.2.2 调色师如何培养灵感以及自我学习

调色师作为影视制作中举足轻重的色彩艺术家，肩负着为影片注入独树一帜的视觉风格和情感氛围的重任。然而灵感的源泉并非永不枯竭，调色师需要持续地培养和激发新的创作灵感，以保持其艺术创作的生机与活力。在此过程中，仿色思路应运而生，成为一种至关重要的学习方法和创作途径。通过对经典影片、摄影杰作或其他艺术形式的色彩进行深入研究和模仿，调色师得以汲取宝贵灵感，并不断提高自身的调色技艺。这种方法不仅助力调色师掌握色彩搭配的基本原理和精湛技巧，更能够开阔其艺术视野，激发其无尽的创作灵感。

在创作色彩方案时，调色师往往需要从多方面探寻灵感，以打造出既别具一格又极富感染力的色彩组合。自然景观、城市风貌、时尚潮流以及不同文化背景下的传统色彩和图案，共同为调色师构筑了一个综合性的灵感宝库。自然景观以其丰富多变的色彩层次与和谐搭配，成为调色师最直接的灵感源泉，如图1-3所示。无论是晨曦的柔美、夕阳的辉煌，还是山川湖海的辽阔、花卉草木的精致，大自然的色彩总能激发调色师对色彩组合的敏锐感知和无穷创造力。这些色彩元素不仅为调色师带来直观的视觉享受，更在潜移默化中深刻影响着他们对色彩的理解与运用。

城市风貌作为调色师洞察色彩搭配与风格演变的又一重要窗口，如图 1-4 所示，其呈现出的多样性令人着迷。不同城市独特的建筑风格、深厚的历史底蕴以及鲜明的文化氛围，共同塑造了各具特色的城市色彩图谱。无论是巴黎散发出的浪漫粉色气息，还是伦敦所展现的古典灰色韵调，抑或上海现代与复古交织的斑斓色彩，这些鲜明的城市印记都为调色师提供了源源不断的灵感素材。同时，城市中的广告牌、霓虹灯以及建筑外墙等色彩元素，不仅折射出时尚与文化的流转变迁，更为调色师在色彩运用层面开辟了广阔的创新天地。

图1-3

图1-4

将灵感巧妙融入影视作品，是一个既需要创造力又充满技术挑战的过程。调色师必须深刻领会影片的主题与情感基调，从中提炼出独到的灵感与创意，再借助尖端的调色技术及工具，将这些创意转化为荧幕上的绚烂色彩。同时，与导演和摄影师的紧密协作也至关重要，共同确保影片视觉创意的完美呈现。在此过程中，调色师需要根据影片的整体节奏和情感起伏，不断调整和优化色彩方案，同时考虑观众的心理预期和文化背景。

在影视作品的调色过程中，调色师还需要灵活运用色彩心理学原理，以传递细腻情感、营造独特氛围并凸显影片主题，从而与观众建立深层的情感连接，如图 1-5 所示。这要求调色师不仅要深入理解色彩心理学的基本原理，更要根据影片的具体内容和所要传达的情感，精准选择色彩，并通过色彩的对比与和谐、色彩的象征意义等手段，进一步强化影片的艺术表现力。

图1-5

调色师在灵感汲取与自我提高之路上，应保持开放与多元的视角，应细心观察并深入分析杰出影视作品中的色彩运用，勇于探索与实践新颖的调色技巧。积极参与专业培训、交流活动也至关重要，同时，深入阅读与学习相关领域的知识信息也不可或缺。此外，调色师还需要从日常生活中提炼色彩元素，并巧妙地将这些元素融入影视调色之中。通过这些举措，调色师能够不断拓宽自身的视野与知识面，显著提高专业水平与创作能力，从而为影视作品注入更为绚烂多彩的色彩元素。

第2章
达芬奇与其他剪辑软件的
交互与偏色设置

在视频后期制作流程中，达芬奇常常需要与 Adobe Premiere Pro、Final Cut Pro 等专业的剪辑软件紧密配合，协同完成视频的剪辑与调色任务。本章将深入剖析达芬奇与其他剪辑软件之间的交互机制，特别关注"套底"与"回批"这两个核心环节。我们将详细阐述套底过程中时间线的精确匹配与素材替换，以及回批环节中调色成果如何被完美融合回原剪辑项目中。通过这些解析，我们将揭示确保调色与剪辑工作流程高效衔接、避免关键信息丢失与色彩表现偏差的诀窍。

同时，色彩管理在视频制作中占据着举足轻重的地位。播放渠道、播放媒介以及色域标准的多样性，均可能导致视频在最终导出后产生偏色或色差问题。为应对这一挑战，本章将着重介绍达芬奇中的色彩管理功能设置，特别是针对 Windows 与 macOS 系统用户，提供差异化的导出策略指导。通过科学配置输出色彩空间，将确保视频作品的色彩表现在各类播放设备上都能达到最大限度的一致性和准确性。

2.1 达芬奇与其他剪辑软件的交互

达芬奇与其他剪辑软件（如 Adobe Premiere Pro、Final Cut Pro 等）的协作过程中，为确保素材能够无损地传递至达芬奇进行调色处理，套底与回批的环节显得至关重要。

套底，即将剪辑软件中的时间线（通常包含代理素材或较低质量的素材）与原始拍摄素材进行精确匹配与替换的过程。具体而言，剪辑师在完成剪辑工作后，会导出一个包含剪辑时间点、片段顺序及长度等信息的时间线文件（如 XML、EDL 或 AAF 格式）。调色师随后在达芬奇中导入该文件，软件将根据文件内的信息自动链接并识别对应的原始拍摄素材。在此过程中，调色师需要确保时间线上的每个剪辑点均能与原始素材精确对应，以便用原始拍摄素材替换时间线上的代理素材。套底环节的目的在于，确保调色师在达芬奇中观察到的画面质量和内容与剪辑师在剪辑软件中所见完全一致，从而为后续的调色工作奠定坚实基础。

回批，则是指将调色完成后的时间线或片段重新导入剪辑软件，以便进行后续编辑的过程。调色师在完成调色后，会导出已调色的独立片段，并生成一个包含时间线信息的文件（如 XML 格式）。剪辑师随后在剪辑软件中导入这些调色片段及 XML 文件。根据 XML 文件中的信息，剪辑软件自动将这些调色片段拼接到原始时间线上。在此基础上，剪辑师可进行后续的编辑工作，如添加特效、配音、字幕等。回批环节的目的在于，确保调色成果能够顺畅融入整个视频后期制作流程，同时保持调色与剪辑之间的高度一致性。

2.1.1 达芬奇与 Adobe Premiere Pro 套底、回批的方式

达芬奇与 Adobe Premiere Pro 软件之间的套底、回批流程，主要涉及在两个软件之间传输剪辑项目，

以便在达芬奇中完成调色工作，并最终将调色后的项目回批至 Final Cut Pro 进行剪辑完善和输出。

　　在 Adobe Premiere Pro 中完成初步剪辑时，建议仅进行粗剪，并尽量保留片段前后的几帧画面，同时避免添加任何特效、字幕及转场效果，如图 2-1 所示。这样做的目的是确保在达芬奇中进行调色时，画面内容尽可能完整，且不受其他编辑效果的影响，从而得到更为精准和高质量的调色结果。

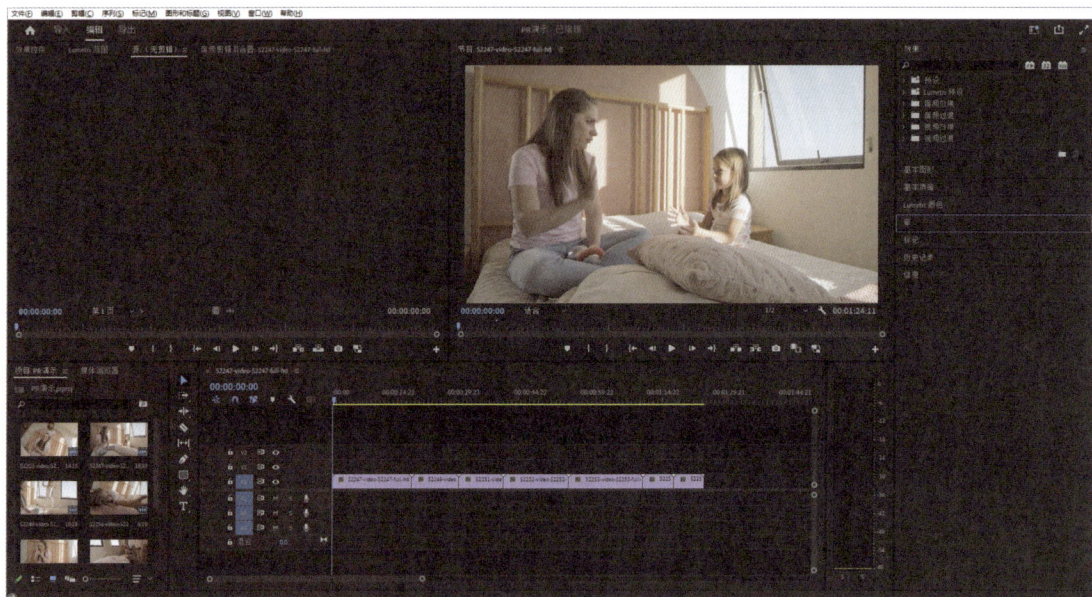

图2-1

　　若希望在 Adobe Premiere Pro 中剪辑的项目能够无损地传递至达芬奇进行调色处理，那么可以通过 XML 文件进行套底操作。具体步骤为：在 Adobe Premiere Pro 中，执行"文件"→"导出"→ Final Cut Pro XML 命令，如图 2-2 所示。在填写好保存路径等必要信息后，软件将在指定目标路径生成一个 XML 文件，如图 2-3 所示。这一流程能够确保项目素材及剪辑点在传递过程中的完整性和准确性，为后续在达芬奇中进行的调色工作提供便利。

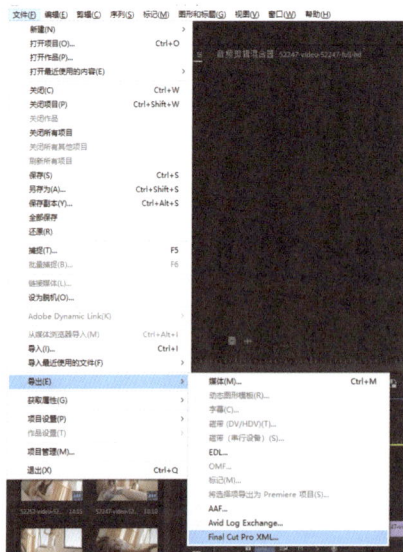

52247-video-52
247-full-hd.xml

图2-2　　　　　　　　　　　　　　　图2-3

此时，打开达芬奇，如图 2-4 所示。执行"文件"→"导入"→"时间线"（请注意，此选项名称适用于达芬奇 19 版本及更新版本；若使用的是历史版本，则可能会显示为"导入 AAF、EDL、XML..."等）命令。在弹出的路径选择对话框中，找到并选择之前从 Adobe Premiere Pro 导出的 XML 文件，即图 2-3 所示的文件。完成这些步骤后，Adobe Premiere Pro 中的剪辑时间线就会成功导入达芬奇，如图 2-5 所示。

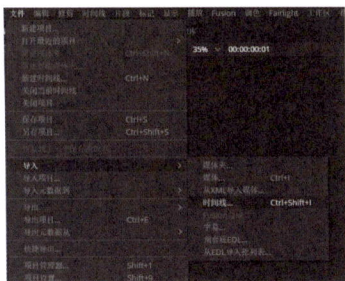

图 2-4

图 2-5

调色完成后，在达芬奇的"交付"面板左上角预设中选择 Premiere XML 选项，如图 2-6 所示，并更改目标保存路径（请注意，此导出过程会同时导出调色后的视频片段，因此请确保目标文件夹有足够的存储空间），随后进行项目的渲染。完成这些步骤后，系统将生成一个 XML 文件及相应的所有经调色后的视频片段，如图 2-7 所示。

图 2-6

图 2-7

返回 Adobe Premiere Pro，执行"文件"→"导入"命令，如图 2-8 所示。接着，将之前从达芬奇导出的 XML 文件导入 Adobe Premiere Pro。此时，软件将自动生成一个新的项目，该项目已经过达芬奇的调色处理，并带有（Resolve）字样，以便识别，如图 2-9 所示。双击打开这个项目后，会看到时间线上呈现的是先前在 Adobe Premiere Pro 中剪辑好，并且在达芬奇中已完成调色处理的项目，如图 2-10 所示。至此，回批工作已顺利完成。

图 2-8

图 2-9

图 2-10

2.1.2　达芬奇与 Final Cut Pro 套底、回批的方式

达芬奇与 Final Cut Pro X 之间的套底、回批流程，主要涉及在两个软件之间传输剪辑项目。该流程的目的是在达芬奇中进行调色处理，随后将调色完成的项目回批到 Final Cut Pro X 中，以进行最终的剪辑完善和输出工作。

1. 从Final Cut Pro X导出XML

当在 Final Cut Pro X 中完成了初步的剪辑时，建议此时的剪辑尽量保持在粗剪阶段，同时，应尽可能多地保留片段前后的几帧画面。此外，为避免对后续调色工作产生干扰，不建议在此阶段添加任何特效、字幕或转场效果，如图 2-11 所示。

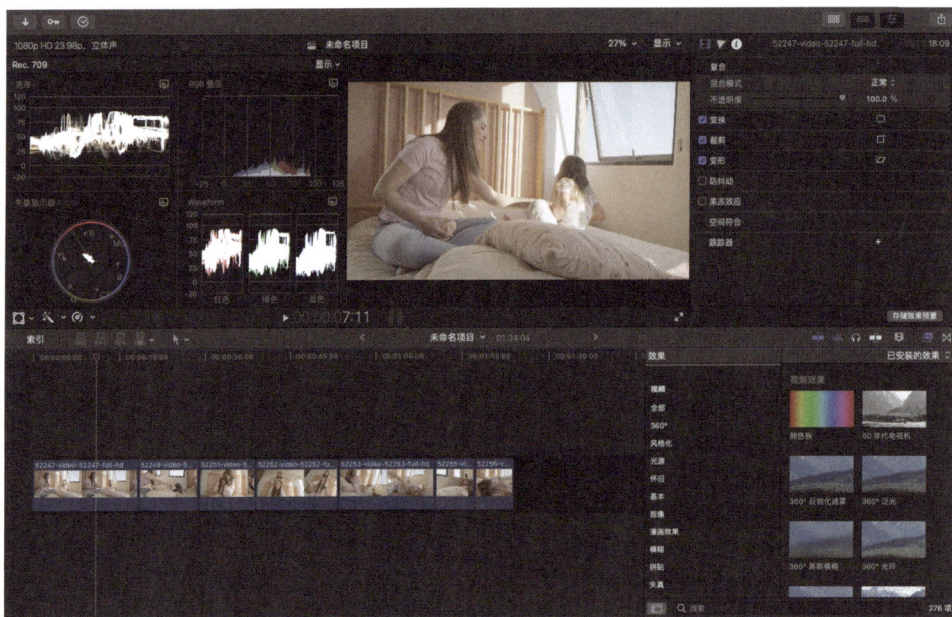

图2-11

若希望将 Final Cut Pro X 中剪辑的项目通过达芬奇进行调色，并确保整个流程是无损的，那么可以通过 XML 文件进行套底操作。具体步骤为：在 Final Cut Pro X 中，执行"文件"→"导出 XML"命令，如图 2-12 所示。在填写好保存路径等必要信息后，软件将在指定目标路径生成一个 XML 文件，该文件记录了项目的剪辑结构，如图 2-13 所示。

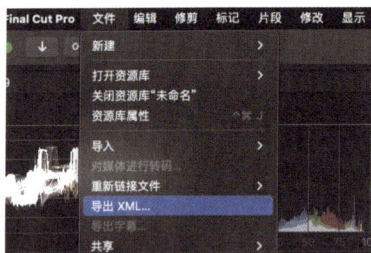

图2-12

图2-13

打开达芬奇，如图 2-14 所示。在达芬奇中，执行"文件"→"导入"→"时间线"命令。在弹出的路径选择对话框中，找到并选择之前从 Final Cut Pro X 导出的 .fcpxml 文件。完成这些操作后，Final Cut Pro X 中的剪辑时间线就会成功导入达芬奇，如图 2-15 所示。

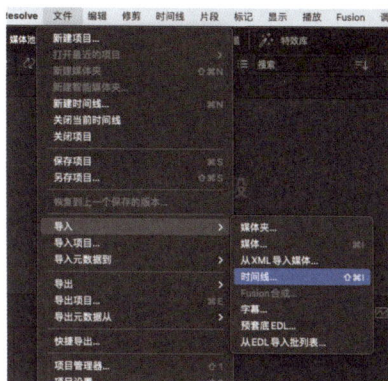

图2-14

图2-15

待调色工作完成后，在达芬奇的"交付"面板左上角预设列表中选择 Final Cut Pro X 选项，如图 2-16 所示。更改目标路径（注意，此次导出将同时包括调色后的视频片段，因此请确保目标文件夹有足够的存储空间），随后进行项目渲染。此过程中将会生成一个 .fcpxml 文件及所有相关的视频片段，如图 2-17 所示。

图2-17

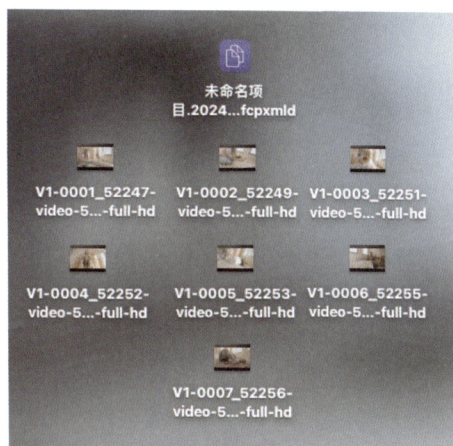

图2-16

回到 Final Cut Pro 中，执行"文件"→"导入"→ XML 命令，如图 2-18 所示。将 .fcpxml 文件导入 Final Cut Pro X 中，此时会生成一个新的经过达芬奇调色的项目，如图 2-19 所示。双击打开该项目后，时间线上就会呈现先前在 Final Cut Pro X 中剪辑好，并在达芬奇中调好色的内容，如图 2-20 所示。至此就完成了回批工作。

图2-18

图2-19

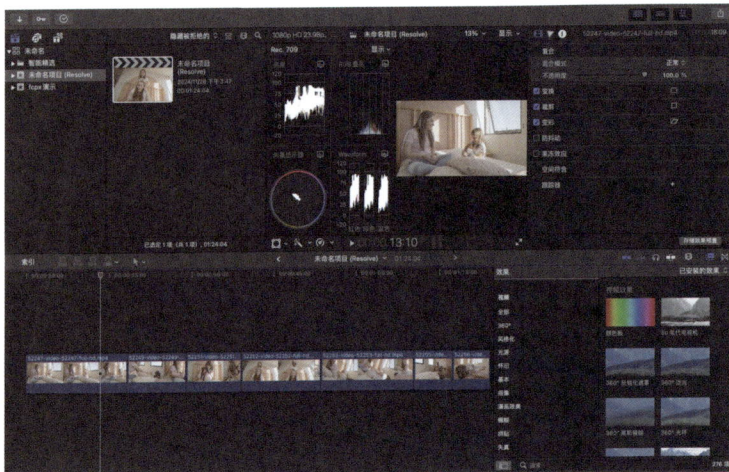

图2-20

在整个流程中，务必保持 Adobe Premiere Pro、Final Cut Pro X 和达芬奇的项目设置、帧率、分辨率等参数的一致性。同时，应确保剪辑过程中使用的插件、转场效果已被删除，以避免出现兼容性问题。

在使用 Adobe Premiere Pro 或 Final Cut Pro X 进行剪辑以及使用达芬奇进行调色时，建议尽量不要对片段进行缩放、位移等修正操作。这些操作最好在套底、回批成功后再进行，以规避可能出现的问题。

2.2 达芬奇避免偏色的设置

不同的播放渠道、播放媒介以及色域，都会采用各自不同的解码方式来播放视频素材。这种情况可能会导致达芬奇导出的项目出现偏色与色差。达芬奇的色彩管理提供了丰富的色域选择，只有通过合理的设置，才能尽可能减少偏色与色差的出现。需要注意的是，这个设置对于 Windows 系统用户和 macOS 系统用户来说，是存在一定差别的。

2.2.1 Windows 系统用户导出设置

Windows 系统用户播放视频的媒介大多以 Rec.709 Gamma2.4 色域为基底。因此，在每个项目开始执行前，我们都需要在达芬奇的色彩管理中，将"输出色彩空间"设置为 Rec.709 Gamma 2.4，如图 2-21 所示。

图2-21

在达芬奇中导出视频时，若输出色彩空间与播放设备的色彩空间不匹配，就可能导致偏色现象。将输出色彩空间设定为 Rec.709 Gamma 2.4，可以确保在遵循 Rec.709 标准的播放设备上，视频内容能展现出精确的色彩效果。此外，通过精确调控 Gamma 值，还能有效防止图像在传输与显示过程中出现亮度失真和对比度偏差，以此提高色彩的准确性和一致性。

2.2.2 macOS 系统用户导出设置

macOS 系统用户播放视频的媒介，大多以 P3 色域为基底。因此，在每个项目开始执行前，我们都需要在达芬奇的色彩管理中，将"输出色彩空间"设置为 Rec.709-A，如图 2-22 所示。

图2-22

在后续章节中，我们将深入探讨 Rec.709 标准下 Gamma 值的差异。

对于 macOS 系统用户而言，Rec.709-A 具体意味着什么呢？

Rec.709-A 是达芬奇 16.2.2 版本中新增的一项特殊色彩曲线，其初衷在于确保与 macOS 系统处理 Rec.709 Scene（对应 NLC 标签 1-1-1）的 QuickTime 文件时，能够达到高度一致性。它并非作为行业标准出现，而是作为一种提高兼容性的解决方案。在未激活达芬奇色彩管理系统时，该曲线作为输入色彩空间发挥关键作用，尤其适用于 macOS 系统下 Rec.709 素材的导入。

一旦激活达芬奇色彩管理系统，软件便能自动识别 Rec.709 素材，并为其分配正确的输入色彩空间，从而省去手动设置 Rec.709-A 曲线的步骤。在项目的色彩管理设置中，无论"自动色彩管理"功能是否开启，Rec.709-A 曲线都不会出现在色彩处理模式中，除非用户主动选择"自定义"模式。然而，鉴于色彩管理涉及诸多复杂变量，非专业人员仅凭尝试很难找到最佳配置，因此不建议随意尝试。

对于初学者而言，建议启用色彩管理及"自动色彩管理"功能，根据素材特点和项目需求设定"色彩处理模式"，并依据目标播放平台（或设备）确定输出色彩空间。此外，macOS 系统用户还应注意两个关键设置：在偏好设置中选中"为检视器使用 Mac 显示色彩描述文件"和"自动为 Rec.709 场景片段设置 Rec.709-A 标签"复选框，如图 2-23 所示。

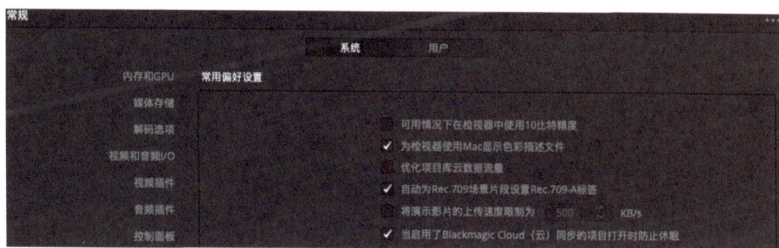

图2-23

前者专为使用苹果计算机及显示器的用户设计，旨在确保达芬奇内部检视器窗口的色彩显示效果与 QuickTime 文件在系统中的播放效果相一致。后者则保证在导入 Rec.709 素材并启动色彩管理时，输入色彩空间能自动设定为 Rec.709-A，省去用户手动调整的步骤。

在开始调色之前，必须检查所有素材是否已赋予正确的输入色彩空间，这是确保后续调色准确无误的重要一环。若某个素材片段本应被识别为 Rec.709，但在开启色彩管理和自动标签功能后，仍未被达芬奇自动标记为 Rec.709-A，可能是由于 NCLC 标签缺失或错误，这种情况在网络下载的视频文件中较为常见。正确的设置能确保输出色彩与达芬奇检视器中的显示效果高度吻合。

尽管我们已进行诸多调整，但播放媒介的不可控性仍存在。例如，在不同播放器或一些老旧屏幕上，视频呈现效果可能与达芬奇中的显示效果存在差异。我们只能尽力确保画面相对一致，细微差别难以避免。

第3章
认识达芬奇

本章将探讨达芬奇相较于其他剪辑软件的优势，包括其色彩管理、专业深度及工作流程的独特之处。同时，我们将详细介绍达芬奇的工作界面布局，包括画廊、LUT库、媒体池、片段与时间线、特效库及光箱等关键功能区域，以揭示其如何助力调色师高效完成调色任务。

此外，本章还将重点解析达芬奇的节点系统，从串行节点到并行节点，再到图层节点、外部节点及Alpha通道节点，全面阐述各类节点在调色过程中的作用与应用。通过学习本章，读者将全面掌握达芬奇的核心功能与操作技巧，为后续深入学习调色艺术奠定坚实基础。

3.1 达芬奇的优势

达芬奇以其强大的色彩管理和校正能力，在影视后期制作领域独树一帜。本节将带你深入了解这款软件的独特魅力，包括其功能定位、专业深度、操作界面、工作流程以及在众多领域的广泛应用。我们将探讨达芬奇在调色领域的专业地位，以及它如何满足电影、广告等高质量项目的色彩需求，并揭示其独特优势。

3.1.1 达芬奇调色与其他剪辑软件的区别

达芬奇与其他剪辑软件在诸多方面展现出显著的差异，这些差异主要体现在功能定位、专业深度、操作界面、工作流程以及适用场景和用户群体上。

首先，就功能定位与专业深度而言，达芬奇以其卓越的色彩管理和校正能力而著称。它提供了包括色彩平衡、曲线编辑等在内的全面调色控制，能实现高质量的色彩分级和调整。这款软件特别适用于电影、广告等对色彩要求严苛的项目，其强大的调色功能可以精确调整画面的色彩、亮度和对比度，赋予视频更加鲜明、逼真且富有层次感的视觉效果。相比之下，其他剪辑软件，如Adobe Premiere Pro、Final Cut Pro等，虽然也具备调色功能，但更侧重于视频剪辑、特效合成和音频处理，其调色功能的专业深度相较于达芬奇略显逊色。

其次，在操作界面与工作流程方面，达芬奇的操作界面虽相对复杂，但布局合理，功能区域划分清晰，为调色师提供了丰富的调色工具和直观的调整参数，便于进行精细的调色操作。其工作流程以调色为核心，支持节点式架构，每个节点都能独立调整，从而实现更高级别的调色效果。而其他剪辑软件的操作界面通常更为直观简洁，易于上手，其工作流程以剪辑为核心，调色只是其中的一部分。相较于达芬奇，其调色工作流程可能较为简单。

再来看适用场景与用户群体，达芬奇特别适用于需要高质量调色效果的专业项目，如电影、广告、纪录片等，能满足专业调色师对色彩精确控制和调节的需求。因此，其用户群体主要是专业调色师、视频制作人员以及对色彩有较高要求的创作者。而其他剪辑软件适用于各种视频制作场景，包括日常视频剪辑、短视频创作、广告制作等，用户群体更为广泛，涵盖了专业视频制作人员、自媒体、学生以及普通视频爱好者等。

此外，达芬奇在电影、广告、纪录片、电视节目制作、专业摄影后期以及视觉特效合成等多个领域都展现出强大的能力。无论是需要精确调色和色彩分级的电影制作，还是利用色彩吸引观众注意力的广告制作，或者需要真实还原拍摄现场并进行艺术加工的纪录片制作，达芬奇都能提供全面的调色控制和高级工具，满足专业人员的需求。

达芬奇以强大的调色功能和专业深度在众多剪辑软件中脱颖而出，特别适用于对色彩有较高要求、追求高质量视觉效果的人群。无论是专业调色师、电影制作人员还是广告制作人员，都能通过达芬奇打造出令人满意的视频作品。同时，对于视频制作爱好者来说，达芬奇也是一个值得深入学习和探索的工具。

3.1.2　达芬奇的独特优势

达芬奇在调色领域展现出了卓越的核心优势，这些优势不仅体现在其全面的功能集上，还深入到了色彩管理的各个细微层面。

首先，达芬奇提供了强大的色彩管理和校正功能。它赋予了调色师全面的调色控制权，包括色彩平衡、曲线编辑、色彩匹配以及镜头标记等，使对视频画面的精细调整和校准成为可能。此外，内置的高级调色工具，如色彩分级、节点编辑器和 LUT 转换，进一步提高了调色效果的专业性。同时，达芬奇支持多种色彩空间，特别是 HDR 和 Wide Color Gamut，扩展了其处理色彩的范围，满足了高端制作的需求。

其次，达芬奇在色彩控制和调节方面达到了极高的精确度。它允许调色师对视频的每个像素进行精细调整，确保色彩、亮度和对比度的准确无误。实时预览功能使调色师能够即时看到调整效果，并根据需要进行微调，从而大幅提高了调色的效率和准确性。此外，软件的色彩匹配能力也极为出色，能够匹配不同摄影设备所拍摄的画面，以及在多个场景和条件之间保持色彩的一致性。

在工作流程和自动化方面，达芬奇同样表现出色。其节点式架构使调色过程更加灵活和高效，每个节点都可以独立调整。同时，批量处理和自动匹配功能的支持，能够快速应用调色预设，进一步提高调色效率。多用户协作的功能则使多人可以同时进行对同一项目的编辑，提高了团队协作的效率。

从色彩管理的角度深入分析，达芬奇的核心优势同样显著。它支持在不同色彩空间之间进行转换，确保了不同设备之间色彩的一致性。LUT 功能简化了色彩处理过程，并确保了色彩校正的一致性和可重复性。色彩匹配和 HDR 支持的功能，则进一步提高了影片的整体视觉一致性和对高动态范围影像的处理能力。此外，色彩分析和项目管理工具的强大功能，以及插件支持带来的扩展性，都使达芬奇在色彩管理方面具有极高的灵活性和专业性。

除了色彩管理，色彩空间感知能力同样是达芬奇的独特优势。达芬奇中的 HDR 色轮，是色彩空间感知能力的杰出代表。HDR 色轮作为色彩空间自动感知的工具，允许调色师在更宽广的色域和动态范围内进行精细的色彩调整，这一特性满足了现代视频制作对高质量色彩表现的严苛要求。HDR 色轮细致地划分为多个区域，每个区域都配备对应的色轮进行精确调整，同时还有一个全局色轮用于整体色彩的把控。在使用 HDR 调色色轮时，调色师可以依据色彩空间感知进行色彩偏移和饱和度控制，从而获得更加均匀、自然的调色效果。

此外，达芬奇中的色轮设计也充分考虑了感知均匀性问题。传统色彩空间中，色度的分布往往与人类的实际感知结果存在偏差，这会导致调色师在操作时产生误差。为了解决这一问题，达芬奇在其色轮设计中采用了感知均匀的色彩空间，使调色师能够更加准确地感知和控制色彩变化。

除了 HDR 色轮，达芬奇还包含其他具备色彩空间感知能力的工具。例如，曲线工具同样具备色彩空间感知能力，调色师可以在不同的色彩空间下使用曲线工具进行色彩调整，从而获得更加准确和一致的调色结果。

色彩管理面板在达芬奇中同样占据重要地位。它允许调色师设置输入、输出和时间线色彩空间，以确保在整个调色过程中色彩的一致性。通过色彩管理面板，调色师可以选择适合的色彩空间进行调色，并实时查看不同色彩空间下的调色效果。这种能力有助于调色师更好地理解色彩空间对调色结果的影响，从而做出更加明智的调色决策。

3.2 达芬奇调色的工作界面

本节介绍达芬奇软件界面的基础，包括画廊、LUT 库、媒体池、特效库与光箱等内容，并且重点展示其每一处细节的功能。

3.2.1 画廊与静帧

在达芬奇的调色界面布局中，左上角醒目地展示着第一个功能按钮——"画廊"。该按钮不仅是调色工作流程的核心入口，更是管理和组织静帧图像的关键所在。调色界面的画廊及其扩展窗口共享了诸多组织静帧的命令，但特定于调色界面的功能，如静帧的保存与自定义分屏查看，则显得尤为独特。"画廊"按钮作为一个开关，其激活状态将触发检视器左侧新窗口的弹出，如图 3-1 所示，为调色师提供一个直观的操作界面。

在深入探讨使用静帧之前，首先需要明确其概念。达芬奇的静帧，作为一种特定的图像格式，在调色过程中承担着存储调色信息的重任，如图 3-2 所示。这一系统不仅允许调色师捕获并存储镜头片段的详细调色参数，还通过鼠标中键滚轮等便捷操作，实现调色信息的快速复制与应用，极大地提高了工作效率，避免了重复调整的烦琐。此外，静帧在对比镜头画面差异、确保整体画面风格一致性方面也发挥着不可替代的作用。无论是从达芬奇内部生成，还是从外部导入，静帧均能在静帧集中得到有效管理。检视器作为核心工具，不仅负责显示并播放选中的片段，还通过提供丰富的界面控制选项，助力调色过程实现更高的精度与效率。

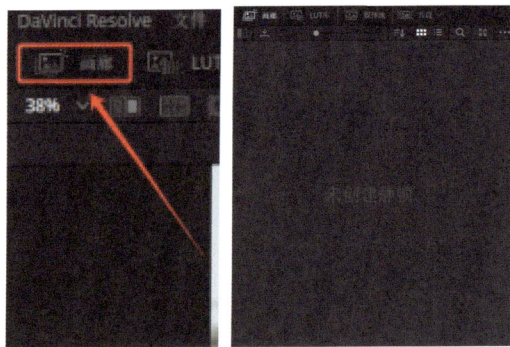

图3-1

图3-2

1.抓取静帧

当面临将一系列调色方案导出后交给另一位调色师，或者跨项目应用相同调色风格的需求时，抓取静帧便显得尤为重要。用户可以通过右击检视器，在弹出的快捷菜单中选择"抓取静帧"子菜单下的选项，如图 3-3 所示，以满足不同场景下的需求。

　※　抓取静帧：保存当前镜头的静帧到画廊。

　※　抓取所有静帧→从第一帧：将当前时间线上的每一个片段的第一帧保存到画廊。

　※　抓取所有静帧→从中间帧：将当前时间线上的每一个片段的中间帧保存到画廊，如图 3-4 所示。

　※　抓取缺失的静帧→从第一帧：将当前时间线上没有静帧的片段的第一帧保存到画廊。

　※　抓取缺失的静帧→从中间帧：将当前时间线上没有静帧的片段的中间帧保存到画廊，如图 3-5 所示。

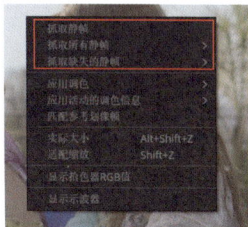
图3-3

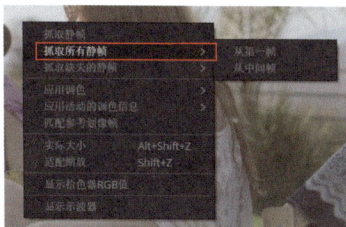
图3-4

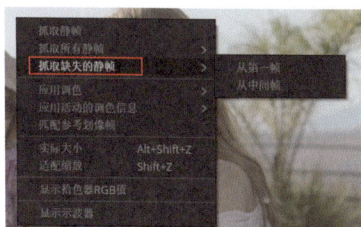
图3-5

随着画廊中静帧数量的增加，对静帧进行重组、删除或导出等操作也变得必要起来。单击一个静帧，然后按住 Shift 键再单击另一个静帧，进行连选，这样可以选择连续的静帧；按住 Ctrl 键（Windows 系统用户）或 Command 键（macOS 系统用户）单击需要选取的静帧，这样所有单击的静帧都会被选中。右击任意静帧，然后在弹出的快捷菜单中选择如下选项。

※　全选：选择画廊中的每个片段。

※　选择当前到最后：选择画廊中当前静帧到最后一个静帧之间的所有静帧。

※　选择首个到当前：选择画廊中第一个静帧到当前静帧之间的所有静帧。

对于需要删除的静帧，同样可借助快捷菜单中的"删除所选"选项进行操作。从画廊中选择一个或多个静帧，右击一个选中的静帧，然后在弹出的快捷菜单中选择"删除所选"选项，如图 3-6 所示。

每张静帧均蕴含着丰富的元数据，这些元数据不仅是达芬奇管理画廊目录的基础，还支持搜索与排序功能，为用户提供了极大的便利。通过右击画廊中的静帧并在弹出的快捷菜单中选择"属性"选项，可以调出一个浮动窗口，其中详细列出了静帧的创建时间、来源片段、抓取时间、源时间码及录制时间等关键信息，如图 3-7 所示。这些信息的存在，使静帧的管理与使用变得更加高效与精准。

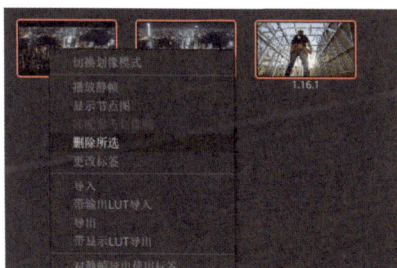
图3-6

图3-7

静帧会自动保存在计算机的指定位置，默认格式为DPX。用户可以通过项目设置中的"常规选项"→"工作文件夹"→"画廊静帧位置"路径查看或修改保存路径。默认情况下，所有静帧均保存在一个隐藏的gallery 目录中，该目录位于达芬奇偏好设置中指定的媒体存储位置。

2. 播放静帧与设置图像划像

在调色界面，可以通过多种方式播放静帧，并在检视器或外部显示器上以图像划像的形式展示。以下为 3 种不同的展示方式。

※　双击画廊中的静帧。

※　单击画廊中的静帧，然后单击检视器顶部工具栏中的"图像划像"按钮。

※　单击画廊中的静帧，然后在检视器中右击，在弹出的快捷菜单中选择"播放静帧"选项。

此时，检视器将切换至分屏模式，如图 3-8 所示，允许用户自由移动与重新定位划像工具，实现当前片段与参考静帧之间的灵活对比。若需要全屏查看静帧或当前片段，可以调整划像工具直至其完全填满检视器。

用户在调色界面的检视器中拖曳鼠标指针以移动划像，也可以通过单击图 3-9 所示的按钮，切换分屏显示的方式。单击检视器工具栏左上角的任意按钮，选择水平、垂直、对角线、混合、Alpha、差异、窗口等类型。

图3-8

图3-9

3.为静帧添加标签与搜索静帧

为便于静帧的管理与查找，达芬奇允许用户为静帧添加标签。默认情况下，静帧以 3 位数字编号进行标识，如图 3-10 所示的"1.42.1"中，数字"1"是片段所在的轨道，数字"42"是片段在当前时间线上的序号，第二个数字"1"是版本号。但用户可通过右击图 3-11 所示的静帧并在弹出的快捷菜单中选择"更改标签"选项，为重要静帧添加自定义文字标签（尽量避免使用"/"等特殊字符）。完成标签添加后，可以利用图 3-12 所示的画廊右上角的搜索框快速定位到所需静帧。

图3-10

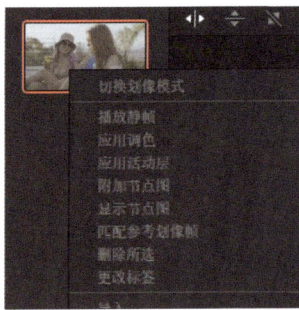
图3-11

图3-12

4.画廊选项

右击画廊灰色区域，将弹出一个包含多个选项的快捷菜单，如图 3-13 所示。这些选项可以实现静帧保存数量、显示方式及排列顺序等方面的设置。该快捷菜单中主要选项含义如下。

※ 切换划像模式：该选项使用户能够灵活转换参考模式，即在"画廊"中的静态帧、"时间线"上的视频片段，以及"离线"存储的参考影片之间切换。

※ 追踪时间线：当在时间线上选定某个视频片段时，系统将自动同步选择该片段在"画廊"中保存的第一个静态帧版本。

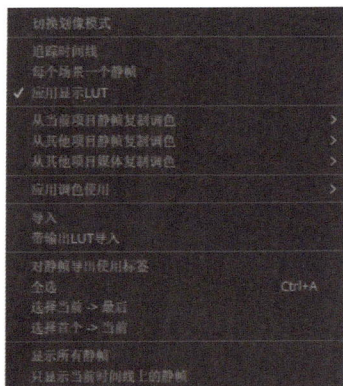
图3-13

※　每个场景一个静帧：选中此选项后，系统将为时间线上的每个片段仅保留一个静帧于"画廊"中。若在设置前已存储多个静帧，它们将保留直至为同一片段保存新静帧时，原所有相关静帧将被新静帧替换，以确保每个片段仅与一个静帧关联。

※　应用显示LUT：项目设置中配置的显示LUT默认不应用于静帧保存，以保持其原始色彩状态。然而，为了满足特定参考需求，可以通过选中"应用显示LUT"选项，将当前带显示LUT效果的画面作为静帧保存。此静帧将包含LUT调整，供后续分屏参考时直接使用。需要注意的是，内部存储的显示LUT仅影响检视器中的静帧播放，不影响最终保存的DPX图像文件。

※　应用调色使用：此子菜单提供了3种不同的选项，可以灵活控制如何将在调色过程中自动保存的关键帧应用于不同场景。

  »　无关键帧：选择此选项时，系统将不会复制或传递任何关键帧，保持目标片段的原始色彩调整状态不变。

  »　对齐源时间码的关键帧：选中此选项后，系统会将静帧的源时间码与目标片段的源时间码进行匹配，并据此复制和粘贴关键帧。这一特性适用于将调色效果复制回原始片段的多个部分（这些部分可能因剪辑操作而分散在时间线上的不同位置），确保关键帧能够精确地应用于与原始片段相同的时间点。若源时间码间不存在重叠，关键帧将默认粘贴至目标剪辑的起始帧，类似下一选项的行为。

  »　对齐起始帧的关键帧：此选项允许用户将带有关键帧的调色效果从一个片段复制到另一个全新的片段上，即便这两个片段拥有完全不同的时间码。在复制过程中，系统会将静帧源片段的起始帧与目标片段的起始帧对齐，从而确保调色效果的起始点保持一致。

※　显示所有静帧：选中该选项，系统将在画廊中显示当前项目下所有可用的静帧，无论它们源自哪个时间线或场景。

※　只显示当前时间线上的静帧：选中该选项，画廊将仅展示从当前选中时间线中保存的静帧，自动隐藏所有其他时间线的静帧。这一功能有助于用户在处理特定时间线时保持专注，减少干扰，直至需要切换到另一条时间线进行查看或编辑。

5.使用静帧集组织静帧

　　所有保存的静帧均被组织在当前打开的静帧集中，默认集名为"静帧1"，如图3-14所示。用户可根据需要创建新的静帧集，以便对静帧进行分类管理。无论是通过调色界面中的画廊，还是通过画廊窗口，均可轻松实现对静帧集的显示、创建、删除及重命名等操作。

图3-14

6.显示或隐藏静帧集列表

　　静帧集的显示或隐藏可以通过单击画廊左上角的"静帧集"按钮实现，如图3-15所示。当静帧集列表显示时，可以通过拖曳静帧至目标静帧集来实现静帧的跨集移动。若需要删除静帧集及其中的所有静帧，可以右击静帧集并在弹出的快捷菜单中选择"移除当前集"选项，随后单击"删除"按钮进行确认。

图3-15

7.使用静帧集的方法

使用静帧集的方法如下。

※ 添加新静帧集：在静帧集列表区域右击，并在弹出的快捷菜单中选择"添加静帧集"选项，即可创建一个新的静帧集。新创建的静帧集将自动分配一个递增的序号，以便管理和识别。

※ 添加新的 PowerGrade 静帧集：在静帧集列表中右击，并在弹出的快捷菜单中选择"添加 PowerGrade 静帧集"选项，可以创建一个特别用于存储 PowerGrade 调色方案的静帧集。此静帧集也将获得一个递增的序号，以便区分。

※ 重命名静帧集：双击列表中的目标静帧集名称，输入新的名称后，按 Enter 键确认。

※ 浏览静帧集：单击列表中的任意静帧集，即可将其设置为当前活动的静帧集，进而浏览其内部包含的所有静帧。这一功能允许用户在不同静帧集之间快速切换，以便比较或选择所需的静帧。

※ 将静帧从一个静帧集移到另一个静帧集：可以在"画廊"视图中选中目标静帧，并直接拖曳至目标静帧集的列表项上。

※ 删除静帧集：当某个静帧集不再需要时，可以右击该静帧集，并在弹出的快捷菜单中选择"移除当前集"选项来执行删除操作。随后，在弹出的对话框中单击"删除"按钮以完成删除。需要注意的是，删除静帧集的同时也会删除其中包含的所有静帧，因此在进行此操作时应谨慎，以免造成数据丢失。

8. PowerGrade 静帧集

PowerGrade 静帧集是专为频繁使用或需要跨项目参考的调色静帧而设计的特殊集合。与仅适用于单个项目的常规静帧集不同，PowerGrade 静帧集支持在指定数据库内多个项目间进行共享，如图3-16所示。

图3-16

PowerGrade 静帧集的泛用程度取决于所使用的数据库类型。若使用磁盘数据库，则 PowerGrade 静帧集中的静帧可以在该数据库指定位置保存的所有项目中使用；若使用 SQL 数据库，则 PowerGrade 静帧集的内容仅适用于同一个数据库内的项目。用户可以通过画廊窗口将 PowerGrade 静帧从其他项目和数据库复制到当前项目与数据库中，并可以根据需要创建多个 PowerGrade 静帧集以管理调色资源。值得注意的是，最后一个 PowerGrade 静帧集是不可删除的。

9.导入与导出静帧

达芬奇的画廊支持多种图像格式的静帧导入与导出功能，为用户提供了极大的灵活性。用户可以根据需要选择 DPX、CIN、TIFF、JPEG、PNG、PPM、BMP 及 XPM 等格式进行静帧的导入与导出操作。

在导入时，可以选择是否同时导入配套的 LUT 文件。在导出时，则可以选择是否将当前项目的显示 LUT 应用于导出的图像上。这一功能不仅有助于优化客户之间的参考图像传递与审批流程，还为用户提供了更为丰富的调色资源共享途径。

导入静帧图像的操作流程如下。

01　在画廊界面的灰色空白区域右击。

02　在弹出的快捷菜单中，根据需求选择以下任意选项。

　　※　导入：用于导入图像文件及其配套的 DRX 文件（若存在）。

　　※　带 LUT 导入：若需要同时导入图像、DRX 文件及配套的 LUT 文件（若存在），选择该选项。

03　在弹出的"导入静帧"对话框中，通过选项下拉列表选择欲导入的文件类型，浏览至文件所在位置，选中目标文件后，单击"导入"按钮完成操作。

导出静帧图像的操作流程如下。

01　在画廊视图中，选中一个或多个待导出的静帧。

02　右击选中的静帧，并从弹出的快捷菜单中选择适当的导出选项。

　　※　导出：为选中的每个静帧保存两个文件，包括指定格式的图像文件和包含调色元数据的 DRX 文件。

　　※　带显示 LUT 导出：若项目设置中已指定视频检视器查找表（LUT），此选项将导出经 LUT 处理后的图像及包含调色元数据的 DRX 文件。

03　在弹出的"导出静帧"对话框中，从选项下拉列表中选中所需的文件类型，设定保存位置，在"保存为…"文本框中输入基础文件名，随后单击"保存"按钮。

04　每个选中的静帧及其附带文件将按照统一命名规则导出，即以"保存为…"文本框中输入的名字为前缀，后跟下画线、静帧的ID号及文件扩展名。

3.2.2　LUT 库与 LUT 的导入导出

　　LUT（Look-Up Table，颜色查找表）在视频调色中扮演着至关重要的角色，它能够帮助用户快速实现特定的色彩风格和效果。LUT 实际上是将一种颜色映射为另一种颜色的数据表。在视频调色过程中，LUT 常被用于将一个视频素材的颜色值转换为另一组颜色值，从而迅速完成色彩风格的调整。LUT 文件一般以 cube 或 look 等格式存储，这些文件内包含了颜色转换的映射数据。

　　达芬奇为 LUT 设置了一个专用区域，称为"LUT库"，如图 3-17 所示。该功能区位于软件界面的左上角，紧邻画廊功能区域。

图3-17

　　LUT 库的核心价值在于其快速调色的能力。对于需要批量处理视频素材或保持多个视频项目之间色彩一致性的情况，LUT 库无疑是高效的解决方案。通过简单地应用一个 LUT，视频素材就能瞬间呈现不同的色彩风格，从复古胶片感到现代清新风，应有尽有。此外，LUT 库还激发了色彩创意的无限探索，用户可以尝试不同的 LUT 组合，为自己的作品增添独特的视觉魅力。

1.LUT库的导入与管理

　　在达芬奇中，可以通过以下步骤导入和管理 LUT 库。

01　打开达芬奇，创建或打开一个项目。

02　在项目设置中，找到"色彩管理"选项，并单击"查找表"下方的"打开LUT文件夹"按钮，如图
　　3-18所示。

03　打开LUT文件夹后，将下载的LUT文件（.cube或.look格式）复制或移动到该文件夹中。

04　重启达芬奇或单击"更新列表"按钮，新导入的LUT将出现在LUT库中。

　　用户可以在 LUT 库中查看所有已导入的 LUT。但需要注意的是，用户无法在 LUT 库界面中直接删除
LUT 或更改 LUT 的名称。如需要进行这些操作，右击 LUT 并在弹出的快捷菜单中选择"打开文件位置"
选项，如图 3-19 所示，然后在 LUT 文件所在位置进行删除或修改文件名。为了方便查找和使用，建议为
不同类型的 LUT 创建不同的文件夹，并进行有序管理。

图3-18

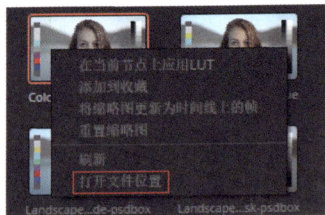

图3-19

2.LUT的应用与调整

　　右击节点，在弹出的快捷菜单中选择 LUT 子菜单，并从图 3-20 所示位置的 LUT 库中选择一个 LUT
应用到该节点上，或者直接从 LUT 库将 LUT 拖曳到节点上以应用 LUT。

3.调整LUT强度

　　选择应用了 LUT 的节点，然后单击"键"按钮，在图 3-21 所示的位置减小"键输出"的增益值，便
能够降低 LUT 的效果强度。

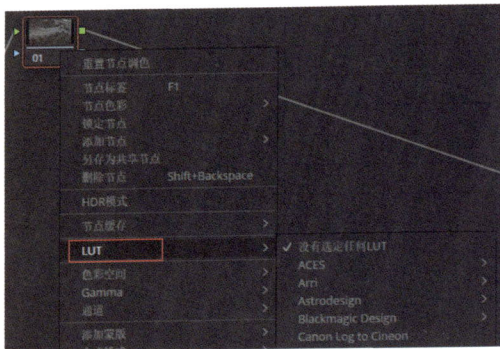

图3-20

图3-21

3.2.3　媒体池

　　媒体池是达芬奇中用于存储和管理所有导入素材的区域。无论是视频、音频还是图片等多媒体文件，

一旦导入软件，都会首先出现在媒体池中。媒体池不仅提供了素材的预览功能，还允许用户对素材进行组织、分类和搜索，以便在调色过程中快速找到所需的素材。媒体池位于调色面板左上角的第 3 个选项卡，如图 3-22 所示。

1.媒体池的界面布局

媒体池的界面布局清晰直观，主要包括以下几个部分。

※ 素材列表：显示所有导入媒体池中的素材列表，如图 3-23 所示。可以通过拖动滚动条浏览列表中的素材，也可以通过搜索框快速定位特定素材。

图3-22

图3-23

※ 预览窗口：提供当前选中素材的预览功能。用户可以在预览窗口中查看素材的缩略图、关键帧或实际播放效果，以便对素材进行初步评估，如图 3-24 所示。

※ 信息栏：显示当前选中素材的详细信息，如文件名、格式、分辨率、帧率、时长等。这些信息对于了解素材的基本属性非常重要，如图 3-25 所示。

图3-24

图3-25

2.媒体池的操作与管理

在媒体池中，用户可以进行一系列的操作和管理任务，以优化素材的使用和调色流程。以下是一些常见的操作和管理方法。

※ 导入素材：可以通过媒体浏览器找到素材所在的文件夹，并将其导入媒体池。导入后的素材将自动出现在素材列表中。

※ 组织素材：可以在媒体池中创建文件夹来组织素材。通过右击媒体池空白区域，在弹出的快捷菜单中选择"新建媒体夹"选项，可以创建新的文件夹，并将相关素材拖入其中。这样有助于保持素材的整洁和有序，如图 3-26 所示。

※ 搜索素材：媒体池提供了搜索功能，可以在搜索框中输入关键词来快速定位特定素材，这对于处理大量素材时非常有用。

※ 预览素材：可以通过单击素材列表中的素材来预览其效果。在预览窗口中，可以单击白色感叹号按钮，查看素材的具体信息，以便进行进一步的评估和调整，如图 3-27 所示。

图3-26

图3-27

3.使用媒体池的注意事项

在使用媒体池时，需要注意以下几点。

※ 及时保存：在导入素材或进行任何操作后，建议及时保存项目，这有助于避免因意外情况导致的数据丢失。

※ 合理组织：为了保持媒体池的整洁和有序，建议合理组织素材和文件夹，避免将大量无关素材混杂在一起，以免增加查找和管理的难度。

※ 注意素材属性：在导入素材前，需要注意素材的基本属性（如分辨率、帧率等）是否与项目要求相匹配。如果素材属性不符合要求，可能会导致调色过程中出现问题。

3.2.4 片段与时间线

在媒体池的右侧，有一个"片段"按钮，如图 3-28 所示。可以通过单击该按钮展开调色面板中间部分的片段缩略图，如图 3-29 所示，帮助用户快速浏览与定位素材。

图3-28

图3-29

在"片段"按钮的右侧有一个向下箭头按钮，单击该按钮，可以在弹出的菜单中选择不同的选项，快速对素材进行分类。达芬奇提供的选项如图 3-30 所示，可以创建智能过滤器来自定义过滤选项。

在展开的片段缩略图列表中，可以多选片段进行编组、标记等操作，具体的使用方法将在后续章节详细讲述，如图 3-31 所示。

图3-30

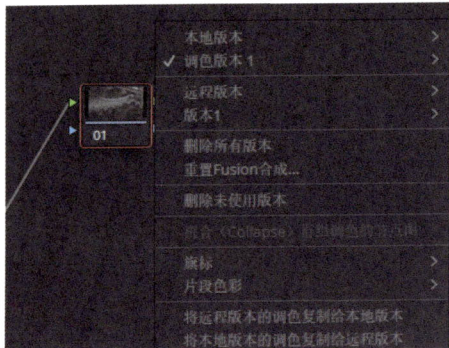

图3-31

在"调色"面板的右上角，有一个"时间线"按钮，如图 3-32 所示。单击该按钮后，可以在片段缩略图的下方看到时间线的缩略图，如图 3-33 所示。缩略图上会显示对片段设置的"旗标""标记""片段色彩"等内容，并呈现编辑界面中时间轴的视频轨道，其中每个剪辑都显示实际持续时间。这提供了当前时间轴结构的最佳表示：剪辑长度显示持续时间，并显示多个轨道，用户可以直观地查看哪些剪辑被叠加。

图3-32 　　　　　　　　　　　　　　　　　　　图3-33

3.2.5 特效库

特效库是达芬奇的核心组成部分之一，如图 3-34 所示。它内置了众多预设的视觉效果，可以直接将这些效果应用到相应的节点上，从而迅速达成特定的视觉呈现。这一功能极大地简化了视频后期制作的复杂流程，显著提高了工作效率。当单击"特效库"按钮后，会立刻调出一个窗口，其中不仅包含了达芬奇自带的特效，还囊括了用户自行安装的各类插件特效。

使用这些特效相当简便，只需将所选特效拖至目标节点上即可完成应用。一旦特效被成功应用，该节点的缩略图下方将出现一个 FX 图标。同时，"素材库"右侧的"设置"面板也会自动激活，供用户对所选特效进行参数调整与优化，如图 3-35 所示。

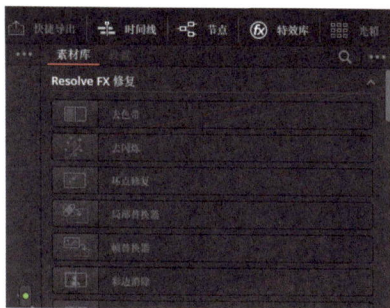
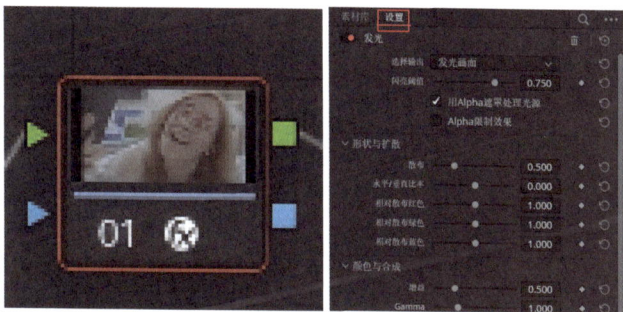

图3-34 　　　　　　　　　　　　　　　　　　　图3-35

3.2.6 光箱

达芬奇调色面板的右上角，最后一个工具名为"光箱"。光箱是专门用于存放所有片段缩略图的组件。用户可以通过打开"光箱"，快速浏览和查看时间线上当前正在调色的片段缩略图。这些片段按照时间线上的时间顺序进行排列，如图 3-36 所示。

图3-36

"光箱"的优势在于，当需要快速匹配一个项目中不同镜头的画面时，可以打开"光箱"来迅速查看各镜头之间的匹配情况。若打开"光箱"左侧的"片段过滤器"，如图 3-37 所示，用户便能利用丰富多样的筛选条件，快速筛选并过滤片段。

除此之外，在开启"光箱"的同时，如果单击左上角的"调色控制工具"按钮，将会调出调色控制面板。这样，便能在浏览素材的同时，快速进行调色，如图 3-38 所示。

图3-37

图3-38

3.3 认识节点

在图像处理与编辑的过程中，节点发挥着举足轻重的作用。作为处理流程中的核心单元，节点承担着接收图像数据（可能是图像的局部或整体）的任务，并应用一系列预设或用户自定义的操作与功能，最终输出经过精心处理的图像。每个节点都会在其输入端接收原始图像信息或上一个节点的处理结果，通过内部处理逻辑的有效组合后，在输出端展示处理成效。节点的有序排列不仅保障了图像数据能够有条不紊地流动，还使每一步的图像变换都能得到精确掌控，并顺畅地传递给后续节点，从而实现了复杂图像处理流程的模块化与高效管理。

3.3.1 达芬奇节点的逻辑

在达芬奇中，节点被巧妙地设计用来组织和管理调色的各个环节。与其他采用图层叠加方式进行调色的软件（如 Adobe Premiere Pro）不同，达芬奇利用节点将复杂的调色流程拆解成一系列独立且可调整的步骤，而每一步都通过一个节点来代表。这种基于节点的调色方法，不仅大大增强了调色过程的直观性和易读性，同时也为用户提供了极高的灵活性和控制力，使他们能够精确地调整图像的每一处细节。

在达芬奇中，节点之间通过箭头相互连接，这些箭头清晰地指明了图像数据的流向，即从一个节点按顺序传递到另一个节点。每个节点都具有特定的处理功能，例如色彩校正或特效应用等，而节点之间的有序连接则确保了这些功能能够依照预设的顺序准确执行，如图 3-39 所示。

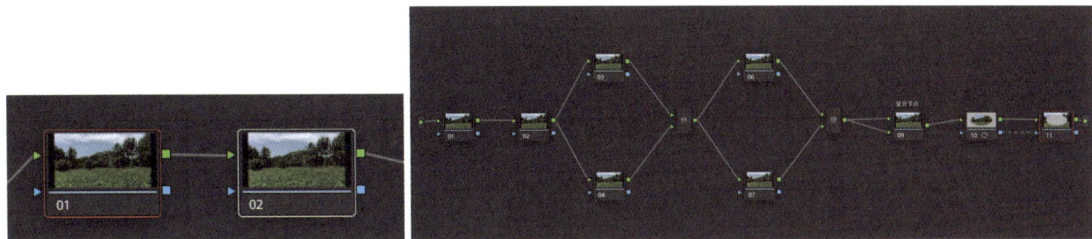

图3-39

此外，节点还通过不同颜色的方块（通常是绿色和蓝色）来区分不同类型的数据信号传递。绿色方块相连代表 RGB 信号的传递，主要涉及图像的颜色与亮度信息；而蓝色方块相连则代表 Alpha 通道信号的传递，该通道负责传递透明信息。在对画面进行选区操作后，未被选中的部分信息将会在 Alpha 通道中被移除，仅保留选中的区域，使用户能够对图像的特定区域进行精确的选择与处理。在达芬奇的调色界面中，每个节点前后的长方形分别代表素材源和输出，如图 3-40 所示。

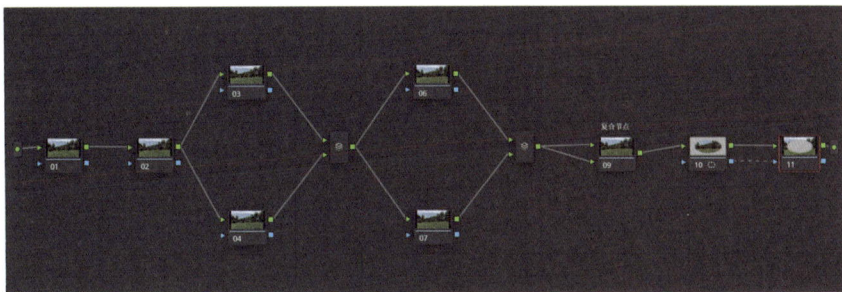

图3-40

用户需要首先将素材源（如视频片段）拖至时间线上，随后在节点之间建立连接。通过调整每个节点的参数，实现对图像的处理。最终，所有节点的处理结果将汇聚于输出节点，并统一呈现给用户。若未启用特定的突出显示等功能，用户屏幕上所显示的画面即为经过所有节点处理后的最终输出画面。

任何节点都可以通过单击节点上显示的数字来显示或隐藏该节点的操作效果，如图 3-41 所示。如果节点排列显得混乱，可以在空白处右击，并在弹出的快捷菜单中选择"整理节点图"选项，以便重新组织节点布局，如图 3-42 所示。

图3-41

图3-42

3.3.2 串行节点

串行节点是达芬奇中最为基础和常用的节点类型，用户可以通过多种方式创建串行节点。

※ 快捷键：在 Windows 系统中，只需按住 Alt 键再按 S 键，即可快速创建一个串行节点；而在 macOS 系统中，则应按住 Option 键再按 S 键来完成相同的操作。

※ 快捷菜单：在已存在的节点上右击，在弹出的快捷菜单中选择"添加节点"→"添加串行节点"选项，也能添加新节点，如图3-43所示。

※ 调色面板：通过执行"调色"菜单中的命令，也可以直接选择添加节点，并明确指定串行节点的类型，如图3-44所示。

图3-43

图3-44

串行节点的核心机制在于"一对一传承"的逻辑。这表示，每个串行节点都会从前一个节点的输出中接收数据，并将其处理后的结果作为输入数据传递给下一个节点。这种顺序连接的特性，使串行节点成为构建复杂图像处理流程中不可或缺的基本单元，如图3-45和图3-46所示。

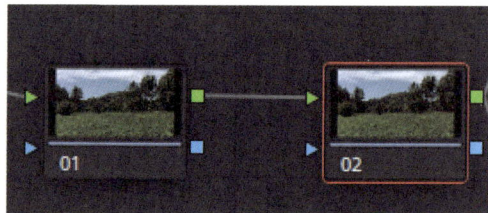

图3-45

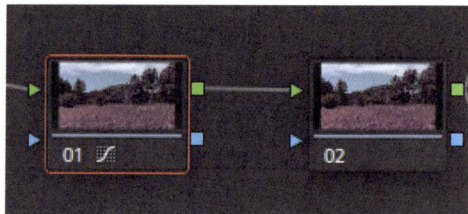

图3-46

以调整图3-45中的绿草地颜色为例，如果在第一个串行节点中将绿草地颜色转变为紫色，那么这一变化将会被后续的所有串行节点自动继承。具体来说，当进入第二个节点时，由于草地颜色已经变为紫色，因此无法通过调整绿色参数来选中或修改草地颜色。此外，在图3-47所示的色相对色相曲线工具中，绿色对应的部分将不再显示峰值，这进一步证实了绿色信息的缺失。

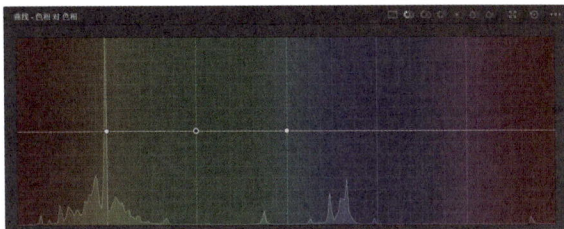

图3-47

　　若需要在后续节点中进一步调整草地颜色（此时草地已变为紫色），那么，应针对紫色进行操作，如图3-48所示。这充分展现了串行节点之间数据传递的连续性和继承性。

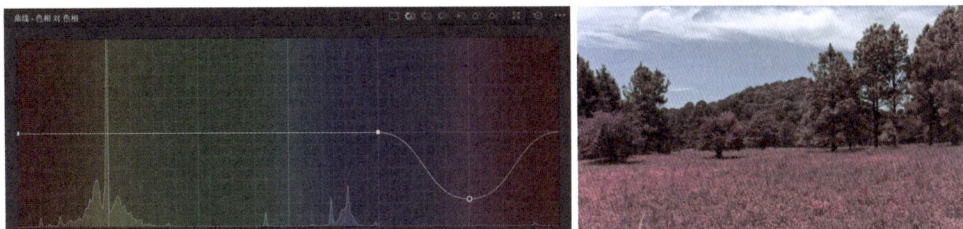

图3-48

　　在调色过程中，如果某个节点的操作导致画面出现死黑、过曝或颜色溢出等问题，这些负面效果可能会在后续节点中变得难以彻底逆转。这是因为死黑和过曝代表着图像信息的彻底丢失，而颜色溢出则意味着色彩细节已经无法恢复。因此，调色时必须谨慎行事，以避免在前期节点中造成不可挽回的损害。

　　此外，虽然默认情况下串行节点是向后添加的，但用户同样可以通过按快捷键Shift+S，或者在图3-49所示的位置右击，并在弹出的快捷菜单中选择"在当前节点前添加串行节点"选项，来实现向前添加节点的需求。

图3-49

3.3.3　并行节点

　　并行节点也是达芬奇中最为基础和常用的节点类型之一，用户可以通过多种方式创建并行节点。

※　快捷键：在 Windows 系统中，可以通过按住 Alt 键的同时按下 P 键来快速创建一个并行节点；而在 macOS 系统中，则应在按住 Option 键的同时按下 P 键来完成该操作。

※　快捷菜单：在已存在的节点上右击，在弹出的快捷菜单中选择"添加节点"→"添加并行节点"选项，添加新节点，如图 3-50 所示。

※　调色面板：通过执行"调色"菜单中的命令，也可以直接选择添加节点，并明确指定并行节点的类型，如图 3-51 所示。

图3-50

图3-51

　　创建并行节点后,它会在选中的节点下方新建一个节点,并从该节点与前一个节点之间引出两条连接线,如图3-52所示。这两条线意味着前一个节点(例如01号节点)的效果将同时传递给后续的两个并行节点(如02号和03号节点)。重要的是,02号和03号并行节点之间没有直接连接,因此,它们之间的操作是相互独立的,互不影响。

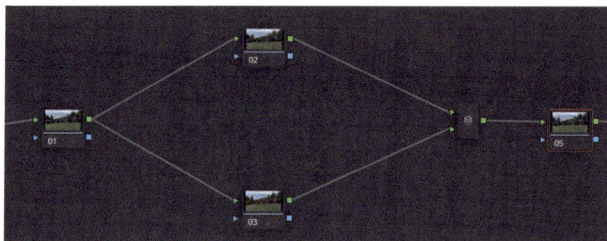

图3-52

　　并行节点的所有操作效果都通过右侧的并行混合器进行合并,然后传递给后续的节点(如05号节点)。在并行混合器之后,通常只能建立串行节点来接收这个合并后的效果。

　　并行节点具有操作互不影响的特性。在一个并行节点中对图像进行的调整,如改变颜色、亮度等,不会对其他并行节点产生影响。举例来说,如果在02号节点中将草地颜色调整为紫色,这一操作并不会改变03号节点中草地的颜色。即使03号节点原本的目的是调整绿色草地,用户仍然可以在该节点中选中并调整绿色部分的内容,如图3-53所示。

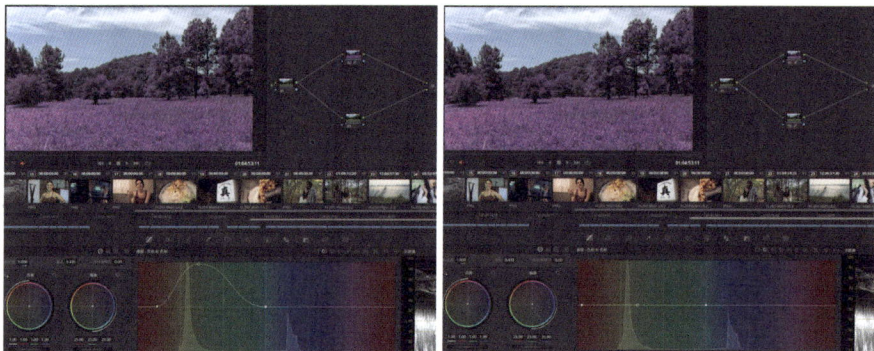

图3-53

　　当多个并行节点对同一图像区域进行不同的调整时,这些调整效果会在并行混合器中进行合并,然后统一传递给后续的节点。以图3-54和图3-55中的02号和03号节点为例,如果在02号节点中使用圆形遮罩来提亮某个区域,同时在03号节点中使用相同的圆形遮罩进行压暗操作,那么在接收了这两个并行节点混合效果的05号节点中,将会同时展现出提亮和压暗的综合效果,如图3-56所示。

图3-54

图3-55

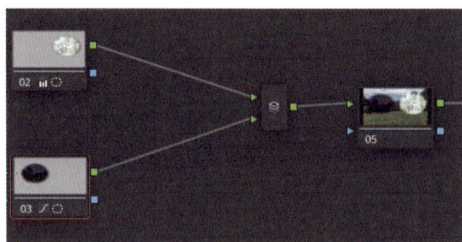

图3-56

3.3.4 图层节点

在数字调色与图像处理领域，图层节点是一种至关重要的节点类型，它允许用户以层级化的方式来组织并处理图像数据，从而赋予用户极高的灵活性和控制力。以下是创建图层节点的几种主要方法。

※ 快捷键：在 Windows 系统中，可以通过按住 Alt 键的同时按下 L 键来快速创建一个图层节点；而在 macOS 系统中，则应在按住 Option 键的同时按下 L 键来完成该操作。

※ 右键菜单：在已存在的节点上右击，在弹出的快捷菜单中选择"添加节点"→"添加图层节点"选项，以添加新节点，如图 3-57 所示。

※ 调色面板：通过执行"调色"菜单中的命令，也可以直接选择添加节点，并明确指定图层节点的类型，如图 3-58 所示。

图3-57

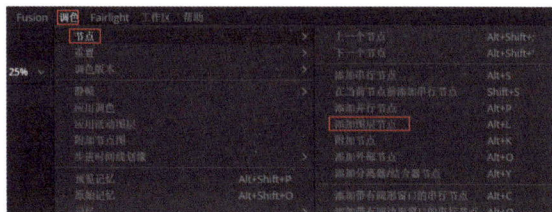

图3-58

图层节点与并行节点在结构模式上具有一定的相似性，它们之间的主要差异在于内部的混合机制。并行节点依赖于并行混合器进行效果合并，而图层节点则运用图层混合器。图3-59展示了并行节点的示例，而图3-60是图层节点的示例。尽管两者在界面上可能仅通过一个不同的方框图标来区分，但这一细微差别却导致了它们在处理图像数据时的方式有着本质的不同。

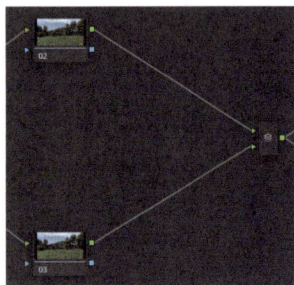 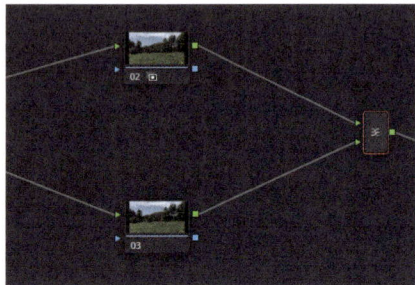

图3-59 图3-60

用户可以通过在图3-61所示位置右击并行节点的并行混合器，并在弹出的快捷菜单中选择"变换为图层混合器节点"选项，从而在并行节点和图层节点之间进行转换，反之亦然。这一功能为用户提供了更大的灵活性和便利性。

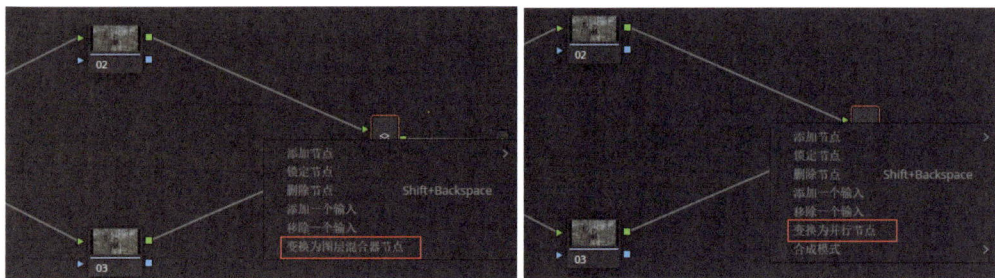

图3-61

图层节点的主要特性体现在其遮盖关系上，这与并行节点的混合关系有所不同。在图层节点中，按从下到上的顺序进行叠加混合。最底部的输入相当于背景层。上方的输入会按照选定的混合模式覆盖在下方图层的结果之上。调整节点的上下连接顺序会直接影响最终效果。

※ 优先级与调整顺序：图层节点拥有明确的优先级设置，这使用户可以根据实际需求调整图层的处理顺序和叠加方式，进而实现对图像的精细化控制。

※ 遮盖效果：当为底层节点添加特定颜色时，例如图3-62所展示的黄色，上层节点的任何操作都无法改变底层颜色的最终显示效果。换言之，一旦在下面的节点添加了一层黄色，那么无论上面的图层如何操作，都无法影响到底层黄色的显示效果，因此画面始终会呈现黄色。

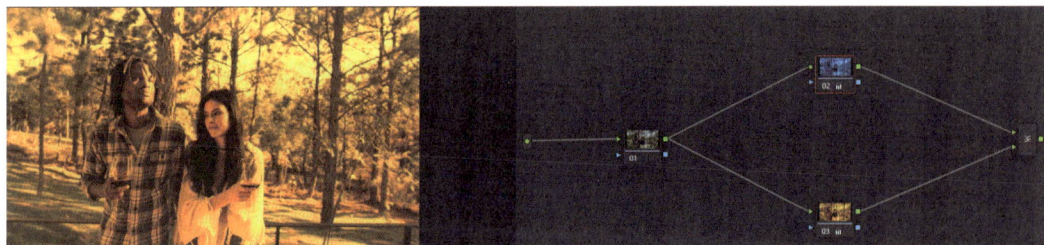

图3-62

值得注意的是，达芬奇的图层混合器在处理图层遮盖顺序时，与某些流行的图像处理软件（如Adobe

Premiere Pro 和 Adobe Photoshop）有所不同。在 Adobe Premiere Pro 和 Adobe Photoshop 中，上层图层会遮盖下层图层，然而在达芬奇中，情况恰好相反，下层图层会遮盖上层图层。这种独特的设计有助于用户进行更为精细化的分区调整。例如，若希望整体画面呈现冷色调，但同时希望保持人物肤色正常，那么，可以先在下层节点中通过限定器选出人物的皮肤颜色，如图 3-63 所示，然后在上层节点中调整画面整体为冷色调，如图 3-64 所示。这样，人物与环境就可以被有效地分离出来，从而实现分区精细化调整。

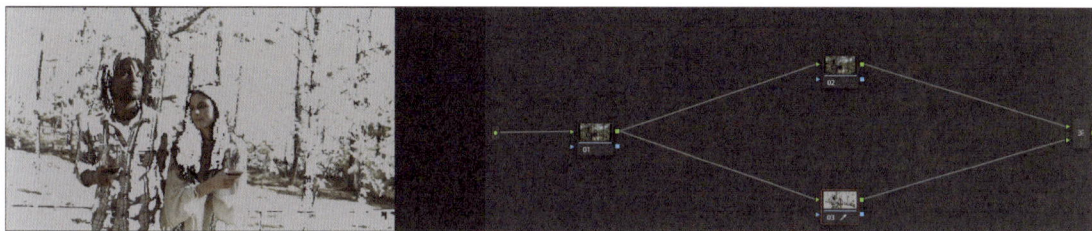

图3-63

图3-64

此外，图层节点还提供了丰富的合成模式选项。当右击图层混合器时，可以看到弹出的快捷菜单最下方有一个"合成模式"子菜单，其中包含了多种不同的模式供选择，这些模式与 Adobe 系列软件中的图层混合模式非常相似，从而为用户提供了极高的自由度来调整画面效果，如图 3-65 所示。

图3-65

※　混合模式（Blend Mode）：这是图层节点的核心功能。常见的模式如下。

　　»　Over（默认）：标准叠加，上方节点内容覆盖下方节点内容，依据 Alpha 通道。

　　»　Add（相加）：将上方节点的像素值与下方节点的像素值相加。通常会使画面变亮。

　　»　Subtract（相减）：从下方节点的像素值中减去上方节点的像素值。通常会使画面变暗或产生反转效果。

　　»　Multiply（相乘）：将上方和下方节点的像素值相乘。通常会使画面变暗，模拟加深或叠加效果。

　　»　Screen（滤色）：与 Multiply 相反，通常使画面变亮。

　　»　Max（最大值）/ Min（最小值）：取两个节点对应像素值的最大或最小值。

　　»　Difference（差值）：计算两个节点对应像素值的绝对差值。产生高对比或反相效果。

　　»　Under（底层）：与 Over 相反，将当前节点作为背景层。

　　»　Alpha 通道处理：混合模式（尤其是 Over）会考虑上方节点的 Alpha 通道信息来决定透明度。如果上方节点没有 Alpha（例如只是一个颜色校正），它默认是完全不透明的。

※　连接结构：有多个输入端口（Inputs）和一个输出端口（Output）。节点内部结构是垂直堆叠的。

3.3.5 外部节点

外部节点是一种特殊的节点,其主要功能是反转其前置节点的 Alpha 通道,即控制图像透明度的通道。通过外部节点进行的调整将直接影响前置节点中未被选中(或相反)的区域。

要创建外部节点,首先需要确保已经选中了一个包含窗口(即遮罩)的节点。接着,在该节点上执行以下任意操作。

※ 快捷键:在 Windows 系统中,可以通过按住 Alt 键的同时按下 O 键来快速创建一个外部节点;而在 macOS 系统中,通过按住 Option 键的同时按下 O 键来完成该操作。

※ 快捷菜单:在节点上右击,在弹出的快捷菜单中选择"添加节点"→"添加外部节点"选项,如图 3-66 所示。

图3-66

创建外部节点后,用户会注意到在图 3-67 所示的位置,两个节点之间除了常规的绿色方块连接外,还存在一条与蓝色方块相连的虚线。这条虚线代表了 Alpha 通道的连接,它使外部节点能够与前置节点共享或反选遮罩区域。

Alpha 通道在图像处理中是一个核心概念,它用于确定图像中哪些区域是透明的,哪些区域是完全可见的。通过调整 Alpha 通道,用户可以控制图像不同部分的透明度,从而实现复杂的视觉效果。在达芬奇中,Alpha 通道被广泛应用于图像蒙版的创建与管理,使用户能够轻松设置特定区域的透明度,实现图像的分层处理与精细调整。这种功能在视频制作领域尤为重要,因为它允许用户在保持整体画面协调性的同时,对特定区域进行细致调整。

如图 3-67 所示,在 02 号节点上创建了一个遮罩窗口,该窗口选中了图像中的特定区域。作为 02 号节点的外部节点,03 号节点会自动选择该遮罩反转后的区域,即 02 号节点中未被选中的部分。这种设计使外部节点成为实现复杂图像合成与调整的有力工具。

如果 02 号节点上不存在任何选区(即遮罩为空),则外部节点将以全灰色形式呈现,这意味着 03 号节点上没有定义任何有效区域。在这种情况下,外部节点不会对图像产生任何影响,直到前置节点(如 02 号节点)的遮罩被重新定义,如图 3-68 所示。

图3-67

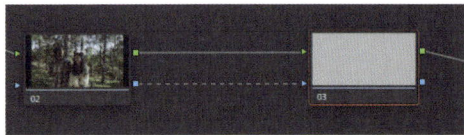

图3-68

当然,还可以通过键反转的方式,使 03 号节点的选区发生反转,从而获得与 02 号节点完全相同的选区,如图 3-69 所示。这种操作为用户提供了更多的灵活性和选择性,便于根据实际需求调整图像处理效果。

图3-69

3.3.6　Alpha 通道节点

外部节点是通过快速连接建立的 Alpha 反转通道节点，同时，达芬奇也支持直接连接 Alpha 通道，从而创建 Alpha 通道节点。

我们可以在一个已建立好选区的节点后面添加一个串行节点，如图 3-70 所示。接着，从选区节点的输出端（标记为蓝色方块）拖曳一条连接线至新建节点的输入端（蓝色箭头）。这样，我们就手动构建了一个与原始选区具有相同选区范围的节点，实现了选区信息的有效传递。此外，还可以对 03 号节点进行反转操作，从而得到一个与外部节点功能相似的节点。

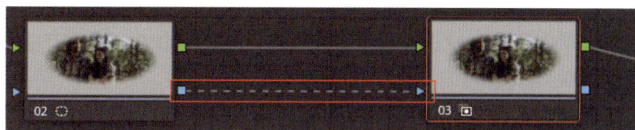

图 3-70

除了节点之间的直接连接，还可以通过操作节点的输出端来实现画面局部内容的输出，从而与其他画面元素进行叠加处理。

在图 3-71 所示的节点窗口中，右击空白处，并在弹出的快捷菜单中选择"添加 Alpha 输出"选项。此时，节点的输出端下方会出现一个新的蓝色方块，这就是 Alpha 输出端口。接下来，需要将包含 Alpha 通道的节点输出端口（即蓝色方块）与这个新添加的 Alpha 输出端口相连接。完成这一操作后，画面将仅展示所选区域的内容，并且透明度信息也会被保留下来。因此，在检视器上呈现的效果将与原始选区保持一致，如图 3-72 所示。

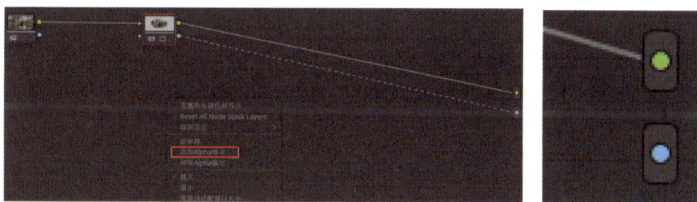

图 3-71

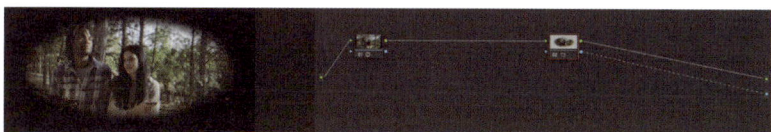

图 3-72

在剪辑面板的时间线上，将包含 Alpha 通道信息的片段置于其他视频片段之上，如图 3-73 所示。随后，通过调整这些片段的层叠顺序以及透明度等参数，可以实现诸如文字遮罩、图像叠加等复杂的视觉效果。这种处理方式不仅极大地丰富了画面的表现力，还增强了其层次感，使视频内容更加生动且富有创意。

图 3-73

第4章
色轮工具

色彩是影视作品的精髓，它直接影响观众的情感体验。在达芬奇中，色轮工具是调整影像色彩与明度的核心组件。本章将详细解析一级校色轮、一级校色条、LOG 色轮以及 HDR 高动态范围色轮，以帮助读者掌握这些关键工具的使用方法及其在不同场景下的应用。

一级校色轮以其直观的界面和强大的色彩调整能力，成为达芬奇调色的基石。它允许用户通过暗部、中灰、亮部及偏移 4 个区域，独立且精细地调整影像的色彩与明度，确保色彩过渡自然流畅，为影像赋予丰富的视觉层次。

一级校色条则提供了更为复杂的色彩通道调整与曝光平衡功能，特别适用于需要细致色彩校正的场景。用户需要深入理解 RGB 色彩模式及曝光控制原理，通过结合 RGB 三色条和 Y 曲线曝光通道，可以实现更为精确的色彩调整。

LOG 色轮展现了分区调整的精确性与灵活性。用户可以独立调整亮部、中间调及暗部，这样，LOG 色轮能够在不影响其他区域的前提下，对特定区域进行精确的色彩与曝光优化，为视频画面增添独特的艺术魅力。

随着技术的不断进步，HDR 高动态范围色轮逐渐成为调色领域的新宠。它支持多种需求，并能通过精准控制每个曝光区域的色彩与亮度，实现更加细腻、自然的视觉效果。HDR 色轮的分区图功能使用户能够直观地查看并调整每个色轮的影响范围，从而提高调色的效率和直观性。

本章将结合实例与详细解析，带领读者深入探索达芬奇色轮工具的奥秘。无论是初学者还是经验丰富的调色师，都能从中获得宝贵的经验与启示。

4.1 一级校色轮与一级校色条

在达芬奇中，一级校色轮是核心组件之一，它负责对影像的色彩与明度进行全面调控。该工具精心设计了暗部、中灰、亮部以及偏移 4 个调整区域，这些区域分别针对画面中的阴影、中间调、高光以及全局进行调整，从而精细控制色彩与亮度的层次。这些调整区域之间的巧妙重叠，确保了色彩过渡的自然与流畅，为影像带来更丰富的视觉层次和更细腻的情感表达。

一级校色轮采用直观的色相环展现方式，不仅帮助用户直观理解色彩关系，还极大地提高了色彩混合与个性化风格创造的灵活性。用户只需拖曳色相环上的滑块，即可轻松调整影像的整体色调，从冷峻到温暖，从清新到复古，探索多样的色彩风格，为影像增添独特的艺术韵味。

相较于一级校色轮，一级校色条在功能上更为复杂。它结合了 RGB 三色条和一条 Y 曲线的曝光通道，共计 4 条调整线条，要求用户通过组合运用以达到所需的色彩效果。这种设计使一级校色条特别适用于对特定色彩通道进行精确调整。用户可以直接控制红、绿、蓝 3 个基本色彩通道的值，并通过调整曝光通道来平衡画面亮度，从而实现对图像色彩的精细调整。

在使用一级校色条时，用户需要对 RGB 色彩模式及曝光控制原理有深入的理解。通过观察和分析画面中不同区域的 RGB 值及亮度分布，可以针对性地调整色彩通道与曝光设置，以达到色彩平衡与最佳视觉效果。

尽管一级校色轮与一级校色条在功能上有相似之处，但它们的应用场景与操作策略有所不同。一级校色轮以其全局性的色彩混合与风格调整能力，成为塑造影像整体色调与氛围的首选；而一级校色条则凭借精确的色彩通道调整与曝光控制能力，在需要精细的色彩校正与平衡时展现其独特优势。值得注意的是，无论使用一级校色轮还是一级校色条进行调整，其影响都会作用于整个画面，具体的影响形式与效果将在后续章节中结合实例进行详细解析。

4.1.1　一级校色轮

如图 4-1 所示，一级校色轮位于调色面板的左下角，在第 3 个调色面板中，用户只需单击界面上的"色轮"图标，即可展开该面板，随后便可进行深入的色彩调整。

图4-1

1.顶部功能区域

顶部功能区域如图 4-2 所示。

※　功能切换区 ⊙ ⅲ ⊙ ：该区域位于面板的右上角，为用户提供在不同调色模式或功能之间（如一级校色轮、一级校色条与 LOG 色轮）进行快速切换的选项。这样的设计便于用户根据实际需求进行灵活调整，提高工作效率。

※　"全部重置"按钮 ⟲ ：此按钮紧邻功能切换区设置，方便用户将所有调色设置恢复到初始状态。这样的设计考虑到了用户在实际操作中可能需要重新开始的场景，极大地提高了操作的便捷性。

2.第一排功能区

第一排功能区如图 4-3 所示。

⊙ ⅲ ⊙ ⟲	Ⓐ ⚲ 色温 0.0 色调 0.00 对比度 1.000 轴心 0.500 中间调细节 0.00

图4-2　　　　　　　　　　　　　　　　　　　　图4-3

※　"自动平衡"按钮 ⊙ ：单击该按钮可自动分析图像色彩并进行调整，以达到初步的色彩平衡效果，为后续的精细调整提供基础。

※　"白平衡"按钮 ⚲ ：该按钮主要用于调整图像的白场，确保图像中的白色区域得到真实还原，进而保证整体色彩的真实性。

※　"色温"与"色调"："色温"用于控制图像的冷暖色调，营造出不同的色彩氛围；而"色调"

则用于调整图像的整体色彩偏向，实现更为个性化的色彩表达。

※ 对比度：通过调整图像的整体对比度，可以显著增强明暗之间的对比，使图像更加立体、有层次感。

※ 轴心：控制对比度调整的基准点（明度中心），决定画面中哪个亮度区域作为对比度增强/减弱的"轴心"。

※ 中间调细节：此参数专注于图像中间调部分的细节调整，通过增强图像的层次感和质感，使画面更加丰富、细腻。

3. 第二排功能区

第二排功能区色相环区域如图4-4所示。

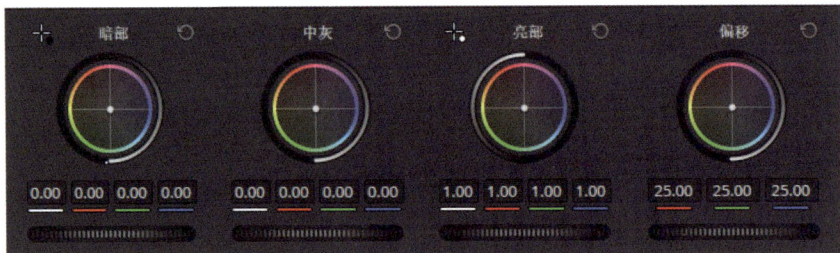

图4-4

本区域集中展示了4个关键的色相环，它们分别是"暗部"色轮、"中灰"色轮、"亮部"色轮以及"偏移"色轮。每个色相环都赋予用户独立调整对应图像区域色彩与明度的能力，从而实现对图像色彩分布的精细且全面的控制。这种设计不仅提高了调色的灵活性，还确保了色彩调整的准确性和高效性。

4. 第三排功能区

第三排功能区如图4-5所示。

图4-5

※ 色彩增强：该参数利用先进算法，显著增强图像的色彩表现，使色彩更为鲜艳，或者符合用户追求的特定风格，从而丰富视觉体验。

※ "阴影"与"高光"：这两个参数允许用户分别针对图像的阴影区域和高光区域进行精细的色彩和明度调整。

※ 饱和度：通过调整图像色彩的饱和度，可以轻松增强或减弱色彩的鲜艳程度，为图像注入更多活力或实现更为柔和的色调效果。

※ 色相：该参数提供全局性的色相调整，使用户能够改变图像的整体色调，实现从温暖到冷峻，从复古到现代的多样化风格转换。

※ 亮度混合：通过精确调整不同色彩通道的亮度混合比例，可以实现更为复杂且精细的色彩调整效果。

通过对一级校色轮面板的详尽解析，用户可以更深入地理解其布局与功能，从而在达芬奇中实现高效且精确的色彩调整。

达芬奇一级校色轮因其在调色过程中的核心作用与基础性地位，被赋予了"一级"的称谓。其主要负责执行一级调色任务，特别是校正画面的白平衡。这一环节是视频调色的基石，通过调整画面的色温与色调，确保画面色彩真实反映现实世界的色彩，从而避免色偏。色温的调整至关重要，因为它直接影响观众对画面色彩的感知。由于摄影设备无法像人眼那样自适应色温变化，白平衡的校正就显得尤为重要，它是一级调色中不可或缺的一环。

在一级调色过程中，调色师需要精准操控色温与色调，通过调整这两个关键参数，找到最佳平衡点，以实现画面色彩的准确校正。

此外，一级调色还包括对曝光、对比度及肤色等关键元素的细致调整。通过恰当控制曝光与对比度，可以进一步优化画面的明暗层次，增强画面的立体感与层次感。同时，对肤色进行专门处理，以确保人物皮肤色调自然、健康，这是提高画面整体美感的关键步骤。

达芬奇一级校色轮之所以重要，是因为它在一系列复杂的调色流程中扮演着最基础且最关键的角色。它不仅为后续的颜色调整和特效处理打下了坚实的色彩基础，还保障了整个调色过程的流畅进行，以及最终视觉效果的完美呈现。

4.1.2 选取黑点及白点

"暗部"色轮位于第二层面板的左侧前端位置。在该面板的左上角有一个"选取黑点"按钮，如图 4-6 所示。此工具允许用户精确地指定图像中代表最暗区域（即黑色基准点）的像素点。通过这一操作，系统能够迅速识别该点，并以其为基准来调整整个图像的暗部表现，从而确保黑色层次得到准确再现。

以图 4-7 为例，画面呈现一种较为平淡的效果，这主要是由于明暗对比不足所致。具体而言，暗部区域曝光过度、偏亮，而亮部区域则曝光不足、偏暗。为解决这一问题，需要借助"暗部"色轮，对暗部曝光进行精细化调整。

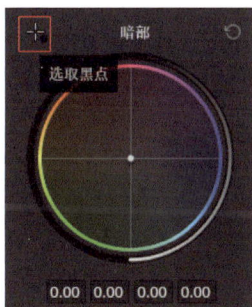

图4-6

图4-7

使用"选取黑点"工具，在图像中寻找并精确定位到最暗且理论上应为黑色的区域，如图 4-8 中红框所示的位置。这一步非常关键，因为在色彩科学中，黑色被定义为 RGB 3 个颜色通道值相等且处于最低亮度的状态，即 R=G=B。当选定的这个最暗点时，该点就被设定为图像中的黑色基准点。随后，系统会根据这个基准点自动调整周围暗部区域的曝光和色彩，确保 RGB 3 个颜色通道的值在该区域内趋于一致。这样，暗部的曝光会被适当压低，以呈现正确的暗部效果，并修正颜色以还原真实的黑色，从而达到校正黑平衡的目的，实现如图 4-9 所示的效果。

图4-8

图4-9

在第二层面板的第 3 个工具组中，位于"亮部"色轮左上角的带有小十字标记的工具，如图 4-10 所示，即为"选取白点"工具。与"暗部"色轮的"选取黑点"工具功能相反，该工具主要用于选取画面中理论上应呈现为白色的部分。

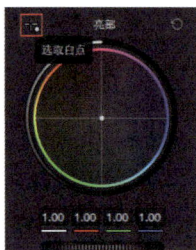

在图像中，我们需要找到最亮且理论上应为白色的区域，如图 4-11 中右侧石头的受光面。使用"选取白点"工具单击这一区域后，达芬奇将自动对图像的亮部进行全局性调整。这一调整过程包括提高亮部曝光以恢复其应有的亮度，并同时校正亮部的色彩，从而确保白色区域能够得到准确再现。经过这样的操作，白平衡将被有效校正，效果如图 4-12 所示。

图4-10

图4-11

图4-12

位于每个色轮面板右上角的圆形按钮为"重置"按钮，它为用户提供了一种快速、便捷的方式，用于撤销或清除之前对"暗部"色轮所做的所有操作调整。

当用户在色轮上进行了诸如曝光调整、颜色校正等多项操作后，若希望撤销这些修改，回到初始状态或重新开始调整，可以单击"重置"按钮。单击该按钮后，系统将自动撤销在色轮上进行的所有操作，包括曝光值的增减、颜色参数的调整等，从而使"暗部"色轮恢复到未经任何修改的默认状态，如图 4-13 所示。

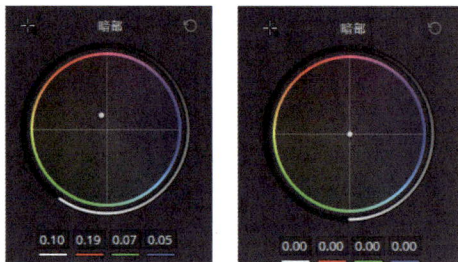

图4-13

4.1.3 一级校色轮对颜色与曝光的影响

在面板的中间位置有一个色相环，该色相环代表着控制色轮（以"暗部"色轮为例）颜色的区域。色相环的中心点有一个白色滑块，该滑块用于调整颜色。可以通过拖动这个白色滑块，来增加画面对应曝光区域的颜色，如图 4-14 所示。

"暗部"色轮调整

"中灰"色轮调整

"亮部"色轮调整

图4-14

通过对比图 4-14 中 3 张经过不同色轮调整后的画面，我们可以明显看出，"暗部"色轮主要影响画面中的所有暗部区域以及部分中灰区域和小部分亮部，而"亮部"色轮则更多地影响亮部区域及部分中灰区域，还有小部分的暗部。这正是一级校色轮对颜色的独特影响。

色轮的色相环虽然只在外围一圈展示颜色，但它却深刻影响着色彩调整的逻辑与最终效果。色相环的设计遵循了色彩科学的基本原理，如图 4-15 所示，色彩饱和度（或纯度）与色彩在色相环上距离中心点的距离成正比。具体来说，当我们在调整过程中将操作点（小白点）向色相环外围拖动时，所选色彩的饱和度会逐渐增加，从而对图像产生的染色效果也会更加显著。

图 4-15

一级校色轮的独特之处在于，它主要以图像的部分区域（如"暗部"色轮对应的暗部区域）作为主要色彩作用区。同时这种影响会适度地延伸到中灰及亮部区域，从而创造出一种渐变且柔和的染色效果。这种巧妙的设计让调整过程更为精细，能够在保持画面整体平衡的基础上，为特定区域增添所需的色彩倾向。

然而，值得注意的是，尽管一级校色轮的调整特性柔和，但由于其全局性的影响，也可能增加控制的难度。色彩调整会跨越不同的亮度层次，因此在实际操作中，我们需要精确把握调整的程度和范围，以避免对图像造成不必要的干扰或损坏。例如图 4-16 所示，当对色轮操作过度，导致画面呈现一片蓝色时，就会对整体视觉效果造成极大的破坏。

图 4-16

在色彩调整过程中，色轮作为核心工具，其色相的调整与色轮环下方的 4 个方框中右侧 4 个关键数值密切相关。这些数值的初始状态通常为 0,0,0,0（"亮部"色轮为 1,1,1,1，"偏移"色轮为 25,25,25），其中，第一个数值代表曝光通道（Y 通道）。在图 4-16 中，由于我们未对曝光进行调整，因此该通道的数值保持为 0。而右侧的 3 个数值则分别代表红色（R 通道）、绿色（G 通道）和蓝色（B 通道）的色彩偏移量。

以原点（即数值 0）为基准，每个色彩通道在色轮环下方都有特定的行进路线，这些行进路线在图 4-17～图 4-19 中得到了清晰展示。行进通道的概念是指，从中心点出发，沿着某一色彩通道向该色彩的纯色方向移动，将会增加画面中该色彩的比例。相反，如果向远离该色彩的方向移动，则会减少该色彩并相应地增加其互补色的比例（例如，红色减少时，青色会增加）。在数值上，靠近某一色彩的纯色方向对应正数值，而远离则对应负数值。

图 4-17

图 4-18

图 4-19

以图 4-16 的色彩调整为例，RGB 数值从初始的 R=0，G=0，B=0 状态变化为 R=−0.12，G=0.01，B=0.23。这一变化表明，在红色通道上，色彩移动了 −0.12 个单位，这意味着白点相对于红色纯色方向后退了 0.12 个单位位置，从而减少了红色的比例，并相应地增加了其互补色——青色的表现。在绿色通道中，白点前进了 0.01 个单位位置，略微增加了绿色的比例。而在蓝色通道，白点则显著前进了 0.23 个单位位置，从而大幅增强了蓝色的表现。移动距离的计算方法是将白点所处位置与行进路线作垂直连线，找到与行进路线的交点，并测量该交点与中心点的距离。图 4-20 展示了数值计算方式的示意图，以红色通道为例进行了详细说明。

在色轮的最下方，有一个锯齿状的长条工具，通过拖曳这个工具，可以调整该色轮对应区域的曝光。向右拖曳此工具会增加曝光，如图 4-21 和图 4-22 所示；而向左拖曳此工具，则会降低曝光，如图 4-23 和图 4-24 所示。

 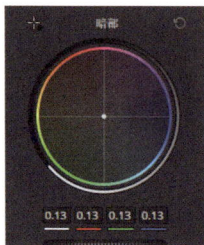 

图4-20　　　　　　　　　　图4-21　　　　　　　　　　图4-22

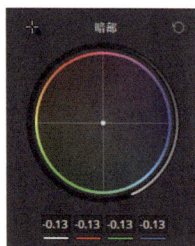 

图4-23　　　　　　　　　　　　　图4-24

4.1.4　使用一级校色条

在达芬奇中，一级校色工具包含校色轮和校色条两种操作界面。用户可以通过单击界面右上角的"校色条"按钮，从一级校色轮界面切换到一级校色条界面，如图 4-25 所示。尽管这两种界面在视觉呈现上有所不同——校色轮采用圆形布局，而校色条则使用条状控制面板，但它们的核心功能相似，都致力于调整图像的色彩参数。值得一提的是，一级校色条在直接修改单通道参数方面，操作更为直观、便捷。

图4-25

以色轮数值的计算为例，当我们在一级校色轮的色相环上将控制点向红色方向移动 0.15 个单位时，色轮下方的红色通道数值会相应地变为 0.15。同样地，在一级校色条中，红色通道部分也会向上移动 0.15 个单位，从而达到相同的调整效果。图 4-26 展示了一级校色轮中红色移动 0.15 个单位的情况，而图 4-27 则展示了一级校色条中红色向上移动 0.15 个单位的情况。

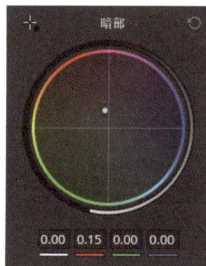 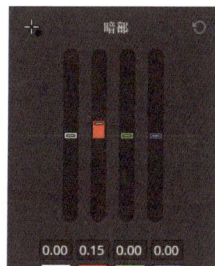

图4-26　　　　　　　图4-27

无论是校色轮还是校色条，它们都涵盖暗部、中灰及亮部 3 个区域，且每个区域下方均提供 Y（曝光）、R（红）、G（绿）、B（蓝）4 个通道的调整选项。偏移功能则专注于 R、G、B 3 个通道的调整。尽管这两个工具在功能上无显著差异，但用户的使用习惯可能因人而异。

假设我们需要在画面的暗部增添一丝暖色调，可以通过一级校色轮的"暗部"色轮来实现这一效果，只需将小白点向左上角移动即可，如图 4-28 所示。这样的调整会为暗部增添橙黄色的温暖氛围，效果如图 4-29 所示。若选择使用一级校色条，则需要增加红色和绿色的数值，因为橙黄色是由红色和绿色混合而成的。同时，为了调整饱和度，可能还需要根据具体情况减少蓝色的数值。一级校色条在这一调整过程中的应用如图 4-30 所示。

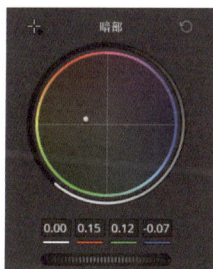  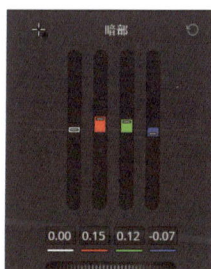

图4-28　　　　　　　　图4-29　　　　　　　　图4-30

尽管一级校色条在某些直观性方面可能稍逊于一级校色轮，但在对画面进行初步调整时，特别是在白平衡的调整方面，它展现出了独特的高效性。在进行风格化调色之前，将画面调整到一个正确且合适的起点是至关重要的，这包括校正曝光、对比度、饱和度以及白平衡等核心参数。以图 4-31 为例，我们可以清楚地看到其整体色调偏向冷色。为了纠正这种偏色，需要定位画面中的白色部分，这些部分通常出现在受光面，且本色为白色的物体上。RGB 数字拾取部分如图 4-32 所示，这将有助于我们进行精确的白平衡调整。

图4-31　　　　　　　　　　图4-32

在正确的白平衡下，白色物体受光面的 RGB 数值应该相等或相近。通过拾取该白色部分的 RGB 数值，如图 4-33 所示，我们可以观察到其蓝色（B）成分最多，绿色（G）次之，红色（R）最少。

由于这是受光面的高光位置，我们可以在一级校色条中的亮部区域进行相应的调整。具体来说，需要大幅增大红色（R）的数值，小幅调整绿色（G）的数值（可能是增大或减小，具体视情况而定），以及小幅减小蓝色（B）的数值。一级校色条的操作可参考图 4-33 所示。经过这样的精细调整，画面的整体白平衡得到了有效的校正，效果如图 4-34 所示。

图 4-33

图 4-34

这种操作方法将颜色简化为 RGB 数值的单独计算和调整，以实现特定的调色目的。与一级校色轮的色轮环调整方式相比，这种方法在某些情况下可能更加直接和高效。如前所述，虽然这两个工具在核心效果上没有本质区别，但选择使用哪个工具更多地取决于个人的操作习惯和具体需求。值得注意的是，白平衡的校正并非总能仅靠亮部校色条一个工具来完成，这里所展示的仅是一个基础示例。

4.1.5　色温、色调与色相

在一级校色轮或一级校色条的界面中，上方配备了"色温"和"色调"的调节滑块，而"色相"滑块则位于界面的右下方，如图 4-35 所示。色温和色调的调整是进行一级校色的重要步骤，通过精确调整这两个滑块，可以有效地纠正画面的偏色问题，从而使画面色彩更加贴近原始色彩或实现预期的视觉效果。

图 4-35

"色温"滑块的主要功能是调整画面中的蓝色和黄色成分。通过移动"色温"滑块，可以按需增加或减少画面中的蓝色或黄色，从而有效地校正因不同光源造成的色彩偏差。值得注意的是，当"色温"滑块向增加蓝色的方向移动时，数值会呈现为负数；而向增加黄色的方向移动时，数值则呈现为正数。

另一方面，"色调"滑块负责调控画面中的品红色和青色成分。通过调整"色调"滑块，可以改变画面的整体色调，为作品赋予特定的色彩倾向。举例来说，增大色调值会使画面偏向青色，而减小色调值则会使画面偏向品红色。从数值上来看，当"色调"滑块向增加青色的方向调整时，显示为负数；向增加品红色的方向调整时，则显示为正数。

这种色温和色调的微调技巧在营造特定氛围或突出画面中的某些元素时尤为实用。以图 4-36 为例，若画面整体偏冷，我们只需将"色温"滑块向黄色（即暖色调）方向稍作移动，即可得到如图 4-37 所示温暖的画面，从而轻松校正偏色问题。

图4-36

图4-37

除了用于校正画面颜色，色温和色调的调整还能够为画面增添风格化的色彩。达芬奇对工具进行了详尽的排布和分类，旨在充分激发用户的创造力。通过运用不同的工具，可以实现丰富多样的视觉效果。例如，若希望还原的画面呈现复古的暖色调（复古画面常带有黄绿的色彩倾向），我们可以将"色温"滑块向黄色方向移动，同时将"色调"滑块调至青绿色方向，如图4-38和图4-39所示。这样的调整能够使画面呈现所需的复古氛围。

图4-38

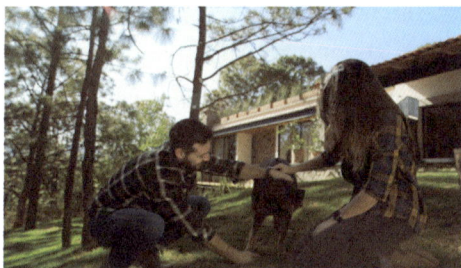

图4-39

值得注意的是，"色温"和"色调"滑块的调整会对整个画面的颜色产生影响，即会改变全局的颜色，这与偏移的色相调整效果相似。因此，我们可以将"色温"和"色调"滑块的调整看作在偏移色相环上预设的蓝黄、青品方向的改变。

与色温和色调调整侧重于指明色彩方向的改变不同，达芬奇中的"色相"滑块具备更为独特的功能，它能使画面中的所有颜色沿着色相环的顺序进行整体性的改变。

"色相"滑块的默认数值通常设定为50。当我们将"色相"滑块向右移动时，如图4-40所示，可以观察到色相环上所有颜色的相对位置都发生了改变。具体来说，这种变化遵循色相环的逆时针方向，即蓝色会偏向红色方向，红色会偏向黄色方向（注意，这里的偏向黄色并非直接指向绿色，因为黄色位于红色和绿色之间，但为简化说明，我们主要考虑其最终呈现的视觉效果会偏向橙黄色），而绿色则会偏向蓝色方向，最终整体色调会呈现青色。默认的色相条状态如图4-41所示，而色相条的变化情况如图4-42所示。

图4-40

图4-41

图4-42

"色相"滑块的这一调整特性对于解决前期拍摄中可能产生的全局画面偏色问题具有重要作用。在拍摄过程中，受光线条件、设备设置或环境色彩等多重因素影响，画面有时会出现整体性的色彩偏移。通过精确调整"色相"滑块，我们可以有效地校正色彩偏移，使画面色彩恢复到应有的平衡状态。

4.1.6 对比度与轴心

紧挨着"色温"和"色调"滑块的是"对比度"和"轴心"滑块，如图4-43所示。这两个滑块在调整视频色彩方面扮演着至关重要的角色。达芬奇特别提供了专门的"对比度"滑块，这一设计极大地简化了用户调整对比度的操作流程。

图4-43

对比度，简而言之，指的是画面中亮部与暗部之间的亮度差异，它对于画面的清晰度、层次感和视觉冲击力起着决定性作用。在视频调色过程中，调整对比度是提高画面质量、增强视觉表现力的关键环节。在深入了解对比度之前，我们有必要先理解光比的概念。

光比，即被摄物体最亮部分与最暗部分的光强度之比。其计算通常涉及测量亮面与暗面的亮度或照度值，并据此得出比例。例如，若亮面亮度是暗面的 2 倍，则光比为 1:2；若为 4 倍，光比则为 1:4。光比直接影响画面的明暗反差：光比越大，明暗反差越显著，画面视觉张力越强；反之，光比越小，明暗反差越细微，画面呈现柔和平缓的视觉效果。在实际应用中，我们无须深究光比的具体计算方式，但应能感知画面中光比的强弱。

以图 4-44 为例，其光比属于中等偏高。图中人物右侧面部的光照明显强于左侧，这表明画面中的光比较高。评估画面光比时，一个实用的方法是观察拍摄对象的明暗交界线，如鼻梁附近的阴影。通过阴影的显著程度，可以对光比的强弱进行初步判断。

相比之下，图 4-45 中的人物面部光照则显得非常均匀。在这个画面中，阳光被树木遮挡，导致人物脸上受光面没有明显的明暗区分，这表明这是一个光比不强的画面。

图4-44   图4-45

基于光比的评估结果，可以制定出合理的对比度调整策略。在光比适中或较高的场景中，为了避免出现过曝或死黑的情况，我们应谨慎调整对比度，适度增强或减弱以保持画面的自然过渡和细节展现。而对于光比较低、明暗反差较弱的场景，可以适当提高对比度，以增强画面的层次感和视觉冲击力。当然，这并非一成不变的规则，但可作为常规情况下辅助我们判断操作的依据之一。

当提高对比度时，实际上是增强了画面的明暗反差，使亮部更亮，暗部更暗；反之，降低对比度则是使亮部变暗，暗部变亮。在大光比，即高明暗反差的画面中，如果大幅提高对比度，会进一步拉大亮部和暗部的差距，可能导致过曝或死黑的风险。因此，在光比适中或较高的场景中调色时，我们通常不会对对比度进行过度调节。如图 4-44 所示的例子，当大幅提高大光比画面的对比度后，画面人物左侧面部出现了死黑区域，而右侧面部太阳穴位置则出现了过曝现象，如图 4-46 所示。

此外，在达芬奇中，对比度和饱和度之间存在一定关联。当提高对比度时，画面全局的饱和度也会随之适当增加，这一点可以从图 4-46 中观察到。相反，降低对比度时饱和度会适当降低。因此，在调整对比度时需要注意对饱和度的影响，以达到更加理想的调色效果。

值得注意的是，视频是动态的内容，因此在调整对比度时，还需要考虑画面的整体动态变化，特别是在光比发生显著变化的关键帧处。通过拖动时间轴观察不同帧的画面，可以找到最适合调整对比度的时机和幅度。例如，在图 4-45 的例子中，虽然大部分内容的光比较小，但当我们拖动时间轴到图 4-47 这一帧时，发现有部分阳光照到了人物脸上，这时画面的高光区域就发生了变化。因此，在调整对比度时，应该以这一帧画面为准。

图4-46

图4-47

既然对比度的改变是拉开明暗反差，那么，如何界定亮面和暗面呢？对比度调整的目的是增强图像中的明暗反差，而明确区分亮面与暗面的界限，则依赖于达芬奇中的轴心定位功能。当我们对一幅黑白渐变图像进行对比度增强操作时，图像中的明暗对比会显著增强，表现为右侧亮区亮度提高，左侧暗区则进一步加深。在黑与白之间有一个明确的分界线，这个位置就是轴心所代表的位置。如图 4-48 所示为调整前的黑白渐变图，而图 4-49 则展示了增加对比度后，亮面更亮、暗面更暗的效果。

在此过程中，轴心的精确定位至关重要，它决定了对比度调整的具体效果。通过合理调整轴心位置，我们可以实现对画面中特定区域的对比度优化，从而提高整体视觉效果。

此时，轴心的数值默认为 0.435。当向右移动轴心，即增大其数值时，黑白的分界线也会随之向右移动，如图 4-50 所示。这种调整实际上改变了画面中对明暗区域的划分标准。与默认轴心值 0.435 相比，提高轴心数值会导致被判定为亮面的区域缩小。因此，在增强对比度的同时，更少的区域会被提亮，而更多的区域则趋向于暗部，从而使整体画面在视觉上呈现对比度增强且整体偏暗的效果。相反，降低轴心数值则会产生相反的效果。图 4-51 展示了轴心值为 0.435 时增加对比度后的画面效果，而图 4-52 则展示了轴心值为 0.600 时增加对比度后的画面效果。

图4-48

图4-49

图4-50

轴心的灵活运用是实现视觉和谐与表达深意的关键。它不仅是一个技术性的参数调整，更体现了调色师对画面情感、氛围及细节的精妙把控。在不同的拍摄条件下，无论是自然环境光、人工照明还是特定的创意需求，都可能导致画面中亮部与暗部的分布发生变化。因此，仅依赖默认的轴心值（如 0.435）往往难以应对复杂的调色挑战。调色师需要根据实际情况灵活调整轴心，以达到最佳的视觉效果。

图4-51

图4-52

4.1.7　中间调细节

"中间调细节"工具位于第一排工具栏的最右侧，如图 4-53 所示。该工具的设计初衷是通过精细调整对比度和模糊度参数，有效提高图像的整体质量。它特别擅长处理画面中的细微瑕疵，如因光线不均匀或色彩偏差导致的明暗问题，从而为图像带来更为自然和谐的视觉效果。此工具的应用范围十分广泛，不仅可用于人物肖像的后期处理，还可以在不涉及复杂抠图操作的场景下，直接利用中间调细节工具提高图像质量。

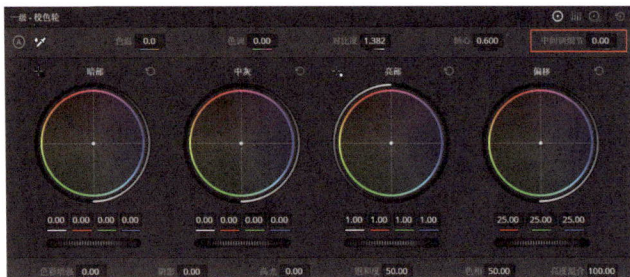

图4-53

在具体实践中，降低中间调细节值已成为一种快速且有效的手段，用于优化图像中的细节瑕疵，尤其对于提高皮肤质感效果显著。例如，在处理美容项目相关的图像时（如图 4-54 所示），为了展现肌肤的光洁无瑕，可以通过减少中间调细节（如图 4-55 所示）来有效削弱因黑色素沉积等原因造成的面部明暗对比与色差，从而使肌肤看起来更加平滑细腻。调整前脸上的瑕疵如图 4-56 所示，而降低中间调细节后的皮肤效果如图 4-57 所示，明显改善了肌肤的视觉表现。

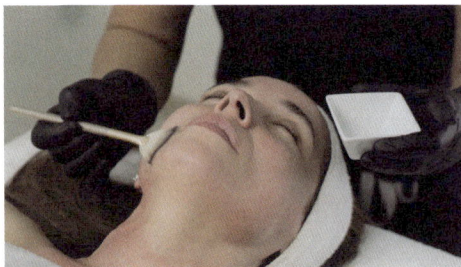

图4-54

图4-55

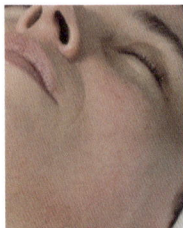

图4-56

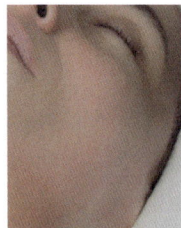

图4-57

此外，"中间调细节"工具的应用不仅局限于人物美化，还能为自然风光作品增添独特的艺术氛围。在展现晨雾缭绕或营造梦幻场景时，适当降低中间调细节可以增强画面的朦胧美感，为作品增添一份超脱世俗的"仙气"，使清晨的景致更加生动迷人，整体氛围更加梦幻。

另一方面，中间调细节工具同样可用于提高画面的锐度。在色彩校正过程中，中间调区域的反差调节往往容易被忽视，然而这却是影响图像清晰度的关键因素之一。通过适度增加中间调细节，可以显著提高图像的细节表现力，使画面更加清晰锐利。值得一提的是，这种调整对整体曝光与色彩饱和度的影响微乎其微，从而保持了图像的自然平衡。如图 4-58 所示为未调整的原始画面，而图 4-59 则展示了提高中间调细节后，云彩和树木呈现得更加清晰的效果。

图4-58

图4-59

然而，值得注意的是，在调整中间调时，无论是增加还是减少，调整幅度都应根据图像的实际情况谨慎决定。过度调整可能会导致画面出现如图 4-60 所示的不自然锐化效果，从而破坏原有的视觉美感。因此，合理的参数设置是确保图像质量的关键所在。

图4-60

4.1.8　饱和度与色彩增强

"饱和度"滑块与"色彩增强"滑块位于一级校色轮面板的底部，如图 4-61 所示。在图像处理过程中，这两个滑块占据着举足轻重的地位，与对比度调节一样，都是调色师必须精确掌控的关键工具。

图4-61

色彩饱和度，作为色彩理论中的核心概念之一，是衡量色彩纯净度或鲜艳程度的重要指标，也被称为"色彩的纯度"。它与色相（决定色彩的种类）和明度（影响色彩的明暗）共同构成了色彩的三大基本属性。在色彩中，原色（即红、绿、蓝三原色）的饱和度达到最高，而随着饱和度的逐渐降低，色彩会逐渐失去其鲜艳特质，最终趋向于无彩色状态，也就是失去了特定色相特征的中性色彩。尽管本书不深入探讨饱和度的详尽理论，但理解其基本概念对于掌握后续的调色技巧至关重要。

在达芬奇中，"饱和度"滑块的起始点被设定为50，这一数值代表了原始图像的默认饱和度状态，如图4-62所示为原始画面。用户可以通过向右拖动滑块，将饱和度提高至50~100的任意位置，从而使画面色彩更加鲜明夺目；相反，向左拖动滑块则会减少饱和度，使画面色彩趋于柔和或灰暗。如图4-63所示，饱和度提高后画面变得更加鲜艳；而如图4-64所示，饱和度降低后画面则变得暗淡。这一调整过程会直接影响画面中的每一个色彩元素，实现全局性的等比例变化。

图4-62 　　　　　　　　　　图4-63 　　　　　　　　　　图4-64

与"饱和度"滑块相比，"色彩增强"滑块在调整策略上有着不同的侧重点。虽然两者都会对饱和度产生影响，但"色彩增强"滑块对画面中饱和度较低的区域更为敏感。其默认值为0，调整范围为−100~100，为用户提供了更为精细的色彩层次调整空间。当用户增大"色彩增强"滑块的数值时，低饱和区域的色彩会得到显著提高，而高饱和区域的变化则相对平缓。图4-65展示了增大色彩增强数值后的鲜艳画面效果，而图4-66则展示了减小色彩增强数值后画面呈现的灰感效果。

图4-65 　　　　　　　　　　图4-66

通过对比分析两幅调整前后的画面，我们可以清晰地观察到："饱和度"滑块的应用效果是普遍且均匀的，它以一种全局性的视角提高或降低所有色彩的饱和度；而"色彩增强"滑块则展现出其独特的敏感性，在低饱和区域产生更为显著的调整效果，对高饱和色彩则相对保持克制。这样的设计在增强画面整体色彩感的同时，也保留了色彩间的自然过渡与层次感。通过观察画面中人物身后的低饱和区域金属钢架以及高饱和的椅子，我们可以发现，无论是增加还是减少饱和度，这一对比现象均得到了明显验证。

4.1.9　阴影与高光

在一级校色轮面板中，除了色轮可以调节曝光外，位于底部工具区的"高光"滑块和"阴影"滑块同样具备调节曝光的功能，如图4-67所示。

图4-67

具体而言，"高光"滑块能够灵活调整画面中从高光区域到中灰色调偏亮区域的曝光水平，从而实现对明亮细节的精细控制。而"阴影"滑块则专注于改善中灰色调偏暗区域的曝光，有效平衡画面暗部的光影层次。尽管它们的功能看似与"亮部"色轮和"暗部"色轮相似，但实际上在作用机制和效果呈现上各有特点。

通过观察波形图的动态变化，我们可以更直观地理解这些工具之间的差异。"亮部"色轮的影响是全面且线性的，从高光区域向暗部逐渐减弱，直至黑色区域，如图4-68所示为"亮部"色轮减小数值后的波形图。相比之下，"高光"滑块的作用则以非线性的方式展现，其调整效果更为精细，并且在对暗部区域的干扰上几乎可以忽略不计，如图 4-69 所示为减小"高光"滑块数值后的波形图。

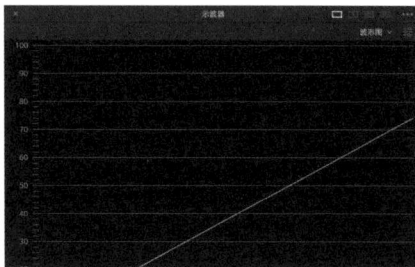 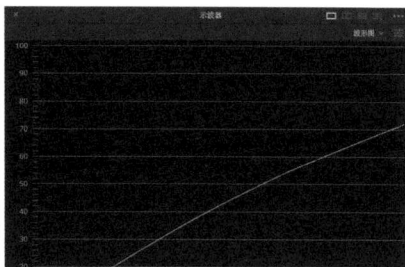

图4-68　　　　　　　　　　　　　　　　　　图4-69

同样，"阴影"滑块也遵循这一曲线变化原则。如图 4-70 所示为"阴影"滑块减小数值后的波形图，而图 4-71 则展示了增大"暗部"色轮数值后的波形图。"阴影"滑块主要作用于中灰色调偏暗至更暗的区间，而对亮部区域的影响微乎其微。值得注意的是，在拖动"阴影"滑块时，波形图的左下角（代表黑色部分）保持稳定，这意味着"阴影"滑块不会影响画面中的黑色部分。相反，高光调整则会显著影响波形图的右上角（白色）区域，即会直接改变画面中白色部分的表现形式。

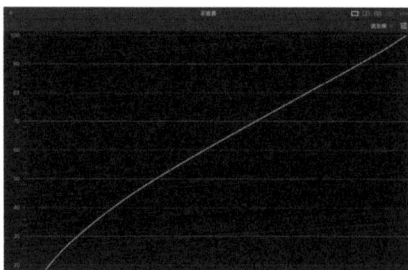 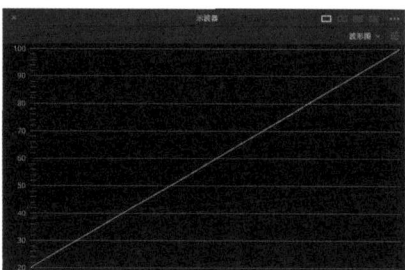

图4-70　　　　　　　　　　　　　　　　　　图4-71

从图 4-72 所示来看，虽然"阴影"滑块与"中灰"色轮在曝光调整上的路径相似，但"阴影"滑块对暗部至中灰过渡段的调整更为精细和谨慎。与"中灰"色轮相比，"阴影"滑块对中灰及高光部分的影响较小，这在其对应的波形图上表现为更贴近对角线的走势。这一特性使"阴影"滑块成为调整画面暗部曝光和优化整体光影平衡的关键工具。

图4-72

此外，在探讨曝光与饱和度关系时，我们发现高光与"阴影"滑块展现出与"亮部"色轮及"中灰"色轮不同的特性。在调整曝光时，这两个滑块对饱和度的影响更为微妙且易于控制。具体来说，当减小"阴影"滑块数值时，饱和度的变化非常微小，甚至可能因对比度的提高而略有增强（尽管这种变化非常细微，通常可被视为无显著变化）。相反，当增大"阴影"滑块数值时，则能够显著增加饱和度，使画面暗部细节变得更为丰富饱满。同样，"高光"滑块的调整也遵循类似的规律：在降低时，饱和度变化不大；而在提高时，则会带来较为明显的饱和度增加。

一般来说，我们希望提高阴影部分的曝光，同时降低高光部分的曝光，以确保画面的曝光处于一个安全的区间内，即高光部分不过曝，暗部细节不丢失。为实现这一目的，如果使用高光和"阴影"滑块进行调整，不仅能够对局部区域进行精确的曝光调整，还能在保持饱和度相对稳定的前提下，优化画面的整体视觉效果。在追求画面曝光平衡与光影层次丰富的调色过程中，这两个滑块扮演着不可或缺的角色，助力我们实现更加精准、细腻的图像调整。

4.1.10　亮度混合

"亮度混合"滑块位于一级校色轮面板的底部工具区的最后一个位置，如图 4-73 所示。这一独特的设计源自达芬奇色彩科学模型的精妙之处。在调整画面色彩时，该模型不可避免地会引起曝光的变动，尤其是绿色成分的调整，对曝光的影响最为显著，红色次之，蓝色则相对较弱。为了平衡这一自然现象，并确保在色彩变化时曝光能够维持相对稳定，达芬奇色彩管理系统特别引入了亮度混合机制。

当打开分量图时，可以看到面板中分别显示了 Y、R、G、B 4 个通道对应的图像，如图 4-74 所示，它们分别代表曝光通道、红色通道、绿色通道和蓝色通道。

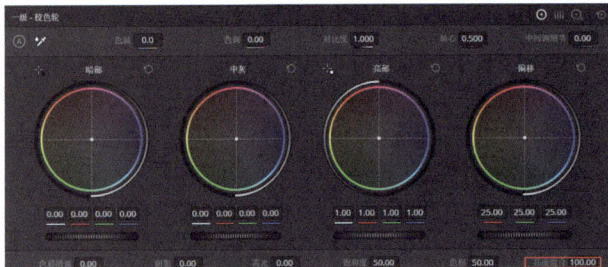

图 4-73

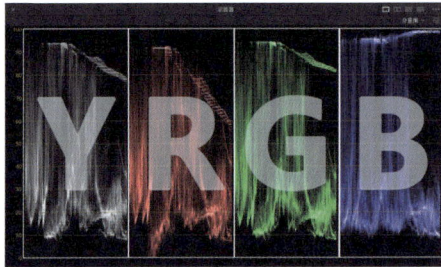

图 4-74

"亮度混合"滑块允许通过调整一个介于 0~100 的数值（其默认值为 100），来精细控制色彩调整对整体亮度的影响程度。当此数值设置为最大时，系统在增强某一色彩通道（例如绿色通道，这里以亮部色条为例）的同时，会自动且补偿性地降低其他色彩通道（如红、蓝通道）的亮度贡献，从而确保整体曝光的稳定性。

在实际操作中，若将焦点放在一级校色条上，并将亮度混合滑块保持在 100 的位置，随后单独增大绿色通道中的数值，例如从 1.00 提高至 1.18，如图 4-75 所示，系统会智能地对其他通道（即红色和蓝色通道）的数值进行调整，以维持整体曝光的平衡。这种调整的结果可以在波形图中观察到，其中 Y 通道（代表曝光）的呈现与图 4-74 几乎保持一致，如图 4-76 所示。这种动态平衡的调整策略正是亮度混合功能的核心价值所在，它使色彩调整过程更加精准且可控。

相反，如果将亮度混合数值减少至 0，则意味着关闭了这种自动补偿机制。在这种情况下，单独提高绿色通道的亮度将不再触发其他通道亮度的自动调整。因此，整体曝光会随着绿色数值的增大而直接提高，如图 4-77 所示。

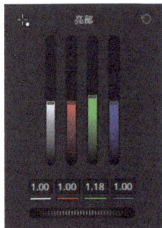

图 4-75

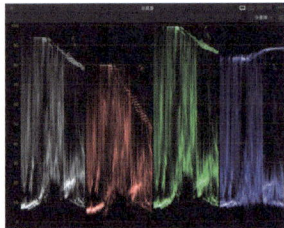

图 4-76

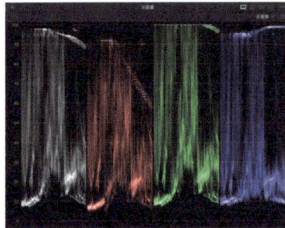

图 4-77

此外，亮度混合的默认值也是可以根据需要进行修改的。我们可以通过打开如图 4-78 所示的右下角齿轮设置，进入"常规选项"中的调色板块，然后选中图 4-79 所示的"亮度混合器的数值默认为零"复选框。这样，亮度混合的默认数值就会被修改为 0。

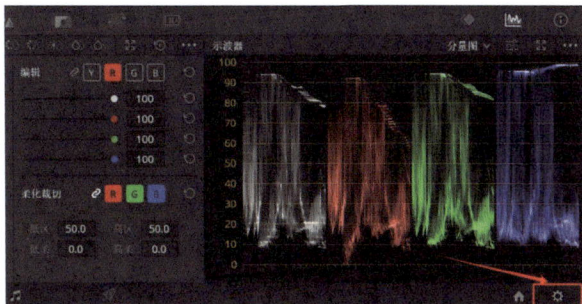

图4-78

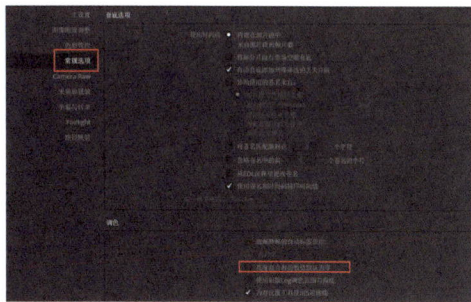

图4-79

4.2 LOG 色轮

　　LOG 色轮作为达芬奇中的核心工具，其独特之处在于能够执行与一级校色轮截然不同的色彩与曝光调整任务。尽管两者在外观上颇为相似，但在应用逻辑与功能定位上却有着显著的区别。在调整内容上，两者都聚焦于 4 个关键部分的曝光与色彩优化。然而，与一级校色轮的广泛适用性相比，LOG 色轮在分区调整的精确度方面更具优势。

　　LOG 调色是电影工业后期流程中的重要环节，对于暗部、亮部及中间调的色调范围有着更为严格和精细的界定。这一特点使 LOG 色轮成为专为电影风格调色而设计的专业工具。它允许用户针对特定色调区域进行独立且精确的调整，同时保持画面中其他非目标区域的色彩与曝光稳定性，从而实现更为细腻与个性化的色彩表达。

　　至于 LOG 色轮名称的由来，这与 LOG 格式在视频摄影与后期调色领域的广泛应用密不可分。LOG 模式作为一种视频色彩编码方式，其核心目的是最大化地捕获并保留图像中的有效信息。在拍摄阶段，LOG 模式通过对高光与阴影区域的适度压缩，显著拓宽了画面的动态范围，使最终画面呈现一种灰蒙蒙的视觉效果。然而，这种看似平淡的灰片素材实际上蕴含着丰富的色彩与细节信息，等待着在后期调色过程中被逐一唤醒与还原。

　　在调色流程中，处理 LOG 素材的首要步骤是进行色彩还原，即将灰蒙蒙的画面恢复成色彩鲜明、细节丰富的影像。由于 LOG 模式素材在记录时已将高光与暗部信息向中灰区域压缩，因此在还原过程中，需要借助 LOG 色轮等工具将原本收缩的信息"展开"，即恢复高光与暗部的正确曝光与色彩。在这个过程中，保持中灰信息不变至关重要。早期胶片扫描素材会提供一个中灰值，即编码值，如图 4-80 所示，在胶片扫描素材的中灰部分下方可以看到一组数字 455,455,455，这就是编码值。而在 10bit 格式的波形图中，如图 4-81 所示，纵坐标的数值变化范围为 0~1023。我们将默认轴心的 0.435 数值与 1023 相乘，得到的结果正好是 455。这意味着在 0.435 轴心位置提高对比度时，能够保持中灰区域的信息不做任何改变，从而增加画面对比度并解决灰片发灰的问题，这也正是 LOG 色轮设计的初衷所在。

图4-80

图4-81

LOG 色轮的另一大显著优势在于其出色的精细化分区调整功能。这使它能够在不影响画面其他区域的情况下，对特定区域，如高光部分，进行精确的色彩优化。举例来说，如果希望增强图 4-82 中高光区域天空的蓝色饱和度，LOG 色轮中的高光色轮就成了实现这一目标的得力工具。通过细致的调整，可以确保天空的色彩变化自然而富有层次感，同时维持画面中其他元素，如人物、建筑等的色彩平衡与和谐。如图 4-83 所示，通过 LOG 色轮的高光色轮，为天空增添了更多的蓝色。然而，随着 HDR 高动态范围色轮的出现，LOG 色轮的使用频率有所下降。但值得注意的是，尽管面临新技术的挑战，LOG 色轮凭借其独特的分区调整优势、对 LOG 格式素材的深度优化能力以及庞大的用户基础，其在实际应用中的实用性和价值仍然不容忽视。

图4-82

图4-83

4.2.1　LOG 色轮功能及面板

要开启 LOG 色轮，需要在一级校色轮面板的顶部功能区域进行切换，如图 4-84 所示。在 LOG 色轮面板中，我们同样可以看到一些熟悉的工具，如色温、色调、对比度、轴心、中间调细节、色彩增强、阴影、高光、饱和度和色相等。这些工具与一级校色轮中的相同。然而，通过对比可以发现，LOG 色轮中减少了亮部混合工具，但额外增加了"↓范围"（低范围）和"↑范围"（高范围）滑块。

图4-84

正如前面所提及的，与一级校色轮相比，LOG 色轮在调整时能够更为精准。在完整的调色流程中，LOG 色轮凭借其精细的分区调整能力，能够有针对性地处理高光、中间调和阴影等不同亮度区域的颜色与曝光，而对其他部分的影响较小。

在确保画面曝光准确、色彩自然的基础上，LOG 色轮还能进一步优化色彩的饱和度、对比度和色温等参数，使画面更加贴近导演的意图和观众的审美期待。这种精准而细致的调整，让画面中的每一个元素都能呈现最佳的视觉效果，无论是天空的湛蓝、树叶的翠绿，还是人物的肤色，都显得生动而逼真。

此外，在完整的调色流程中，LOG 色轮与一级校色轮相互配合，共同发挥作用。尽管两者在调整范围和控制能力上存在差异，但它们在调色过程中却是相互补充、不可或缺的。一级校色轮主要负责全局性的色彩校正和风格化调整，而 LOG 色轮则通过其精准的分区调整能力，对特定区域进行更深入的细化和优化。这种协同工作的方式，使达芬奇的调色流程更加完善和高效。

4.2.2　LOG 色轮与一级校色轮的区别

　　我们不难发现，尽管 LOG 色轮与一级校色轮在用户界面设计与功能布局上展现出高度的相似性，但两者在作用于画面时的影响却截然不同。接下来，将通过图 4-85 这张黑白渐变图的色彩调整来详细阐述这一关键差异。

图4-85

　　当我们聚焦于 LOG 色轮，并以图 4-86 的"亮部"色轮为例，向画面高光区域轻微添加暖色调时，可以清晰地看到这一变化仅限于画面右侧的狭小区域，实现了精准的局部色彩调整。高光部分增加暖色后的画面效果如图 4-87 所示。

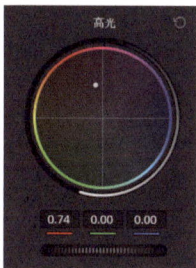

图4-86

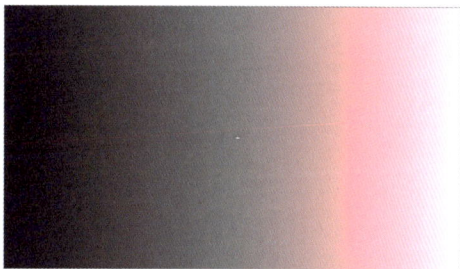

图4-87

　　相反，如果使用一级校色轮对同一高光区域进行相同程度的暖色调整，将会引发整个画面范围内的色彩变化，不同区域的色彩都会受到不同程度的影响。一级校色轮的高光色轮为画面亮部增加暖色的操作如图 4-88 所示，而亮部增加暖色后的整体画面效果如图 4-89 所示。这种全局性的影响方式与 LOG 色轮的局部精细调整形成了鲜明的对比。

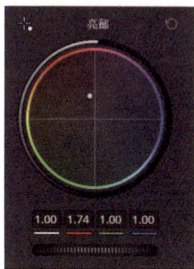

图4-88

图4-89

　　值得注意的是，LOG 色轮的优势不仅体现在色彩调整方面，同样适用于曝光控制领域。尽管在 LOG 色轮的界面上并未直接展示针对高光、中灰及暗部的 Y 通道（曝光通道）独立调整窗口，但这并不意味着它无法进行曝光调整。通过利用色轮下方的曝光控制条，我们仍然能够实现对画面曝光度的精细调节。

　　以高光色轮为例，当增大其曝光值时，通过对比 LOG 色轮和一级校色轮下的调整效果，可以得出与色彩调整类似的结论：LOG 色轮更注重局部影响。如图 4-90 所示，LOG 色轮的高光色轮提高曝光后，其影响主要集中在高光区域，如图 4-91 所示，这一点在图 4-92 的波形图中也得到了验证。相比之下，一级校色轮则更倾向于全局调整。如图 4-93 所示，当使用一级校色轮的高光色轮提高曝光时，整个画面的曝光度都会受到影响，如图 4-94 所示，这在图 4-95 的波形图中表现得尤为明显。

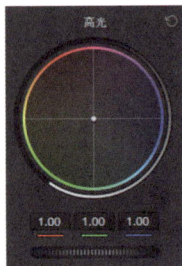
图4-90

图4-91

图4-92

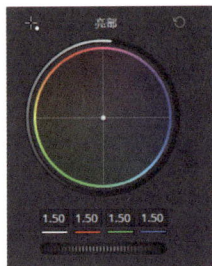
图4-93

图4-94

图4-95

在波形图的辅助下，这一差异得到了更为直观的展现。LOG 色轮对曝光的提高作用主要集中在波形图的右侧（即高光区域），实现了对特定区域的精确调控，如图 4-92 所示；而一级校色轮的调整则像涟漪般扩散至整个画面，带来更为广泛的影响，如图 4-95 所示。

那么，在实际操作中，我们应如何利用好这一工具特性呢？图 4-96 的灰片画面提供了一个典型的应用实例：这是一张以 LOG 色彩模式呈现的灰片，其波形图显示出大量像素值聚集在中间调区域，使画面显得平淡无奇，缺乏层次感，如图 4-97 所示。为了重塑画面的明暗对比，需要有针对性地提高高光区域的曝光度，同时降低暗部的曝光度。

图4-96

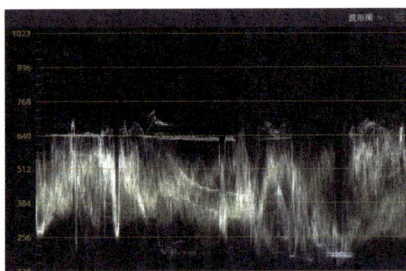
图4-97

在这一过程中，LOG 色轮的优势得到了充分发挥。我们只需在色轮界面中，以默认的 0.435 轴心为基准，适度提高对比度，并通过高光色轮增加曝光，同时利用"暗部"色轮减少曝光，如图 4-98 所示。这样，我们可以迅速优化画面的明暗反差，效果如图 4-99 所示。此外，如果再辅以饱和度的适度提高，原本灰暗的画面将焕然一新，变为一个明亮且色彩丰富的视觉作品，如图 4-100 所示。

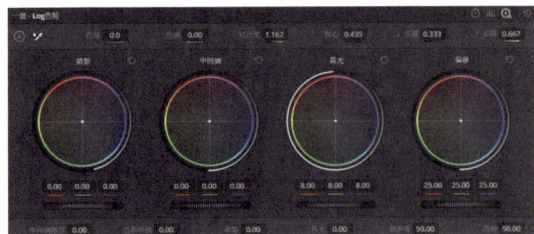
图4-98

图4-99

图4-100

诚然，上述效果也可以通过一级校色轮来实现，但两者在操作便捷性、调整精度以及最终呈现效果上存在细微差别，这些差别值得我们深入思考和做出选择。

4.2.3　LOG 色轮的影响范围

LOG 色轮以其卓越的精准调整能力而脱颖而出，特别是它能够针对图像中的每一个曝光区域实施个性化的范围调整。在软件界面的第一排功能区，可以注意到两个至关重要的参数设置："↓范围"（低范围）与"↑范围"（高范围），如图 4-101 所示。这两个参数界定了软件识别图像中高光与暗部区域的边界。

图4-101

LOG 色轮应用的独特性体现在对中间调、阴影以及高光区域影响的精确划分上，如图 4-102 所示。具体来说，系统默认将 0.333 作为阴影与中间调的界限，而 0.550 则作为中间调与高光的分界点，这即是达芬奇中"低范围"与"高范围"的预设基准值。值得注意的是，中间调部分的色彩强度峰值通常被设定在 0.4 左右，这一数值直观地反映在调整面板的轴心位置上，为用户提供了便捷的参考依据。

通过灵活调整低范围与高范围的数值，用户可以随心所欲地调整高光与阴影区域的影响范围，从而实现更为精细的色彩调控。例如，可以在画面的高光区域添加一抹温暖的色调，同时为暗部赋予蓝色调，如图 4-103 所示。

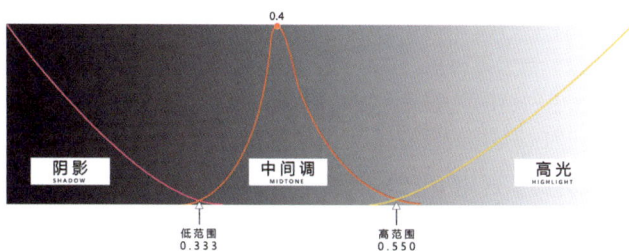
图4-102

图4-103

当我们将高范围的边界向左移动时，如图 4-104 所示，可以观察到原本位于画面右侧的暖色调区域逐渐向左扩展。这意味着更多的像素被识别为高光部分,从而扩大了高光色轮的调整范围,如图4-105所示。相似的原理也适用于暗部调整。

图4-104

图4-105

以图4-105为例,假设我们的目标是强化画面暗部的冷色调,以使其与高光区域的暖色调形成鲜明对比。此时,可以运用LOG色轮中的"暗部"色轮,向暗部区域增添适量的冷色,如图4-106所示。

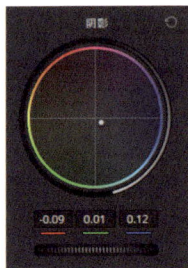

图4-106

然而,如果实际效果过于强烈,导致画面中蓝色调过多,显得不够自然,可以通过向左调整"↓范围"(低范围)的边界来缩小暗部区域的定义范围,从而减少蓝色调的影响面积。这样,我们可以实现更为和谐且富有层次的色彩效果,如图4-107所示。

图4-107

4.3 HDR 高动态范围色轮

达芬奇HDR高动态范围色轮是一个关键工具,专为媒体素材的快速、灵活分级调整而设计,能够满足从SDR到HDR的多样化输出需求。该工具凭借独特的色彩空间感知能力,与输入色彩管理系统无缝协作,在HDR感知统一操作色空间的基础上,精确映射并调整源图像数据的色彩信息。

尽管达芬奇HDR色轮的名字可能让人误以为其仅适用于HDR项目,但实际上,这种理解忽略了HDR色轮更广泛的适用性。HDR技术的核心在于提高图像中"最亮点"与"最暗点"之间的灰度等级数量,从而大幅扩展图像的亮度和对比度范围。相比之下,SDR由于其标准动态范围的限制,难以展现出HDR般的丰富细节与层次感。正是基于这一理念,HDR高动态范围色轮将画面精细划分为多个曝光区域,并通过精确控制每个区域的色彩和亮度,实现更加细腻、自然的视觉效果。

4.3.1　HDR 高动态范围色轮面板

　　如图 4-108 所示，达芬奇 HDR 色轮位于软件界面左下角的第 4 个工具区。其界面布局与一级校色轮相似，通过多个色轮的平铺展示，实现了基于曝光分区的精细调整。在顶部右侧，有 5 个图标，如图 4-109 所示，它们提供了丰富的操作功能，从左至右依次为"展开面板""校色轮面板""分区图面板""全部重置"及"设置"，这些按钮为用户提供了高度灵活的调整空间。

图4-108

图4-109

　　HDR 色轮的核心优势在于其分区图功能，这一功能使用户能够直观地查看并调整每个色轮所影响的曝光区域。通过单击顶部的第三个按钮，可以切换到分区图面板，如图 4-110 所示，从而清晰地了解各个区域的变化情况。同时，"展开面板"功能将校色轮面板与分区图面板并排展示，如图 4-111 所示，这进一步提高了调整的效率与直观性。

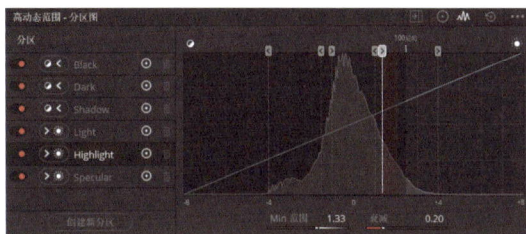

图4-110

图4-111

　　HDR 色轮提供了远超一级校色轮的色轮数量，涵盖 Black、Dark、Shadow、Light、Highlight、Specular 及 Global 等多个默认色轮。如图 4-112~ 图 4-115 所示，这些色轮从暗到亮全面覆盖了画面的曝光范围，并且可通过翻页功能进行切换显示，如图 4-116 所示。这样的设计使用户能够针对不同曝光区域进行独立的色彩与亮度调整，从而达到更为精准的调色效果。

图4-112

图4-113

图4-114

图4-115

图4-116

在面板底部，我们再次看到了一些熟悉的工具，如图 4-117 所示，包括色温、色调、色相、对比度、轴心、中间调细节以及黑场偏移。尽管这些工具的名称与一级校色轮中的相似，但有几个工具的实用性值得特别注意。这里我们先简要介绍，后续将深入探讨其具体应用。

图4-117

色温、色调与色相这 3 个工具，我们在一级校色轮中已经有所了解，它们是在一个指定颜色顺序的前提下全局改变画面颜色。在 HDR 色轮中，这 3 个工具的作用方式也是如此。然而，与一级校色轮相比，HDR 色轮对画面颜色的改变略有不同。以图 4-118 为例，当使用 HDR 色轮的色温工具将画面向黄色方向调整时，画面会呈现如图 4-119 所示的暖黄色调。同时，作为观测画面颜色情况的矢量图也会相应发生变化，如图 4-120 和图 4-121 所示。

图4-118

图4-119

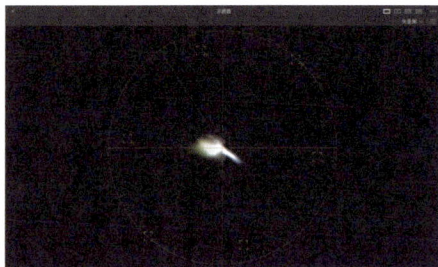

图4-120

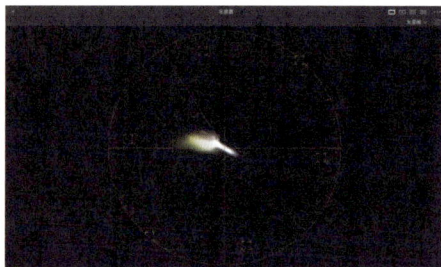

图4-121

通过对比图 4-122 与图 4-121，我们发现使用一级校色轮调整后的画面并不会大幅度改变矢量图的形状。这说明一级校色轮的颜色调整保留了颜色之间的比例。再对比图 4-123 与图 4-119，虽然两者整体变暖的幅度相似，但图 4-119 背景中的绿植显得更绿。这是因为一级校色轮在调整时保留了颜色之间的比例，所有颜色都向黄色方向等比例移动，从而保留了颜色间的反差。而 HDR 色轮则不同，它将所有颜色向目标方向压缩前进，进一步减少了颜色反差的区别。

　　色调与色相工具也具有相似的特性。一级校色轮的颜色改变更像是户外拍摄时，不同颜色的天光照射后产生的颜色变化，物体的本色仍得以保留。而 HDR 色轮则更像是在镜头前放置了一块彩色滤镜，使画面中的所有颜色都发生改变，并且随着滤镜浓度的提高，画面中的颜色会逐渐被滤镜颜色同化。因此，可以说一级校色轮更像是增加颜色层次，而 HDR 色轮则是改变颜色本身。这一点在后续的实操中还会进一步探讨。

图4-122

图4-123

　　此外，HDR 色轮中的对比度和"轴心"滑块在细节上也进行了优化。与一级校色轮相比，HDR 色轮的对比度调整对饱和度的影响更为轻微，更侧重于明暗反差的优化。同时，轴心的默认数值已调整为 0.000，其跨度范围也有所变化，不再是 0.000~1.000，而是扩展到了 −6.000~6.000。这一更大的跨度范围反映了 HDR 色轮能够处理的效果更加细腻。

　　关于中间调细节，它与一级校色轮相差无几，细微差别肉眼难以察觉，因此我们可以默认它们是一致的。最后一个工具——黑场偏移，是新增的工具。其相似功能的工具我们之前也有所接触，即自定义曲线中的"低柔"。这两者都能改变黑点的位置：增大数值会向上提高黑点，减小数值则会向下降低黑点。但需要注意的是，它们的作用范围略有不同。

　　低柔提高后的波形图如图 4-124 所示，而黑场偏移提高后的波形图如图 4-125 所示。通过对比这两张图，我们可以明显看到，黑场偏移提高后，波形图最下端的黑点提高更为显著。低柔对暗部的提高在大约 18% 的曝光范围就停止了，而黑场偏移的提高则会逐渐衰减，其影响范围延伸至大约 45% 的曝光区域。这意味着，如果希望改变黑点的位置，HDR 色轮中的黑场偏移功能会是更好的选择，因为它能够更柔和地改变黑点位置，使暗部曝光的变化更为自然，从而对画面的破坏更小。

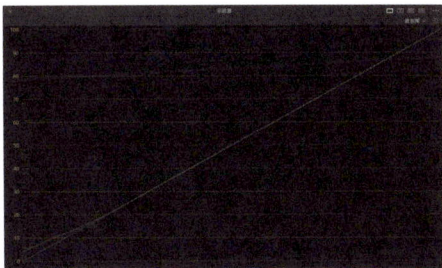

图4-124

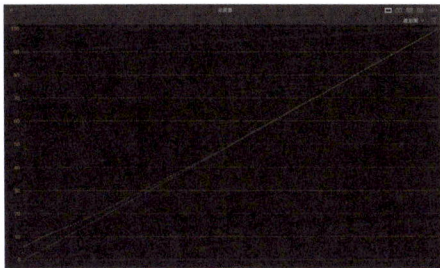

图4-125

　　在工具栏中并未直接提供"饱和度"滑块，这一功能被集成到了每一个色轮之中，如图 4-126 所示。用户可以通过每个色轮内的"饱和度"滑块，来精确控制该色轮对应部分的饱和度。如果需要对整体饱和度进行调整，可以直接修改图 4-127 所示位置的全局调整色轮（Global 色轮）中的"饱和度"滑块。

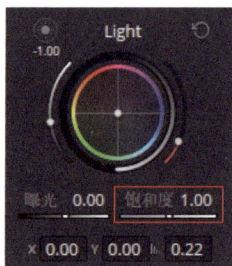

图4-126　　　　　　　　　　　　　图4-127

4.3.2　调整 HDR 高动态范围色轮的影响范围

HDR 色轮拥有独特且强大的优势，其中之一便是能够灵活调整每个色轮所对应的影响范围。这一功能不仅深化了传统 LOG 色轮在"↑范围"（高范围）与"↓范围"（低范围）的调整能力，更实现了对画面各区域曝光与色彩的精细控制。

如图 4-128 所示，在 HDR 色轮的每个控制界面左侧，都配备了一个可调节的白色滑块。可以通过上下拖动这个滑块，直接调整色轮影响区域的起始位置。向上拖动滑块，色轮的影响将从更亮的画面部分开始；反之，则会影响更暗的区域。以图 4-129 为例，在默认的 Light 色轮范围下，给画面中灰色偏亮至白色的部分增加了蓝色。若调整 Light 色轮的范围向上，如图 4-130 所示，那么蓝色效果的起始位置会向更亮的右侧移动，效果如图 4-131 所示。这一特性同样适用于曝光调整，为用户提供了极大的灵活性和精确性。

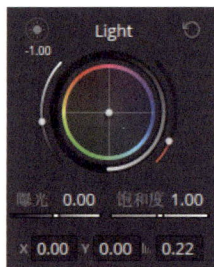

图4-128　　　　　　　　　　　　　　　图4-129

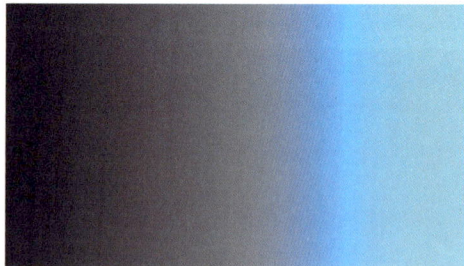

图4-130　　　　　　　　　　　　　　　图4-131

为了更直观地掌握色轮的实际影响范围，HDR 色轮特别设计了一个便捷的功能。当长按每个色轮左上角的小圆点时，如图 4-132 所示，检视器中的画面将会转变为灰色与彩色的混合显示模式，如图 4-133 所示。在这种模式下，彩色部分清晰地展示了当前色轮所影响的区域。此外，用户还可以通过按快捷键 Shift+H 开启突出显示功能，使范围显示效果保留，从而便于实时预览与调整。这一设计大大提高了调整的精准性和效率。

图4-132

图4-133

进一步深入探究，HDR 色轮的分区图，揭示了更多的调整可能性，如图 4-134 所示。图中垂直排列的线条，每一条都对应一个色轮，而线条上方的箭头则指示了影响的方向（向右代表亮部，向左代表暗部）。用户可以通过单击色轮名称，在右侧面板中高亮显示对应的线条。随后，可以直接拖动这些线条，或者改变图 4-135 所示位置的数值，来调整色轮的影响范围。

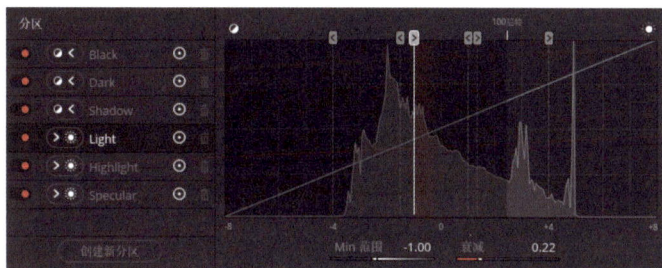

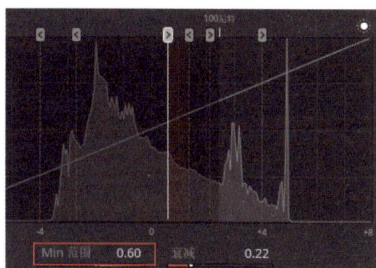

图4-134

图4-135

HDR 色轮的另一大亮点，无疑是其高度的可定制性。用户只需单击左下角的"创建新分区"按钮，便能创建新的色轮，弹出的"创建分区"对话框如图 4-136 所示。此外，用户还可以自定义新色轮为亮部或暗部色轮，并设置其名称、影响范围以及衰减程度。这一功能在理论上支持创建无数个新色轮，从而满足复杂画面调整的各种需求，为用户提供了极大的灵活性和创作空间。

对于已经调整好的色轮及其范围设置，用户可以方便地将其保存为预设，以便在后续工作中实现快速复用。具体操作如下：单击色轮面板顶部的第 5 个图标以展开设置菜单，然后选择"另存为新预设"选项，并输入相应的预设名称，如图 4-137 和图 4-138 所示。此后，在其他片段或节点中，只需选择图 4-139 所示位置的"预设"选项，并加载对应名称的预设，即可应用之前的所有调整。此外，还可以根据实际需要对预设进行修改，并通过选择"更新预设"选项来覆盖原有设置。若存在不再需要的预设，也可以选择将其删除，以保持预设库的整洁和高效。

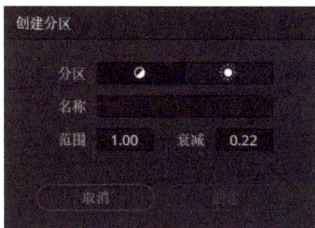

图4-136

图4-137

图4-138

若分区图中缺少直方图，可以在色轮设置中选择开启直方图功能，如图 4-140 所示。

图4-139

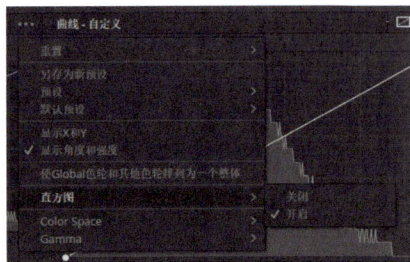

图4-140

　　衰减工具是 HDR 色轮中用于调整柔化程度的得力助手。HDR 色轮共提供了 3 处可供调整衰减的地方，如图 4-141 和图 4-142 所示。

图4-141

图4-142

　　以图 4-143 为例，当使用 Light 色轮为画面增加蓝色时，衰减值的设置将直接影响蓝色效果从起始位置开始的渐变柔和度。如图 4-144 所示，在提高衰减值后，蓝色效果从起始位置开始呈现更加平滑的过渡。与图 4-145 相比，调整后的分区图（图 4-146）中的 RGB 线条也展现出更为平缓的发散趋势。需要特别指出的是，分区图中的红色范围并不直接代表色轮的影响范围，而是通过红色面积的大小来直观地展示衰减效果的强弱，从而为用户提供了一个便捷的调整参考。

图4-143

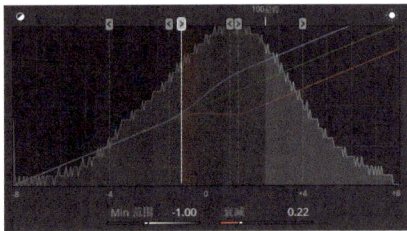

图4-144

图4-145

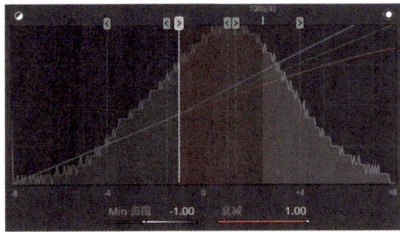

图4-146

第5章
综合调整工具

本章重点聚焦于达芬奇中的综合调整工具，深入剖析色彩空间与色彩管理、曲线工具以及色彩扭曲器这三个核心模块，探讨它们在调色流程中的关键作用与实操技巧。

色彩空间与色彩管理，作为调色的基石，确保了影像色彩在不同设备和媒介上的一致性与准确性。它涵盖色彩空间转换、LUT（颜色查找表）应用等关键操作，对调色的精准度和工作效率产生直接影响。熟练掌握色彩管理，便能实现跨平台、跨设备的色彩统一，为观众营造出沉浸式的视觉盛宴。

曲线工具，被誉为达芬奇中的"调色神器"。借助自定义曲线、色相对色相曲线、色相对饱和度曲线等多元化模式，可精确调控影像的色彩与亮度。曲线工具的灵活多变与高精度，使调色师能够游刃有余地应对各类复杂调色挑战，创造出层出不穷的视觉效果。

色彩扭曲器，则是达芬奇中的又一创新性工具。它采用直观的网格调整方式，助力调色师轻松改变影像中特定颜色的色相、饱和度和亮度。色彩扭曲器的设计贴心地考虑了调色师的操作习惯与需求，让调整过程更为直观、便捷。

综上所述，色彩空间与色彩管理夯实了调色的基础，曲线工具精细调控色彩与亮度，而色彩扭曲器则为调色师开辟了崭新的创意天地。三者相得益彰，共同铸就了达芬奇卓越的综合调整功能，助力调色师打造出更加出彩与专业的视觉作品。

5.1 认识色彩空间

色彩空间与色彩管理是确保影像在不同设备和媒介上能够呈现一致且准确色彩效果的关键环节。本节将概述色彩管理的核心概念、常见的色域标准，以及它们在达芬奇中的实际应用。

色彩管理，作为一种技术流程，旨在通过色彩空间转换、LUT（颜色查找表）应用、色彩校正与匹配等操作，来减少或消除不同设备间因色彩差异而导致的偏差和失真问题。在达芬奇中，用户可以自定义色彩空间设置，这包括输入、工作以及输出色彩空间，从而为调色师提供更为精确的色彩控制能力。

色彩空间，作为描述颜色的数学模型，其不同的色域标准适用于不同的应用场景。例如，sRGB 因其广泛的适用性而被用于日常使用和互联网内容；DCI-P3 则因其广阔的色域而被高端电影和 HDR 内容所采用；而 Adobe RGB 则因其对专业摄影和印刷领域的精准覆盖而受到青睐。了解这些色域标准，有助于调色师根据实际需求选择最合适的色彩空间，从而确保影像色彩的一致性和准确性。

在达芬奇的实践应用中，色彩空间的合理设置是调色工作的基石。通过恰当地配置输入、工作和输出色彩空间，可以确保整个调色过程中色彩的一致性和准确性。此外，达芬奇还提供了色彩空间感知的调色工具，例如 HDR 色轮和曲线工具等，这些工具能够智能地适应不同的色彩空间，从而进一步提高调色的精确度和工作效率。

5.1.1 认识色彩管理

色彩管理，本质上是一种技术流程，其核心目的在于确保不同设备（诸如摄影机、显示器、打印机等）之间所拍摄的图像或显示的色彩能保持高度一致性。鉴于各种设备可能采用不同的色彩空间或色彩再现方式，色彩管理便通过一系列的转换与映射操作，将图像从一个色彩空间精准地转换至另一个色彩空间，以此达成色彩的统一与和谐。

达芬奇为用户提供了自定义调整色彩空间的强大功能，涵盖输入色彩空间、工作色彩空间以及输出色彩空间。具体来说，输入色彩空间代表原始素材所使用的色彩空间，例如，由摄影机拍摄的素材可能采用 Rec.709 色彩空间；工作色彩空间则指的是在达芬奇中执行调色任务时所选用的色彩空间，例如，DaVinci Wide Gamut 色彩空间便是其中的常用选择；而输出色彩空间，顾名思义，即最终向观众呈现时所采用的色彩空间，比如网络媒体播放中常用的 Rec.709 gamma2.4。

达芬奇通过其色彩空间转换功能，能够轻松地将输入素材由原始色彩空间迁移至工作色彩空间，待调色处理告一段落后，再将其从工作色彩空间转换至输出色彩空间。

色彩空间，作为一个描述和表示颜色的数学模型，不同的色彩空间具备各异的色彩覆盖范围和精度。例如，sRGB 色彩空间非常适合标准动态范围（SDR）的视频内容，而 DCI-P3 则专为高动态范围（HDR）的数字电影等内容而设计。

色彩映射与转换可谓是色彩管理的核心所在。它们依赖复杂的数学算法，确保图像在不同色彩空间之间转换时，能最大限度地维持色彩的准确性与一致性。在这一过程中，可能会涉及色彩压缩、色域映射等高级操作，从而确保转换后的图像能在目标色彩空间中获得最优的展示效果。

此外，设备校准也是色彩管理中不可或缺的一环。通过对显示器、摄影机等关键设备进行精确校准，可以确保这些设备能准确无误地再现色彩，从而大幅降低色彩偏差与失真的可能性。而设备校准的顺利完成，往往需要借助专业的校色仪及配套软件。

得益于色彩管理的全面应用，我们得以确保影像色彩在不同设备与媒介上均能保持高度一致，进而显著提高观众的观影体验。值得一提的是，达芬奇凭借其广阔的色彩空间与精细的色彩映射算法，不仅能够有效保留丰富的色彩细节与广阔的动态范围，更能显著提高色彩的精准度与品质。同时，该软件还提供了琳琅满目的调色工具与特效，助力调色师以更灵活的手法对影像色彩进行深度的处理与调整，从而实现更为多元化的艺术表达。

1.色彩空间转换

色彩空间转换是达芬奇色彩管理的核心环节。它使用户能够在不同的色彩空间之间轻松转换，例如从 Rec.709 转换到 DCI-P3。这种转换确保了不同设备之间色彩表现的一致性。例如，摄影机捕捉的画面在各种显示器上可能会呈现不同的色彩，但通过色彩空间转换，可以最大限度地减少这些差异，从而保证最终影片在各种设备上都能展现出统一的色彩效果。

2. 应用LUT（查找表）

LUT（查找表）能够快速实施预设的色彩校正方案，从而大大简化了色彩处理的复杂性。用户可以灵活选择不同的 LUT 来达成特定的视觉效果，如将影像转换为黑白风格，或者应用类似电影胶片的效果。LUT 的使用不仅提高了工作效率，还保证了色彩校正的连贯性和可复制性。此外，用户还可以根据需要自定义 LUT，以满足特定项目的个性化需求。

3.色彩校正

色彩校正功能允许用户调整影像的亮度、对比度和饱和度等参数，以达到期望的视觉效果。这一功能不仅能修正拍摄过程中可能产生的色彩偏差，还能增强影像的艺术表达力。例如，通过色彩校正，用户可以突出某些场景中的特定色彩，提高画面的层次和视觉冲击力。达芬奇提供了一整套完善的色彩校正工具，使用户能够根据自己的艺术构想进行精细的调整。

4.色彩匹配

　　色彩匹配是确保不同镜头之间色彩协调一致的关键步骤。在影视项目中，常常会使用多个镜头拍摄的素材，这些素材可能源于不同的摄像机或在多变的光线条件下拍摄。通过色彩匹配技术，可以将这些不同来源的素材色彩统一到一个标准上，从而保证整部影片的视觉连贯性。达芬奇色彩管理工具提供了多种色彩匹配选项，可以根据实际情况选择自动匹配或进行手动微调。

5.RCM色彩管理

　　RCM，即 Resolve Color Management，是达芬奇内建的色彩管理系统，旨在准确还原影像的真实色彩。RCM 根据输入和输出设备的不同色彩特性，通过调整色彩空间、映射和转换等方式，确保影像色彩的精准再现。在 RCM 系统中，核心组成部分包括输入色彩空间、工作色彩空间和输出色彩空间。

　　达芬奇兼容多种色域标准，例如 sRGB、DCI-P3 和 Adobe RGB 等，从而确保影像在各种设备和观看环境下都能保持色彩的一致性和准确性。色域的选择是达芬奇实现高质量色彩还原的关键因素之一，不同的色域标准在色彩表现和范围上有着显著的差异。

6.认识各类常见色域

　　（1）sRGB

　※　特点：sRGB 色域范围适中，具备良好的通用性和兼容性。它大约覆盖了 72% 的 NTSC 色域，并被广泛用作 Windows 系统及其他多数软件的默认色彩空间。

　※　优势：sRGB 色域得到广泛支持，非常适合日常使用环境，能确保不同设备之间色彩表现的一致性。

　※　应用场景：sRGB 色域适用于互联网内容创作、日常办公、多媒体消费等普通需求场景。

　　（2）DCI-P3

　※　特点：DCI-P3 色域相较于 sRGB 更为宽广，尤其在红色和绿色表现上更为突出。它覆盖了大约 90% 的 BT.709 色彩空间和 45.5% 的 CIE 1931 色彩空间。

　※　优势：DCI-P3 色域能提供更高的色彩饱和度和对比度，非常适合影院级别的视觉体验。

　※　应用场景：DCI-P3 色域广泛应用于高端电影制作、电视剧制作，以及支持 HDR（高动态范围）内容的高端显示器和手机屏幕。

　　（3）Adobe RGB

　※　特点：Adobe RGB 色域比 sRGB 更广泛，尤其在青绿色区域有更细腻的表现。它大约覆盖了 50% 的 CIE 色域。

　※　优势：Adobe RGB 色域能有效减少色彩转换过程中的误差，更精确地展现色彩细节。

　※　应用场景：Adobe RGB 色域适用于专业摄影、平面设计以及印刷领域，确保图像在各种设备和媒介上色彩表现的一致性。

　　（4）PAL

　※　特点：PAL 色域主要采用 YUV 色彩模式，这种模式在色彩还原上相对更为准确。

　※　优势：PAL 色域能较好地保留和还原原始图像的色彩信息。

　※　应用场景：PAL 色域主要应用于欧洲、澳大利亚以及部分亚非拉国家的电视广播系统。

　　（5）NTSC

　※　特点：NTSC 色域覆盖广泛，但属于较老的标准。它采用 YIQ 色彩空间，并在北美地区广泛使用。

　※　优势：NTSC 色域具有较大的色彩覆盖范围，适合电视机、显示器使用。

※ 应用场景：NTSC 色域主要应用于电视和广播领域。尽管在现代显示器中不占主流，但仍有生产商用它来测试设备性能。

（6）宽色域（Wide-Gamut）

※ 特点：宽色域显示器能展现比传统 sRGB 更宽广的色彩范围。

※ 优势：宽色域提供更精确的色彩还原，使图像看起来更加真实、生动。

※ 应用场景：宽色域广泛应用于图像和视频处理、设计和创意工作、游戏与虚拟现实、视频制作及后期处理等领域。

（7）Apple RGB（通常指 Display P3）

※ 特点：Apple RGB 色域基于 DCI-P3 色彩空间调整而来，更好地适应了消费级显示设备。相较于 sRGB，它在红色和绿色范围上有所扩展。

※ 优势：Apple RGB 色域色彩丰富且针对苹果设备进行了优化，确保色彩在苹果生态系统中的一致性。

※ 应用场景：Apple RGB 色域主要用于苹果的消费级产品，如 iPhone、iPad、MacBook 和 iMac 等。

（8）ProPhoto RGB

※ 特点：ProPhoto RGB 色域是一种非常宽广的色彩空间，设计目标是覆盖人眼可见的所有颜色。它几乎覆盖了 100% 的 CIE 1931 色彩空间。

※ 优势：ProPhoto RGB 色域提供无与伦比的色彩准确性和一致性，非常适合需要极高色彩精度的专业摄影和印刷工作。

※ 应用场景：ProPhoto RGB 色域广泛应用于专业摄影、高端印刷以及科学可视化等领域。

不同的色域标准各具特点和优势，分别适用于不同的应用场景。在选择色域时，应根据具体需求和使用环境来做出明智的决策。

5.1.2 色彩空间设置

在影视后期制作中，色彩空间管理的重要性不言而喻，尤其在达芬奇这样的专业调色软件中，其地位更是举足轻重。色彩空间管理为后续调色工作奠定了坚实基础，同时也是确保影像色彩准确还原与实现创意表达的关键环节。因此，在开始任何调色操作之前，首要任务就是完成色彩空间管理的相关设置。

达芬奇内置了一套独特的色彩科学体系——达芬奇宽色域（或称达芬奇广色域），其色域覆盖图如图 5-1 所示。该色彩科学体系的显著优势在于能够覆盖更加广泛的色彩范围，从而为调色师提供更加充裕的创作空间。借助达芬奇宽色域，调色师可以更加精确地调整色彩，使影像呈现更加丰富且细腻的色彩层次，进而提高整体视觉效果。

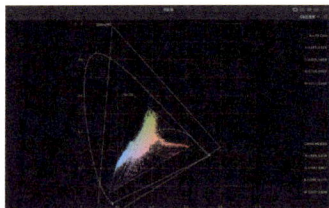

图5-1

为了深入理解色彩空间管理的重要性，我们有必要对常见的色彩空间进行一番梳理。从色域覆盖的角度来看，Rec.709 无疑是最为大众所熟知的色彩空间，它作为高清电视和网络视频的主流标准，广泛应用于投影仪等各类显示设备中。紧随其后的是 P3 色域，这一色彩空间在苹果产品中得到了广泛应用，如 iPhone、iPad 等。而 Rec.2020 则代表了 HDR（高动态范围）的标准，其色彩空间更为宽广，然而，由于目前支持该标准的显示器数量有限，且并不能完全覆盖其色域，因此它并非输出的首选色彩空间。

此外，还有阿莱开发的宽色域色彩科学——Arri Wide Gamut，以及成熟的 ACES 工作流程，这些都在特定的专业领域内发挥着重要作用。然而，在达芬奇中，我们最为关注的还是达芬奇宽色域。这一色彩空间不仅范围广泛，而且与达芬奇的调色工具高度集成，为调色师提供了极大的便利。

当我们将素材导入达芬奇后，首先需要进行色彩管理设置。在达芬奇界面的右下角，单击齿轮按钮，可以找到色彩管理选项。在这里，需要根据需求调整色彩科学、时间线色彩空间以及输出色彩空间。默认情况下，达芬奇采用 YRGB 色彩科学，时间线色彩空间设置为 Rec.709 的 Scene 模式，输出色彩空间则与时间线设置相同。然而，为了获得更好的调色效果，我们需要根据素材的实际情况进行相应调整，具体设置可参考相关教程或手册，如图 5-2 所示。

图5-2

在输出色彩空间的选择上，用户享有高度的自由度，可以根据影片的播放渠道来自主决定。以下是几种常见的 Gamma 选项及其适用场景。

※ Gamma 2.6：此伽马值专为无环境光或极度昏暗的环境设计，例如电影院的投影系统。在完全黑暗的环境中，Gamma 2.6 能够确保影像展现出最佳的对比度和色彩饱和度，为观众带来身临其境的观影体验。

※ Gamma 2.4：根据高清晰度多媒体接口（HDMI）论坛等权威机构的推荐，Gamma 2.4 是高清视频显示的理想伽马设置。它适用于环境照明在 1%~10% 的观看环境，其中 1% 的环境照明已接近当前高端工作场所的照明标准。Gamma 2.4 的设置旨在这些光照条件下提供最佳的视觉清晰度和色彩准确性。

※ Gamma 2.35：这个伽马值通常与早期的 CRT（阴极射线管）显示器相关联。在 CRT 显示器的时代，由于显示器的物理特性限制，Gamma 2.35 被用作标准设置，以优化图像在显示器上的表现。尽管现代显示器已广泛采用其他伽马值，但 Gamma 2.35 在某些专业领域或特定应用场景中仍被提及，适用于需要模拟早期 CRT 显示器效果的场合，或者在特定光照条件下追求特定视觉效果的场景。

※ Gamma 2.2：作为民用电视机的常规伽马标准，Gamma 2.2 非常适合家庭娱乐场景。它适用于环境照明从 5%（如昏暗的客厅环境）到 20%（如一般办公环境）的观看环境。Gamma 2.2 的设置旨在平衡图像亮度与周围环境光线，确保观众在不同光照条件下都能获得舒适的观看体验和准确的色彩还原。

对于 raw 格式的素材，达芬奇能够自动识别并应用相应的色彩空间。然而，对于非 raw 格式的素材，需要手动选择其拍摄型号和对应的色彩空间。这一步至关重要，因为它直接关系到后续调色的准确性和效果。用户可以调出"片段"面板，如图 5-3 所示，对指定的非 raw 素材进行输入色彩空间设置的操作。操作过程简单明了：右击片段后，在弹出的快捷菜单中选择"输入色彩空间"子菜单中素材所对应的选项。此时，达芬奇就能接收到素材的信息，并且对于 LOG 素材，也能够自动还原至预先设置好的输出色彩空间。

图5-3

在色彩管理设置中，我们需要关注一个核心概念：素材的完整性。这指的是，当素材导入达芬奇后，我们期望其能完整地保留原始的色彩信息，避免被任何色彩空间所裁剪。为实现这一点，选择一个比输出色彩空间更大的时间线色彩空间显得尤为重要。在处理混合素材时，达芬奇宽色域因其能广泛容纳各种摄像机拍摄的色彩空间，并为我们提供更大的调色灵活性，因此成为一个理想的选择。

此外，达芬奇还提供了众多能自动适应色彩空间的调色工具，例如 HDR 色轮、色彩扭曲、键控和曲线调整等。在达芬奇宽色域的环境下，这些工具能发挥更大的效用，为用户提供更为精细和准确的调色体验。

那么，什么是"色彩空间感知"的调色功能呢？在达芬奇的设置界面中，有一个复选框名为"启用色彩空间感知的调色工具"，它通常默认是选中的，如图 5-4 所示。一般建议保持默认设置，除非用户对此有深入的理解，否则随意更改可能会导致不可预测的结果。

在达芬奇的帮助手册中明确提到，无论是使用 RCM 还是 ACES 色彩管理流程，在 HDR 调色面板等调色工具中，"色彩空间感知"特性均默认被激活。这一设计的目的是确保用户无论原始素材或时间线采用何种色彩空间，都能获得一致且可预测的控制效果，如图 5-5 所示。

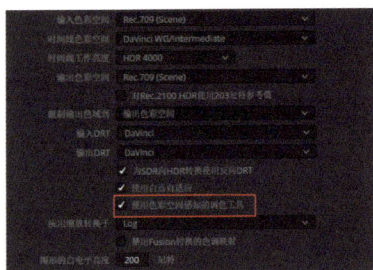

图 5-4

图 5-5

然而，需要特别注意的是，对于某些特定面板，例如限定器与曲线调整面板，用户需要选中"启用色彩空间感知的调色工具"复选框，才能激活这些工具对色彩空间的敏感性。如果用户未选中此复选框，那么这些工具将不会以色彩空间感知的方式运作。此外，当使用具备色彩空间感知能力的调色工具时，应避免同时启用节点上的 HDR 模式。色彩空间感知的优势在于，它使"限定器"能够创建出符合预期的高质量"键"，无论原始媒体或时间线采用何种色彩空间；同时，在应用"曲线"工具时，这一特性也能确保每条曲线的调整范围自动适配当前片段的实际数据范围，从而使曲线调整过程更加直观且精确。

对于初学者来说，色彩空间管理可能是一个相对复杂的概念。但无须过于担心，因为随着实践的深入和经验的积累，我们会逐渐掌握这一技能。关键是要保持对色彩空间的敏感性，并熟练掌握调色工具，这样才能在达芬奇调色过程中发挥出最大的创意和潜力。

5.2 曲线工具

达芬奇中的曲线工具被誉为色彩调整领域的核心利器，展现了强大的功能与精细的控制力。该工具不仅能让用户通过灵活的曲线调整来精确掌控视频画面的亮度层次与色彩平衡，更因其出色的自定义特性，深受调色师的喜爱，甚至被称为"调色工具之王"。在调色实践中，无论想要实现何种视觉效果，其关键在于塑造明暗关系与微调色彩属性，而曲线工具正是这两者的完美结合。

具体来说，达芬奇调色系统内置了丰富的曲线工具集，包括自定义曲线、色相对色相曲线、色相对饱和度曲线、色相对亮度曲线、亮度对饱和度曲线、饱和度对饱和度曲线以及饱和度对亮度曲线等。这些工具均针对特定的色彩调整需求而精心设计，巧妙融合了色彩科学中的色相、亮度和饱和度三大属性，为调色师带来了前所未有的创意空间和调整灵活性。

在达芬奇界面的布局中，曲线工具位于下方中间工具面板的显眼位置，如图5-6所示，其作为首个被调用的调色工具，重要性不言而喻。用户只需单击按钮，即可轻松进入自定义曲线面板的初始界面。此外，通过单击右上角的切换按钮，用户可以在不同类型的曲线调整模式之间轻松切换，从而实现快速且精准的色彩调控。

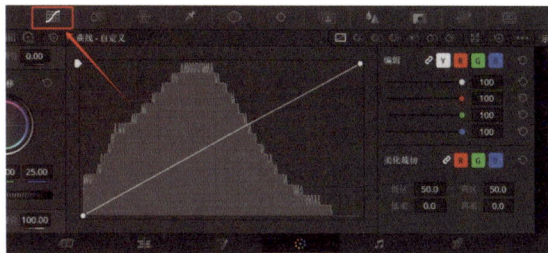

图5-6

相较于其他常见的图像处理或视频编辑软件，如 Adobe Premiere Pro 和 Adobe Photoshop，达芬奇在曲线工具的设计方面展现出了更为前瞻和创新的视野。它不仅保留了传统的自定义曲线功能，而且在此基础上，围绕色相、亮度和饱和度三大核心维度，独创性地引入了6种专业级曲线工具。这些工具极大地丰富了调色师的选择，并显著提高了调色工作的效率与深度。对于初学者而言，这些工具不仅提供了直观易懂的学习路径，还能协助他们快速构建起系统化的调色思维框架，实现从基础到进阶的跨越。

在实际操作中，调色师完全可以遵循达芬奇曲线工具的排布顺序，来构建自己的工作流程：首先，利用自定义曲线对画面的明暗对比和全局饱和度进行初步调整，从而奠定整体的视觉基调；随后，借助色相曲线深入细化每一种颜色的具体呈现，以实现色彩间的和谐统一；最后，通过亮度对饱和度曲线等工具，进一步优化画面的饱和度分布，确保整体画面既富有层次感，又不失统一与和谐。

为了快速了解曲线工具的作用，以下是对其功能的简要分类。

※ 亮度/对比度调整：曲线工具最基本的功能是调整图像的亮度和对比度。通过移动曲线上的控制点，用户可以轻松提高或降低图像暗部、中间调或亮部的亮度，从而改变图像的整体曝光水平。同时，曲线的形状变化也能影响图像的对比度，使画面更加鲜明锐利或柔和自然。

※ 色彩平衡调整：曲线工具还允许用户对图像中的颜色进行平衡调整。虽然传统的亮度曲线主要影响图像的亮度分布，但高级曲线工具（如色相对色相曲线、色相对饱和度曲线、色相对亮度曲线等）则能够针对特定颜色范围进行精细微调。利用这些工具，用户可以轻松增强或减弱特定颜色的饱和度、亮度或色相偏移，以实现更为精确的色彩校正和风格化效果。

※ 局部调整功能：曲线工具提供了强大的局部调整能力。用户可以在曲线上的不同位置添加控制点，并对这些点进行独立调整。这使用户能够针对图像的特定亮度或颜色区域进行精细控制，而不会影响其他部分。在处理复杂场景或需要精细色彩控制的图像时，这一功能尤为实用。

※ 非线性调整能力：曲线工具允许用户以非线性方式对图像的亮度和色彩进行调整，可以根据需求创建复杂的曲线形状，以实现特定的视觉效果。例如，通过绘制S形曲线，可以增加图像的对比度和细节表现力；而通过绘制反S形曲线，则可以减少对比度并营造出柔和的图像氛围。

※ 创意效果制作：除了基本的校正和调整功能，曲线工具还是制作独特创意效果的得力助手。通过大胆调整曲线形状和参数设置，用户可以轻松创造出从复古胶片风格到现代科幻视觉的各种独特效果。

5.2.1　自定义曲线

自定义曲线作为一种既基础又功能强大的工具，在图像处理中占据着举足轻重的地位。作为用户首先接触并默认启用的曲线调整手段，其直观性和灵活性备受专业人士及爱好者的青睐。在软件界面的左侧区域，这一经典工具醒目地呈现，而右侧则精心布局了编辑、柔化裁切等多样化功能选项，以满足不同场景下的精细调整需求，如图 5-7 所示。

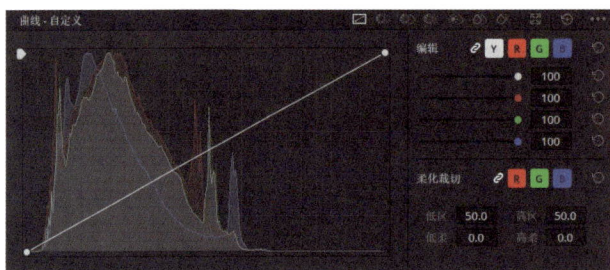

图5-7

曲线工具的核心功能在于其能够全面而细致地调整图像的色度、对比度和亮度。它通过直接作用于图像色调范围的每一个点来实现个性化效果。其工作原理基于一个直观的概念：通过改变曲线的形状，动态地影响图像中的明暗分布与色彩和谐，从而达到预期的视觉效果。用户可以简单地通过向上提高曲线来增加曝光（如图 5-8 和图 5-9 所示），或者通过向下压低曲线来降低曝光（如图 5-10 和图 5-11 所示）。

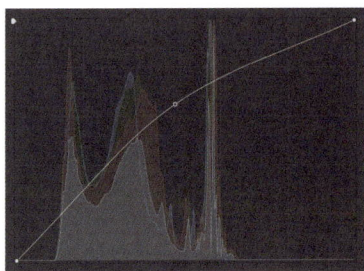

图5-8

图5-9

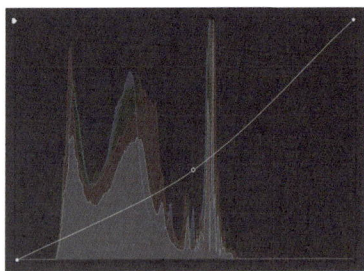

图5-10

图5-11

自定义曲线作为一项功能强大的工具，其应用不仅局限于对曝光度的精细调控，更在色彩管理领域展现出无与伦比的灵活性。在默认设置下，自定义曲线界面通过链式图标将曝光度（Y通道）与红（R）、绿（G）、蓝（B）3个颜色通道紧密相连，该设计位于曲线界面右侧的"编辑"部分，如图 5-12 所示。当链式图标处于激活状态时，对任意一个通道的曲线调整将同步应用于其他所有连接的通道。然而，这种同步调整并不会直接产生新的颜色，而是基于当前颜色的亮度和饱和度进行统一的变化调整。

图5-12

例如，考虑一个由 RGB 值（R:120, G:130, B:140）定义的颜色，如图 5-13 所示。如果将各通道的数值同步增加 50，那么得到的颜色将变为（R:170, G:180, B:190），在视觉上会显得更亮，如图 5-14 所示。然而，这种变化本质上是同一色调的深浅调整，而并非产生了新的颜色。

图5-13

图5-14

然而，自定义曲线的真正魅力，在于其具备的单通道独立调整能力。当用户单击"编辑"区域中特定颜色通道（如 R 通道）的方块时，链式图标会自动解除，如图 5-15 所示。此时，其他通道的图标将变为非激活状态，而仅选中的通道（在本例中为 R 通道）会保持高亮。同时，曲线会转变为红色，并显示红色直方图，如图 5-16 所示。这一变化预示着接下来的调整将专注于红色成分的增减。

图5-15

图5-16

在单通道调整模式下，每次调整曲线都会直接影响画面色彩的增减。当向上提拉红色曲线时，画面会呈现更强烈的红色调，如图 5-17 和图 5-18 所示；反之，若向下压低红色曲线，则会增加画面的青色调。

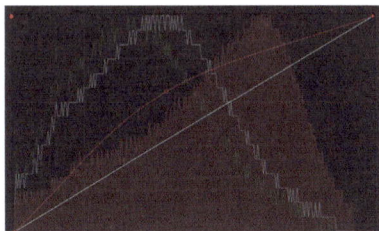

图5-17

图5-18

同样，绿色和蓝色通道的调整也遵循类似的规律。调整绿色曲线会影响画面中的绿色和品红色成分，而调整蓝色曲线则与画面中的蓝色和黄色变化相关联，如图 5-19 所示。

图5-19

图 5-19（续）

如果希望单独调整曝光度，可以单击"编辑"区域中的 Y 按钮，如图 5-20 所示。这样，曲线的调整将仅对曝光度产生影响，与在色轮中调整 Y 通道的效果相同，如图 5-21 和图 5-22 所示。

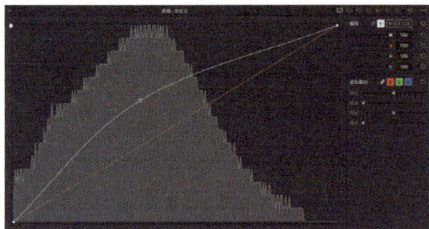

图5-20

图5-21

图5-22

此外，自定义曲线还提供了根据需求对曝光和色彩进行更细致局部调整的功能。如果希望在图像的中间调区域增加红色，可以精确地调整红色通道曲线在中间段的形态。通过在曲线两侧设置锚点并将其拉回到对角线位置，如图 5-23 所示，可以确保调整范围仅限于指定区域，从而实现如图 5-24 所示的个性化色彩调整。

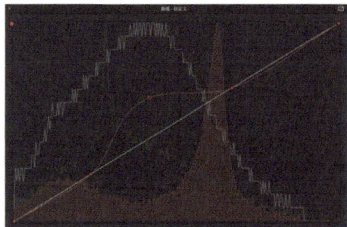

图5-23

图5-24

在"编辑"区域的下方，排列着 4 个色彩鲜明的滑块，如图 5-25 所示。这些滑块通过各自独特的颜色编码，直观地对应于图像处理的 4 大基本色彩通道：红色、绿色、蓝色及亮度通道。当链式图标处于激活状态时，这 4 个通道的曲线调整将协同工作，共同影响图像效果，如图 5-26 所示。

图5-25

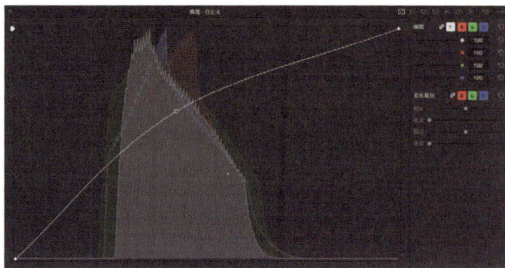

图5-26

具体而言，当手动向上拖曳曲线时，这一操作不仅会提高图像的整体曝光度，而且如果提高幅度较大，还可能会降低图像的饱和度。这会导致画面在变亮的同时，略微损失一些细节和层次感，如图 5-27 和图

5-28 所示。此时，观察界面右侧的对应滑块，其数值默认设置为 100，这表示调整强度已达到最大。

图5-27

图5-28

然而，如果决定减小这些滑块上的数值，原先执行的提亮操作将逐渐减弱。当数值减少到 50 这一临界点时，曲线调整的效果将被中和，即此时曲线调整不会对图像产生任何影响。但是，如果进一步将数值减小到 50 以下，画面效果将发生反转，曝光开始逐渐被压低。当数值降至 0 时，达到的压暗效果与原先数值为 100 时的提亮效果在幅度上相同，但方向相反。

如果在提高画面曝光的基础上改变右侧的数值，将会得到如图 5-29 所示的结果。

数值减小到70

数值减小到70后的画面

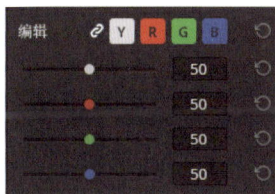

数值减小到50

数值减小到50后的画面

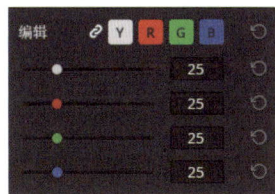

数值减小到25

数值减小到25后的画面

数值减小到0

数值减小到0后的画面

图5-29

尤为重要的是，当 4 个通道的曲线处于连接状态时，它们之间会形成紧密的依存关系。这意味着，无论调整哪一个通道的滑块，其变化都会自动同步到其他 3 个通道，从而确保调整的一致性和协调性。然而，如果需要更精细的控制，可以通过单独选中特定通道或单击链式图标来解除这种链接状态，以便对单一通道进行独立调整，从而满足更加个性化的图像处理需求，如图 5-30 所示。

图5-30

位于"编辑"区域下面的"柔化裁切"区域是一个功能强大的工具，如图 5-31 所示，它专为精细调整画面中的高光与暗部区域而设计。该工具通过独特的低柔和高柔滑块，能够巧妙地平衡画面中的亮度分布，非常适合处理因局部过曝或死黑而影响整体视觉效果的图像。

具体来说，在波形图上，黑白渐变图的对角线，如图 5-32 所示。当增大"低柔"滑块的数值时，画面中的暗部区域会得到适度提亮，这样可以有效缓解因曝光不足导致的死黑现象，使暗部细节更加清晰可见，如图 5-33 和图 5-34 所示。相应，如果增大"高柔"滑块的数值，则可以对高光区域进行适度压暗，从而避免因过曝而丢失细节，使整体画面更加和谐统一。

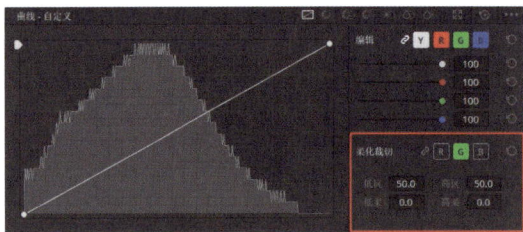

图5-31

图5-32

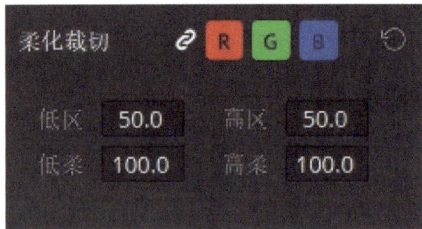

图5-33

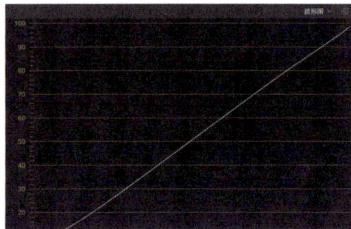

图5-34

这种调整方式使用户能够在不破坏画面整体氛围的前提下，进行精细的亮度校正，但调整幅度相对轻微。此外，"低柔"和"高柔"之上还设有"低区"和"高区"参数，这两个参数以 50 为基准点，允许用户向两侧调整，从而进一步细化曝光区域的调整范围。

如图 5-35 所示，当增大"低区"的数值时，波形图的暗部区域会被整体抬升，如图 5-36 所示，使原本接近最暗点的区域曝光度增加。这种效果在视觉上表现为暗部区域的"灰度化"。例如，当将"低区"数值提高到 100 时，画面中最暗的曝光值不再是 0，而是提高至 25。相应，减小"低区"数值时则会产生相反的效果。

但需要注意的是，一个画面的曝光最暗值就是 0，不能再比 0 更暗。然而，一个画面最暗的部分曝光值并不一定是 0。如果画面最暗的部分曝光值在 10 左右，减小"低区"数值则会使暗部进一步下沉。尽管这种变化可能很细微，但足以影响画面的整体层次感。

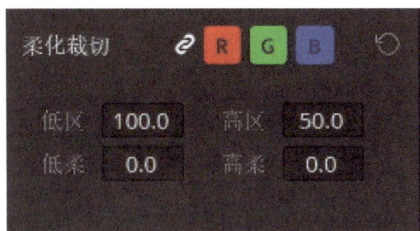

图5-35

图5-36

　　同样，调整"高区"数值也会以类似的方式影响画面中的高光部分。当减小"高区"值时，高光区域会以平面的形式整体下降。这也意味着，画面中最亮的部分的曝光值会从之前的100降低到70。相应，增大"高区"数值则会产生相反的效果，如图5-37和图5-38所示。

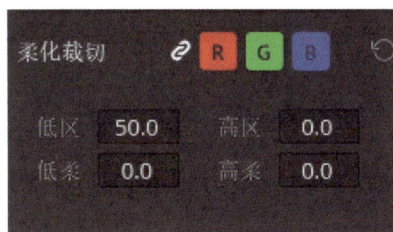

图5-37

图5-38

　　通过重新设定高区和低区的位置，用户可以迅速为画面赋予特定的风格特征。例如，增大"低区"值可以使暗部区域呈现柔和的灰色调，从而模拟出胶片摄影的独特质感；而减小"高区"值则能够收缩高光区域，创造出一种人为控制的过曝效果，为画面增添别具一格的艺术氛围。原图如图5-39所示，而增大"低区"数值并减小"高区"数值后的画面效果则如图5-40所示。

图5-39

图5-40

　　然而，必须强调的是，在运用低区和高区调整功能时必须格外谨慎。这些调整实质上是对画面曝光范围进行重新裁切，不当的使用可能会导致画面失真，如图5-41与图5-42所示，从而影响最终的视觉效果。因此，在没有明确的调整目的之前，建议慎重使用这一功能，以避免破坏画面的自然美感。

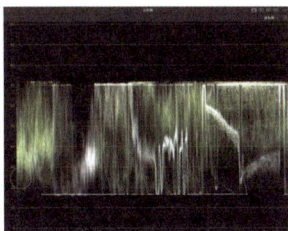

图5-41

图5-42

5.2.2　色相对色相曲线

与基于曝光分区的色轮调整方法不同，达芬奇提供了 3 种以色相为核心调整依据的曲线工具，分别是：色相对色相曲线、色相对饱和度曲线，以及色相对亮度曲线。这些工具在精细调整画面色彩方面起着至关重要的作用，因为每一帧画面都是由丰富多样的色彩元素组成的，而色彩调整的关键往往在于对色相、饱和度和亮度的微妙把控。

色相对色相曲线图标位于自定义曲线图标的右侧，如图 5-43 所示。尽管"色相对色相曲线"这一命名听起来有些复杂，但它可以简单理解为基于色相调整的色相工具。该工具的核心在于使用色相作为分区基础，对画面中的特定颜色进行色相上的调整。其中，前一个"色相"指的是分区的依据，而后一个"色相"则指的是调整的内容。通过这个工具，我们可以根据色相分区来精确调整画面的色相。

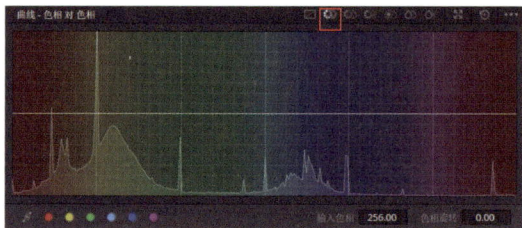

图5-43

在工具面板的中心位置，有一条色相条清晰地展示了色彩的连续分布。实际上，这条色相条是将色相环从红色处剪开并拉直后的形态，如图 5-44 和图 5-45 所示。这样的设计确保了所有颜色都能在这条色相条上找到对应的位置。同时，色相条上的小山峰形象地反映了画面中各色相像素信息的分布情况，山峰的高低与该色相在画面中的占比直接相关。

图5-44

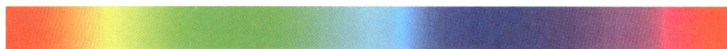

图5-45

在色相条的正中间有一条明显的横线，如图 5-46 所示。这条横线代表了我们可以进行调整的部分，即在这条横线上设置控制点，通过移动这些点来改变对应颜色的色相，如图 5-47 所示。这样的操作方式使色相调整变得直观且灵活。

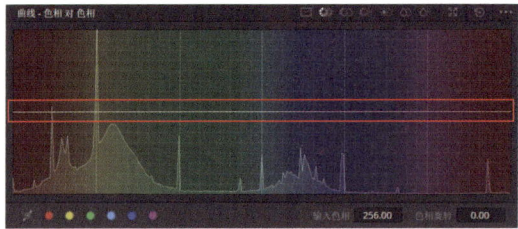

图5-46

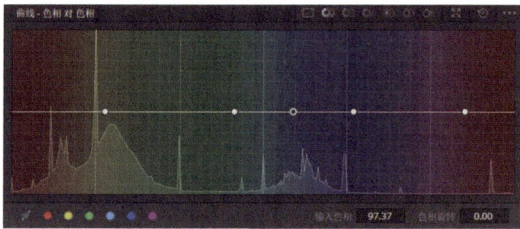

图5-47

调整过程首先需要在色相条上准确定位目标颜色。以图 5-48 为例，如果想将绿色草地调整为金黄色调，可以通过 3 种方式精确选取绿色草地：首先，可以直接在色相条上的绿色区域进行单击选择，如图 5-49 所示。在这个过程中，左右两侧的保护点发挥着至关重要的作用。它们能够限定调整的范围，确保调整效果仅作用于目标颜色及其相邻的色相，从而避免对其他颜色造成不必要的影响。此外，通过"样条线"功能，还可以对调整的平滑度进行微调。通过拖动控制点，可以控制调整衰减程度，使色彩之间的过渡更加自然和谐。

图5-48

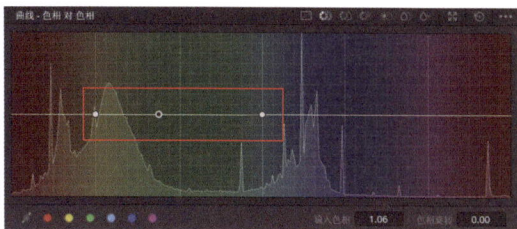

图5-49

第二种方法是利用面板左下角的颜色预设点，如图 5-50 所示，快速选中绿色，如图 5-51 所示。这种方法可以高效地定位并选择目标颜色，从而提高调整效率。

图5-50

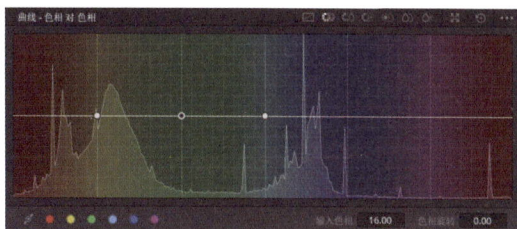

图5-51

第三种方法是借助限定器模式，直接在画面中单击绿色草地部分，如图 5-52 所示。曲线工具会自动捕捉并选定相应的颜色，如图 5-53 所示。一旦选定了目标颜色，只需在色相条上通过上下移动控制点就可以轻松实现色相的调整。

图5-52

图5-53

调整色相也有两种不同的方式。第一种方式是直接拖曳色相条上的控制点，如图 5-54 所示。调整的范围被限制在左右两个保护点之间的颜色部分，这样画面中的绿草地就变成了黄色，如图 5-55 所示。观察图 5-54，我们可以发现从两侧到选择的点之间存在调整程度的衰减现象，这使我们的操作不会显得特别突兀，而是与其他部分的颜色保持相对和谐。这个衰减的幅度也是可以调整的。在面板左下角有一个"样条线"按钮，可以选择目标调整控制点，然后单击"样条线"按钮，在选择控制点的左右两侧就会出现如图 5-56 所示的控制柄。通过拖动这些控制柄，可以微调衰减的程度，如图 5-57 所示。

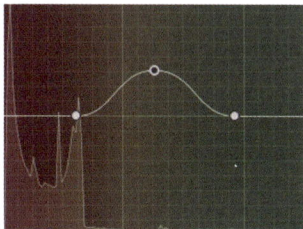

图5-54

图5-55

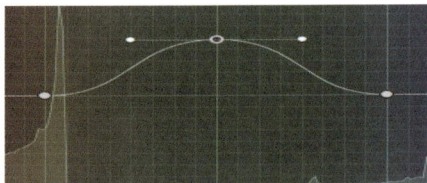

图5-56

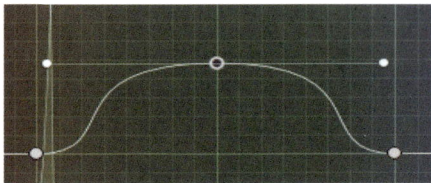

图5-57

第二种调整方法是改变面板右下角的"色相旋转"值，如图 5-58 所示。向右拖动增大数值相当于在色相条上向上移动控制点，而向左拖动减小数值则相当于向下移动控制点。这种方法提供了另一种便捷的色相调整方式。

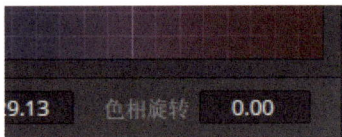

图5-58

如果在调整过程中发现被调整的颜色范围过于局限，如图 5-59 所示，即使选择了绿色部分，但实际上只有很小一部分草地被调整成了粉色，这通常是因为选择的颜色范围太窄，如图 5-60 所示。为了扩大受调整的颜色范围，可以调整左右两侧的保护控制点。通过扩大这些保护控制点，如图 5-61 所示，可以使更多的绿色草地被调整成粉色，如图 5-62 所示。要实现这一调整，可以手动拖曳两侧的保护控制点，或者选中其中一个保护控制点，并在面板右下角更改"输入色相"值，如图 5-63 所示。这样可以更精确地控制受调整的颜色范围。

图5-59

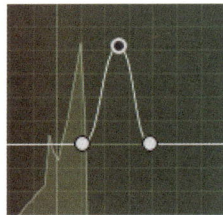

图5-60

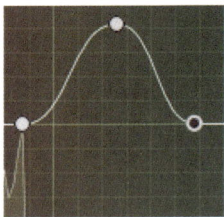

图5-61

图5-62

那么，向上或向下移动控制点到底会如何改变画面中的颜色呢？由于我们是在一个色相条上进行调整的，因此颜色的变化将遵循色相条的排列规律。通过观察图 5-64 可以发现，当将绿色控制点向上移动时，其色相会沿着色相条向左移动；反之，向下移动控制点则其色相会向右移动。但请注意，色相条实际上是从色相环的红色部分剪开并拉直而成的，它本质上是一个闭环的圆环。因此，当把绿色控制点向上移动时，其色相会沿着色相条向左移动，依次经过黄绿色、黄色和红色，但并不会在红色处停止。继续移动，色相会回到紫色区域。这种连续性为色彩调整提供了无限的可能性和灵活性。

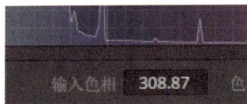

图5-63

图5-64

5.2.3 色相对饱和度曲线

在达芬奇中，色相曲线工具组的功能并不仅限于色相对色相的调整。其深度和广度更体现在对饱和度和亮度的精细控制上。接下来，将深入探讨色相对饱和度曲线与色相对亮度曲线的应用。这些工具为调色师提供了前所未有的色彩操控能力。

色相对饱和度曲线，作为色相曲线工具组中的重要成员，其主要功能是通过色相作为分区基准，对画面中特定颜色的饱和度进行个性化调整。只需单击曲线面板右上角的第 3 个按钮，如图 5-65 所示，即可进入这一强大的色彩调整界面。

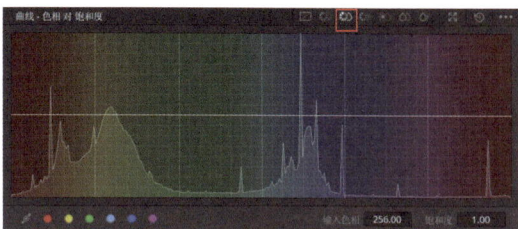

图5-65

从界面布局来看，色相对饱和度曲线的界面设计与色相对色相曲线具有高度的相似性。这种设计的一致性使用户在熟悉其中一种工具后，能够迅速掌握另一种工具的使用。两者的主要区别在于，当在色相对饱和度曲线上移动控制点时，所调整的是目标颜色的饱和度，而非色相。

以图 5-66 中的绿色草地为例，如果希望这片草地展现出更加生机勃勃、色彩更加鲜艳的效果，即可通过色相对饱和度曲线选择绿色区域，并向上移动控制点，如图 5-67 所示，这样的操作会显著提高绿色草地的饱和度，使画面中的绿色更加鲜明亮丽，最终呈现如图 5-68 所示的效果。

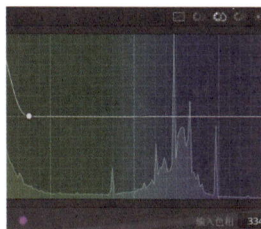

图5-66   图5-67   图5-68

此外，除了通过手动拖曳控制点来调整饱和度，还可以在界面右下角的"饱和度"文本框中直接输入数值，从而实现更为精确的饱和度调整，如图 5-69 所示。

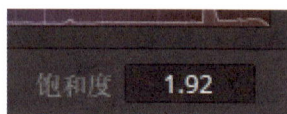

图5-69

5.2.4 色相对亮度曲线

色相对亮度曲线是色相曲线工具组的又一亮点功能，它允许根据色相进行分区，对画面中特定颜色的亮度进行精细的调节。如图 5-70 所示，该工具按钮位于曲线面板的第 4 个位置，只需单击该按钮即可进入相应界面。与前两个色相曲线工具一样，色相对亮度曲线也遵循直观且易用的操作逻辑，使调整过程更加便捷和高效。

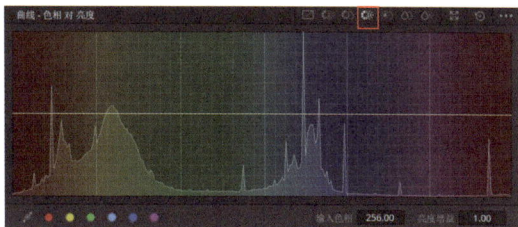

图5-70

在图 5-71 的示例中，如果想要提高左侧人物衣服上黄色条纹的亮度，使其更加耀眼夺目，可以首先通过色相对亮度曲线选中黄色区域，并向上拖动控制点。如图 5-72 所示，这样的操作将有效提高黄色条纹的亮度，使画面中的黄色部分更加明亮且突出，从而达到我们想要的效果。

图5-71

图5-72

值得注意的是，与饱和度和色相的调整相比，亮度的调整通常更为显著且频繁。软件为亮度曲线提供了一个"亮度增益"参数，其调整范围为 0.00~2.00，如图 5-73 和图 5-74 所示。尽管这个范围看似有限，但实际上足以应对大多数微调需求。相比之下，一级校色轮中的"偏移"色轮在曝光调整上提供了更宽的调整跨度，范围为 -175.00~225.00，如图 5-75 和图 5-76 所示。这一点进一步凸显了色相对亮度曲线在微调方面的优势。因此，在实际应用中，我们更倾向于将色相对亮度曲线用作微调工具，而在需要进行大幅度曝光调整时，则会选择使用色轮或自定义曲线工具。

图5-73

图5-74

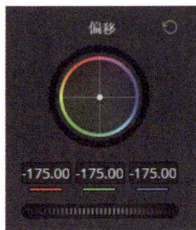

图5-75

图5-76

5.2.5 亮度对饱和度曲线

如图 5-77 所示，曲线面板的第 5 个工具是亮度对饱和度曲线，也称为"亮度对饱和度曲线"。这一工具允许根据图像的亮度区间，精确地控制各个区域的饱和度水平，从而实现更为精细的色彩管理。初次接触该模式界面的用户可能会发现，它与之前学习的其他曲线工具在布局上有相似之处。然而，关键的差异在于其色相条现在以黑白显示。这一变化表明调整基准已从色相转变为亮度。也就是说，通过对亮度级别的划分，用户可以独立调整每个亮度区间的色彩饱和度。从左至右的黑白渐变条直观地反映了图像从暗部到亮部的曝光范围。

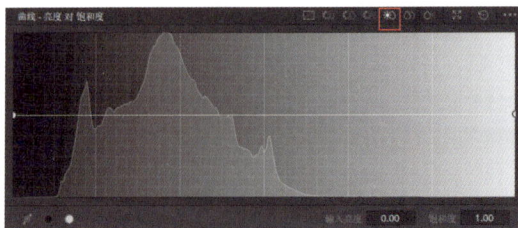

图5-77

以图 5-78 为例，当面对一幅画面中亮部区域（如天空、受光草地等）饱和度过高的问题时，传统的全局饱和度调整或针对单一颜色的饱和度修改方法往往难以实现理想的平衡效果。这是因为这些方法可能会同时影响到画面中其他色彩表现正常的区域，例如暗部草地。然而，利用亮度对饱和度曲线，可以轻松解决这一问题。在图 5-79 所示的界面上，可以针对亮部区域进行选择，并降低其对应的饱和度值，如图 5-80 所示。通过这种方式，我们成功地降低了亮部区域过饱和的问题，使整体画面的观感更加和谐舒适。

图 5-78 　　　　　　　　　　　图 5-79 　　　　　　　　　　　图 5-80

进一步来说，在处理夜景素材时，如图 5-81 所示，暗部区域经常会出现杂色或不必要的色彩污染。例如，在图 5-82 中，右下角的暗部区域存在难以察觉的蓝色，同时两侧墙壁也呈现出橙黄色调。这些杂色和色调都会影响画面的纯净度，给观者带来不佳的视觉体验。通过细心地调整和处理，可以有效去除这些杂色，提高画面的整体质感。

图 5-81 　　　　　　　　　　　　　　　图 5-82

借助亮度对饱和度曲线的独特功能，我们可以利用左下角的明、暗选择点，如图 5-83 所示，迅速定位并选中暗部区域。接下来，通过向下拉动最左侧的控制点，可以有效降低暗部的饱和度，如图 5-84 所示。最终，经过这样的调整，我们可以获得如图 5-85 和图 5-86 所示的更为清爽、干净的夜景画面，从而显著提高观众的视觉体验。

图 5-83 　　　　　　　　　　　　图 5-84

图 5-85 　　　　　　　　　　　　　图 5-86

在调色流程的收尾阶段，适度降低暗部与亮部的饱和度是一个提高画面质感的微妙而有效的技巧。尽管单次查看时这种调整可能难以察觉显著的变化，但它能在潜移默化中增强画面的耐看性，使观众在长时间观赏时获得更加和谐统一的视觉体验。因此，对于追求专业级色彩调整效果的摄影师和后期编辑人员来说，熟练掌握亮度对饱和度曲线的运用无疑是一项不可或缺的重要技能。

5.2.6 饱和度对饱和度曲线

我们已经深入了解了达芬奇的曝光曲线和色相曲线。在曲线面板中，达芬奇还提供了饱和度曲线。如图 5-87 所示，紧邻亮度对饱和度曲线按钮的就是饱和度对饱和度曲线按钮，该曲线可以理解为基于饱和度的饱和度调整曲线，即该曲线是通过饱和度分区来进行饱和度调整的。这一工具的创新之处在于，它允许用户根据图像中已存在的饱和度水平进行有针对性的调整，而不是简单地增加或减少全局饱和度。我们可以将其形象地描述为"饱和度的精细化分层调控"，通过对图像内不同饱和度区间的独立操作，实现更为精细的色彩管理。

在该曲线界面的显著位置，饱和度对饱和度曲线以一张直观的黑白渐变图作为核心展示区域。这张图清晰地映射了图像中饱和度的分布情况，从最暗（代表最低饱和度）到最亮（代表最高饱和度），颜色的丰富程度依次递增，为用户提供了一个明确的视觉参考。同时，背后的直方图作为数据分析的辅助，通过山峰状的高低起伏，直观地展现了各饱和度区间内像素数量的分布，帮助用户迅速识别和定位需要调整的关键区域。

在实际操作中，以图 5-88 为例，我们可以看到天空部分因高饱和度而显得特别突出。为了平衡整体视觉效果，减轻过饱和带来的视觉疲劳，可以利用饱和度对饱和度曲线进行精细调整。具体操作时，只需在图像中选择天空区域，该选择将自动映射到饱和度对饱和度曲线上的一点，如图 5-89 所示。随后，通过向下拖动该控制点，可以有效降低所选区域的饱和度，从而实现如图 5-90 所示的更为和谐舒适的画面效果。

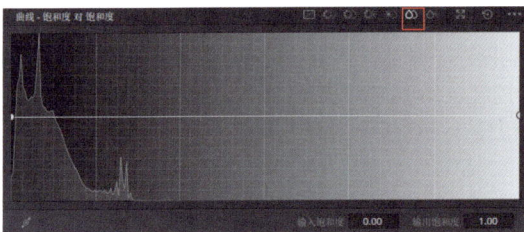

图5-87

图5-88

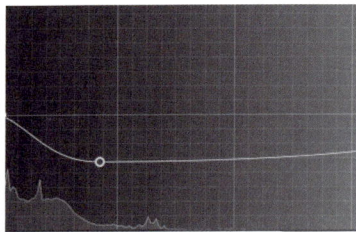

图5-89

图5-90

此外，为了提供更灵活的调整手段，饱和度对饱和度曲线界面的右下角还提供了"输入饱和度"与"输出饱和度"两个文本框，如图 5-91 所示。可以在曲线图上选定任意点，然后通过调整"输入饱和度"值来改变该点在曲线上的位置，从而精确选择需要调整的具体饱和度区域。同时，"输出饱和度"值则直接控制选定区域的饱和度增减幅度，为用户提供了更为直观且精确的数值调控方式。

图5-91

饱和度对饱和度曲线是达芬奇的一项强大功能，它能够精准地帮助我们控制图像中各个饱和度区间的色彩表现。在与其他调色工具（如亮度对饱和度工具）的协同作用下，于调色流程的尾声阶段，如图 5-92 和图 5-93 所示，它可以对暗部和高饱和区域进行适度的饱和度削减，使最终的画面呈现更加干净、耐看的视觉效果。

图5-92

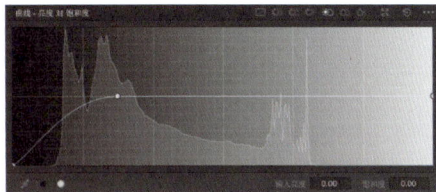

图5-93

5.2.7　饱和度对亮度曲线

饱和度曲线的第二个工具是饱和度对亮度曲线。如图 5-94 所示，该工具按钮位于曲线调整界面的第 7 个位置。其设计巧妙地逆转了亮度对饱和度曲线的操作逻辑，为用户提供了一种全新的色彩调整视角。饱和度对亮度曲线，顾名思义，是通过分析图像中不同饱和度区域，然后针对这些区域独立调整其亮度水平的工具。这一机制与亮度对饱和度曲线截然不同，后者是根据亮度值的变化来调控色彩的饱和度。通过应用该工具，用户能够精细地控制图像中各个饱和度层次的颜色亮度，从而实现更为细腻的色彩平衡。

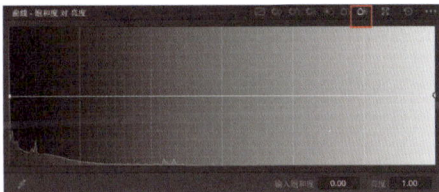

图5-94

要理解达芬奇设计这一功能的初衷，首先需要认识色彩表达的本质在于色相、饱和度和亮度的和谐共生。当我们觉得某个颜色"鲜艳"时，这通常不仅取决于其高饱和度，还可能是亮度和饱和度综合作用的结果。以图 5-95 所示的图像为例，虽然人物和跑道的色彩看起来鲜艳夺目，但通过图 5-96 的矢量图分析，我们可以发现红色跑道的饱和度并未达到极端，也没有超出正常范围（关于矢量图的详细解读，请参阅后续相关章节）。这一观察结果表明，色彩的鲜艳感并非仅由饱和度决定，而是色相、饱和度和亮度共同作用的结果。这也是达芬奇设计饱和度对亮度曲线这一功能的出发点，旨在帮助用户更全面地理解和调整色彩，以达到更理想的视觉效果。

图5-95

图5-96

那么，是什么让我们主观上感受到红色异常鲜亮呢？答案在于亮度的调节。当亮度较高时，即使饱和度适中，颜色也会显得鲜艳，从而产生强烈的视觉冲击力。这时，饱和度对亮度曲线的价值就体现出来了。通过在此工具中定位需要调整的区域，例如背景中的红色跑道，可以在曲线上添加一个控制点，并向上移动以提高该饱和度区间内图像的亮度，如图 5-97 所示。这一操作带来的直接效果如图 5-98 所示，红色不仅看起来更加自然和谐，而且从图 5-99 的矢量图来看，其占据的视觉面积也相应减小了，使整体画面更加舒适宜人。

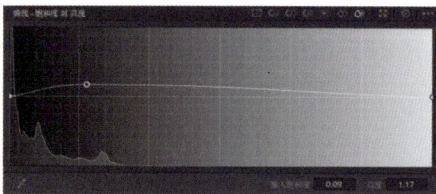

图5-97

图5-98

图5-99

饱和度对亮度曲线是调整图像色彩平衡的重要工具，它允许调色师从亮度的角度出发，对画面的饱和度进行精细调整，从而优化整体的色彩表现。这一工具能够帮助创造出既符合视觉审美标准，又富有情感深度的画面效果。

5.3 色彩扭曲器

色彩扭曲器是达芬奇的核心工具之一，以其独特的网格调整方式为调色师带来了高效且直观的调色体验。该工具按钮位于中间功能导航区的第二个位置，如图 5-100 所示。单击该工具按钮后，会出现一个类似蜘蛛网的界面，这便是进行色相－饱和度调整与色度－亮度调整的主要操作区。

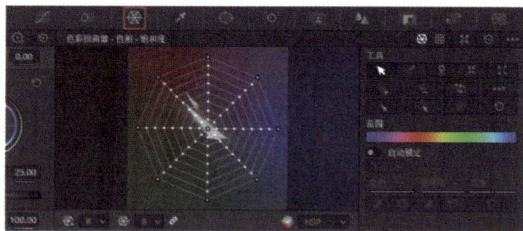

图5-100

5.3.1 色相－饱和度模式

色相－饱和度调整模式是色彩扭曲器的核心功能之一，它的工作原理基于色彩科学中的色相与饱和度概念。简而言之，色相是色彩的基本属性，决定了色彩的名称，如红、绿、蓝等；而饱和度则代表色彩的纯度或鲜艳度，高饱和度的色彩明亮且鲜艳，低饱和度的色彩则显得灰暗而柔和。在色相－饱和度调整模式中，色彩扭曲器通过构建一个二维网格，将色相与饱和度直观地展现出来，为用户提供了精细的调整手段。用户可以通过拖动网格上的点来改变特定色相或对应的饱和度，从而实现色彩的精准调整，如图 5-101 和

图 5-102 所示。在此过程中，色彩扭曲器会实时计算并更新画面中的色彩信息，确保用户能够即时看到调整效果。此外，该模式还配备了丰富的次级工具，如锁定、解锁、推远、拉近等，以满足用户在不同调色场景下的需求，使调色过程更加灵活高效。

图 5-101

图 5-102

　　色彩扭曲器的网格布局由色相精度和饱和精度共同决定，为用户提供了高度的自定义空间。色相精度决定了网格上水平方向点的数量，代表不同的色相；而饱和精度则决定了每个色相点所对应的饱和度段数，即垂直方向上的分段数。通过单击左下角的按钮，可以轻松调整这些设置，以满足不同的调色需求。默认情况下，网格采用 6×6 布局，即 6 个色相点和每个色相点对应的 6 个饱和度段，这样的设置既确保了调整的精度，又考虑了操作的便捷性。若用户发现所需选择的点位于已有点的中间而无法直接选中，可以通过单击面板左下角的按钮，在弹出的菜单中选择不同的参数选项来切换色相点或饱和度段的数量，如图 5-103 所示。左侧按钮控制色相点的数量，右侧按钮则控制每个色相点对应的饱和度段数。此外，选择点右侧有一个链式图标，当该图标被点亮时，表示色相点与饱和度段的数量调整是同步的。若希望单独改变色相点或饱和度段的数量，可以单击链式图标以取消同步调整。

图 5-103

　　网格上的每个点都可以被拖动，从而调整其对应的色相和饱和度。用户只需单击并拖动这些点，即可直观地观察到色彩的变化。将点向特定颜色方向拖动，色相会偏向那个颜色；而将点向网格中心拖动，则会降低饱和度，使色彩更加柔和。例如，在图 5-104 中，若将代表蓝色的点向外拉出，则可以增加对应颜色的饱和度。这样操作后，天空和人物衣服上蓝色的饱和度得到了提高，如图 5-105 所示。

　　如果此时希望天空的蓝色更加纯正，而非现在的青色，那么可以将刚刚选中的点向蓝色方向（逆时针）拖动。通过这样的调整，可以得到如图 5-106 所示的效果。

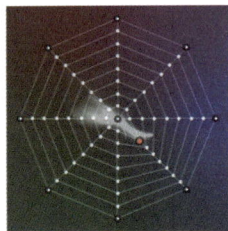

图5-104　　　　　　　　　　　　　　　　　　　图5-105

除了通过拖动网格上的点来调整色彩，还可以调整右侧工具面板底部的"色相""饱和度""亮度"值，如图 5-107 所示，在每个参数的下方都配备了两个图标。左侧的羽毛状图标代表"平滑色相"，每次单击都会使调整略微回调，从而优化调整效果。而右侧的图标则提供"重置色相"，单击它可以重置对色相的所有调整。

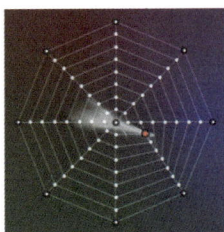

图5-106　　　　　　　　　　　　　　　　　　　图5-107

用户既可以在色彩扭曲器的网格上选择目标颜色，也可以通过直接单击检视器中的画面来选取。当单击检视器中的特定颜色时，色彩扭曲器会自动在网格上为该颜色创建点。例如图 5-108 所示，若用户希望调整红框内的黄绿色植物的颜色，只需在画面中单击该区域，色彩扭曲器便会自动在网格上定位并创建相应的点，如图 5-109 所示。

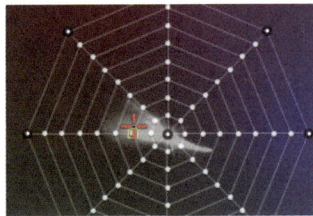

图5-108　　　　　　　　　　　　　　　　　　　图5-109

此外，还可以通过右侧工具面板中的"绘制选择"工具来自定义调整范围。单击该按钮后，鼠标指针将变为画笔形状，此时即可在网格中自由绘制控制点，如图 5-110 所示。

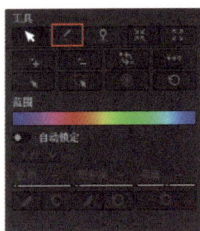
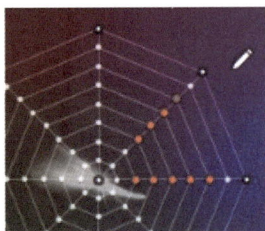

图5-110

通过图 5-106 的操作，我们可以发现，在色彩扭曲器上调整的每一个点都会以衰减的形式影响该颜色对应的其余点。然而，通过"固定 / 解除固定"工具，可以锁定某些点，使其不受其他点调整的影响。这一功能在需要精确调整特定颜色饱和度时尤为实用，它能确保其他颜色不受干扰。该工具位于图 5-111 所示的位置。当激活该工具时，可以单击网格中不希望被改变的点，这些被选中的点将以黑色描边的形式呈现。此后，当调整该色相的其他点时，这些被选中的点将保持不变，如图 5-112 所示。当然，被锁定的点仍然可以被主动调整，"固定 / 解除固定"工具只是防止它们被其他点的调整所影响。解除锁定也很简单，只需再次单击已锁定的点，或者使用"解除固定"功能即可。

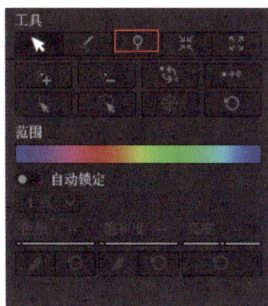
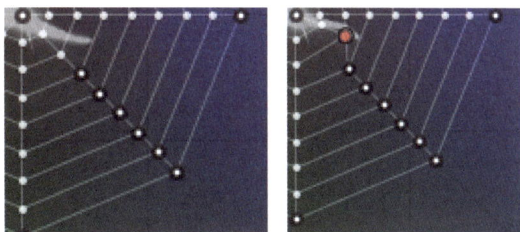

图5-111　　　　　　　　　　　　　　　　图5-112

　　工具面板的第一排最后两个工具是"拉进控制点"和"推远控制点"工具，如图 5-113 所示。这两个工具允许用户调整控制点的密集程度，从而根据需要减少杂色或增强调整效果。使用"拉近控制点"工具会使控制点更加密集，让范围内所有颜色都向目标所选颜色靠拢，进而减少杂色；而使用"推远控制点"工具则会将控制点分散，使范围内所有颜色远离目标颜色，呈现更加丰富多彩的效果，如图 5-114 所示。

　　工具面板的第二板块包含次级工具，这些工具位于如图 5-115 所示的位置，旨在辅助用户快速调整操作范围。

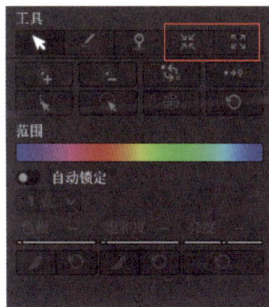
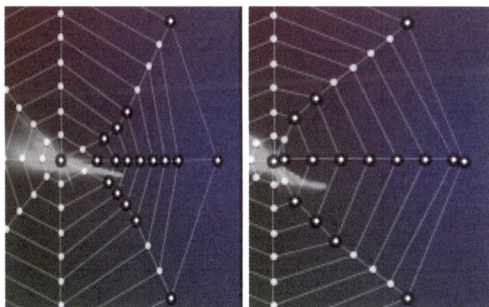
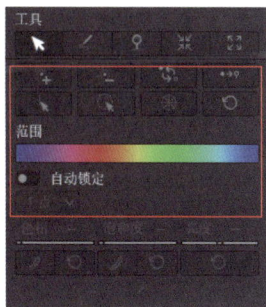

图5-113　　　　　　　　　　图5-114　　　　　　　　　　图5-115

※　"增加衰减 / 柔性选择"与"降低衰减 / 柔性选择"：这两个工具用于调整选择点的范围，以实现更均匀或更精准的调整。增加衰减会扩大选择点的影响范围，从而使调整效果更加平滑自然；而降低衰减则会缩小选择点的影响范围，使调整更加精确和集中。

※　"反选"与"将所选转化为固定"："反选"工具能帮助用户快速选择未被选中的点，便于对画面中的大部分色彩进行快速调整。而"将所选转化为固定"工具则用于固定已选中的点，确保这些点不会受到后续操作的影响，这对于保护画面中特定色彩不受调整干扰至关重要。

※　选择列 / 固定列："选择列 / 固定列"工具让用户能够轻松选择特定颜色同一列上的所有点。只需选中一个点，然后单击"选择列 / 固定列"工具按钮，即可快速选中该列的所有点，便于对某种颜色进行全局性的调整。而"固定列"功能则需要先使用"固定 / 解除固定"工具来固定一个点，随后单击"选择列 / 固定列"工具以快速固定该列的所有点。

※ 选择环 / 固定环："选择环 / 固定环"工具允许选中特定颜色同一环上的所有点。用户在选中一个点后，单击"选择环 / 固定环"工具按钮，即可快速选中该环的所有点，这有助于对全局某一特定饱和度的所有颜色进行统一调整。而固定环功能则需要先使用"固定 / 解除固定"工具固定一个点，再单击"选择环 / 固定环"工具按钮以快速固定同一环上的所有点。

※ 选择所有 / 固定所有或取消选择所有 / 取消固定：此工具提供了一键式操作，可以快速选中或固定网格上的所有点。若需要取消选择所有或固定，只需再次单击该工具按钮即可。

※ 重置选择 / 重置固定：该工具能够帮助用户重置网格上的所有调整，恢复到初始状态，便于重新开始调整过程。

※ 自动锁定：选中该复选框，能在用户选择某个点后，自动锁定其前后或周围的特定点。这一功能在需要保持某些颜色不受调整影响时非常有用，能显著提高调色的效率和准确性。用户可以根据自己的需求设置自动锁定的点数和方向，以灵活调整锁定的范围。

5.3.2 色度 - 亮度模式

色度－亮度调整模式在色彩扭曲器中占据重要地位，其工作原理根植于色彩科学中的色度与亮度概念。色度，可以理解为色彩的纯度和鲜艳度的综合体现，它深刻影响着色彩的视觉感受；而亮度，则是指色彩的明暗程度，对画面的整体光感和视觉效果起着决定性作用。

在色度－亮度调整模式中，色彩扭曲器通过构建一个色度与亮度的二维网格，为用户提供了对画面中色彩进行精细亮度调整的可能。用户只需通过垂直拖动网格上的点，便能改变特定色度的亮度，从而实现对画面明暗的精准把控。同时，也可以横向拖动选中的点来调整色相。

与色相－饱和度调整模式相仿，色度－亮度调整模式同样配备了丰富的次级工具，诸如模板选择、增加衰减、降低衰减等，旨在帮助用户更高效地完成调色工作。此外，该模式还支持实时预览，使用户在调整过程中能够即时观察画面的变化，确保调整结果符合预期。通过综合运用色度－亮度调整模式中的各项功能，可以轻松调整画面中色彩的明暗对比和视觉层次，进而打造出更为细腻逼真的画面效果。

通过单击右上角的按钮，用户可以轻松将色彩扭曲器切换至色度－亮度模式，如图5-116所示。在这个模式下，虽然网格的布局和调整方式与色相－饱和度模式相似，但其关注点在于色度和亮度的关系调整。色度代表色彩的纯度和鲜艳度，而亮度则代表色彩的明暗程度。通过精准调整这两者之间的关系，能够有效提高画面中色彩的明亮度和鲜艳度。

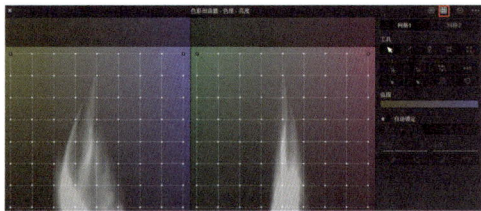

图5-116

在色度－亮度模式下，可以通过拖动网格上的点来改变特定色度的亮度。向上拖动点会增加亮度，使色彩更加明亮；向下拖动点则会降低亮度，使色彩更加暗淡。此外，还可以选择不同的模板来调整自动锁定的点，这些模板涵盖左右、上下以及周围 4 个方向的第二个点等，从而提供更加灵活的色彩亮度和鲜艳度调整方式。

同时，与色相－饱和度模式相似，用户可以通过单击左下角的按钮，在弹出的菜单中选择不同的数值选项，调整色度－亮度模式下的点数和段数，以满足不同精度和速度的需求。而次级工具如增加衰减、降低衰减、反选、固定等，则在调整过程中发挥着重要的辅助和优化作用，使用户能够更为精确地掌控画面中的色彩亮度和色相。

第6章
色彩工具

本章将深入剖析达芬奇中的三大核心色彩工具：RGB 混合器、色轮六矢量切片，以及 19 版本全新推出的电影感外观创作器。RGB 混合器最初的设计目的是解决胶片偏色问题，它允许用户精细调整红、绿、蓝三原色通道，从而实现对画面色彩的精确控制；色轮六矢量切片则基于矢量示波器的原理，将色轮划分为 6 个主要区域，并特别增设了肤色切片，方便用户对每个切片进行亮度和饱和度的调整，以完成精细的色彩调校；电影感外观创作器则融合了先进的色彩管理与物理效果模拟技术，不仅能模拟出胶片的独特质感，更提供了高度可定制的电影风格预设，并支持实时预览功能，从而大幅提高了调色工作的效率。本章旨在帮助读者深入掌握这些工具的操作方法与应用技巧，以提高在影视后期制作中的色彩调整能力。

6.1 RGB 混合器

RGB 混合器可谓是达芬奇中最复杂且神秘的工具。其最初的设计目的是解决胶片拍摄过程中出现的偏色问题。胶片乳剂层由卤化银等化学物质组成，这些物质对光线的敏感度因波长而异。在彩色胶片中，乳剂层分为 3 层，每层对红色、绿色和蓝色光线的敏感度各不相同。然而，由于制造过程中的微小差异和化学物质的特性，这些乳剂层对光线的反应可能并不理想，从而导致色彩还原出现偏差。为了解决这一问题，达芬奇推出了 RGB 混合器工具，使用户能够从三原色层面进行精细的偏色调整。尽管数码摄影时代已经到来，但偏色问题仍然存在，因此 RGB 混合器依然发挥着重要作用。

此外，调色师们还发现，通过三原色层面对色彩进行调整，可以有效地避免颜色断层现象，这也是许多调色师喜欢使用 RGB 混合器进行画面风格化调色的重要原因。

6.1.1 RGB 混合器的工作原理

达芬奇的 RGB 混合器工具在视频调色领域具有举足轻重的地位。该工具根据色彩科学原理精心设计，使用户能够通过微调红、绿、蓝 3 个原色通道的参数，实现对画面色彩的精确把控。在软件界面中，"RGB 混合器"按钮位于左下方工具面板的第 5 个位置，如图 6-1 所示。

图6-1

在数字显示技术中，颜色是由红（R）、绿（G）、蓝（B）3 种原色混合而成的，它们被称作"光的三原色"。通过按照不同比例混合这 3 种原色，能够产生人类视觉可感知的所有颜色。三原色两两混合时，可以生成青（C）、品红（M）、黄（Y）这 3 种间色。

RGB 混合器提供了红、绿、蓝 3 个输出通道，每个通道专门对应一个原色。在每个输出通道内，又包含红、绿、蓝 3 个输入通道（或称"色条"）。这些输入通道的作用是控制哪个通道的信息能够按比例复制到当前的输出通道，或者从当前输出通道中按比例减去。

在调整某个输出通道中的输入通道滑块时，实际上是在调整该输入通道对当前输出通道的影响程度。例如，在红色输出通道中，如果增加绿色条的值，绿色通道的信息会更多地被叠加到红色通道上，使画面中的红色部分偏向橙色调（因为红色与绿色混合会生成橙色）。

每个输入通道的滑块数值一般设置在 −2~2 的范围内。当数值为 0 时，表示该输入通道对当前输出通道无影响。正值会加强该输入通道对当前输出通道的影响，而负值则会削弱其影响。

通过调整 RGB 混合器中的滑块，可以精确地调整画面中特定颜色的色相。例如，若想增加画面中的黄色成分，可以在绿色输出通道中增大红色条的值（因为绿色与红色混合会产生黄色）。

虽然 RGB 混合器的主要功能是调整色相，但通过精心调整滑块的值，也能间接改变画面的饱和度和亮度。例如，增加某个输出通道中对应输入通道的值，通常会提高该颜色的饱和度；而减小所有输入通道的值，则可能会使画面整体亮度降低。

6.1.2　RGB 混合器的应用技巧

RGB 混合器工具的概念相对抽象，为了便于读者理解和使用，作者精心设计了一张工具图，如图 6-2 所示，旨在为读者提供直观且实用的辅助参考。

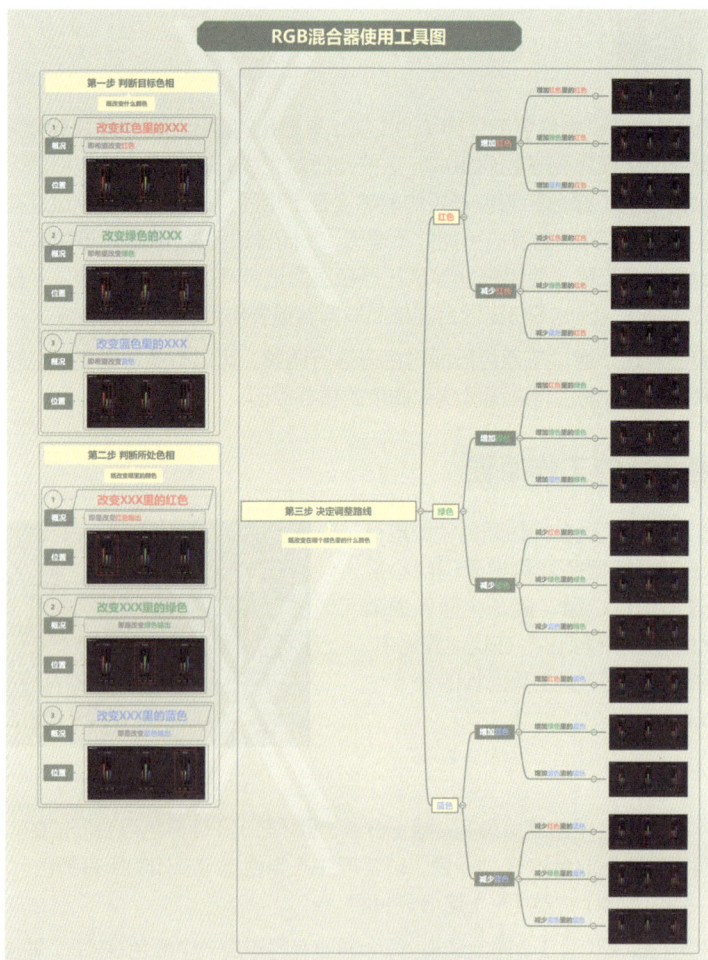

图6-2

在使用 RGB 混合器之前，需要对 RGB 三原色有基本的了解。简单来说，黄色是由绿色和红色混合而成的，而青色则是由绿色和蓝色混合所得的，橙色是由红色和黄色混合而成的。对颜色组成原理的这种理解，是我们熟练掌握 RGB 混合器使用的基础，如图 6-3 所示。

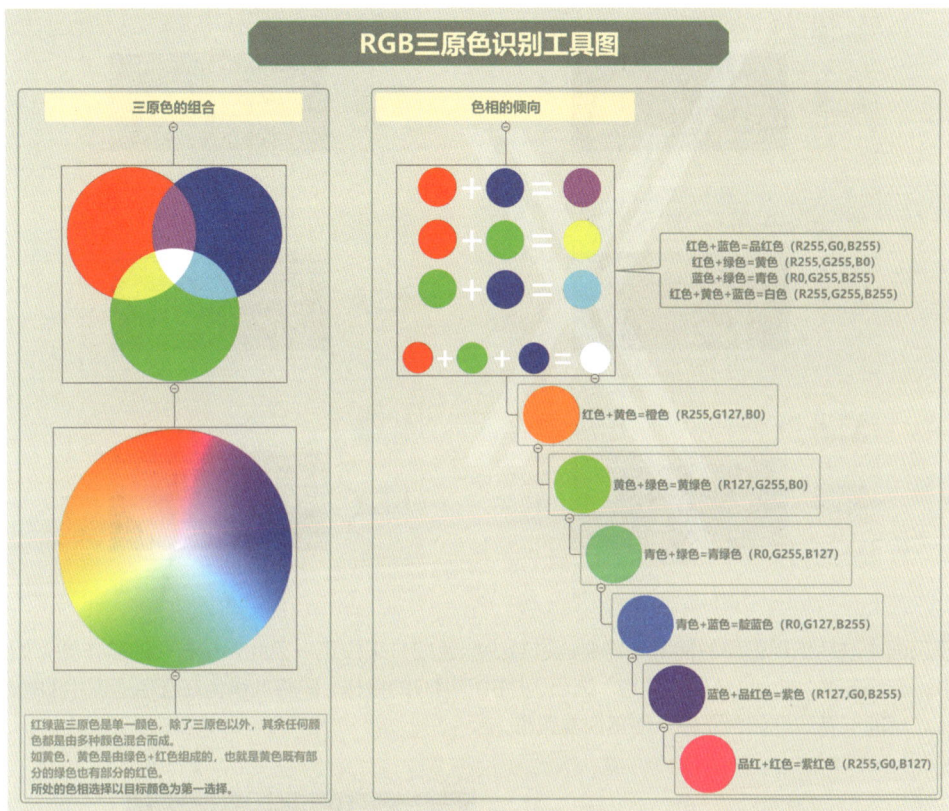

图6-3

RGB 混合器的独特之处在于，它能够在三原色层面对颜色进行全局性的调整，这与曲线工具等仅针对特定颜色进行调整的方法有所不同。因此，使用 RGB 混合器时，无须担心出现颜色断层的问题。

假设遇到了一个肤色偏绿的画面问题，如图 6-4 所示。在传统的调整方法中，可能会首先考虑调整色温和色调。然而，这种方法往往会破坏整个画面的颜色平衡。在这种情况下，RGB 混合器就显得尤为实用和有效。

图6-4

首先，我们需要确定目标色相，即所需调整内容所对应的原色。三原色包括红、绿、蓝，而本次调整的对象是肤色。鉴于肤色与红色原色关系最为密切，我们将着重调整红色通道。对应到工具图上，如图 6-5 所示，第一步就是"改变红色里的 ××"。这里的 ×× 将通过接下来的分析来得出确切答案。

第二步是判断当前的色相问题，即确定需要调整哪种颜色。由于肤色偏绿，这表明在对应的三原色中，红色原色中混入了过多的绿色成分。为了纠正这一问题，需要减少红色中的绿色含量。因此，对应到工具图的第二步，如图 6-6 所示，应为"改变红色里的绿色"。综合前两步的分析，我们得出的操作指令是调整红色通道中的绿色成分，以校正肤色的偏绿问题。

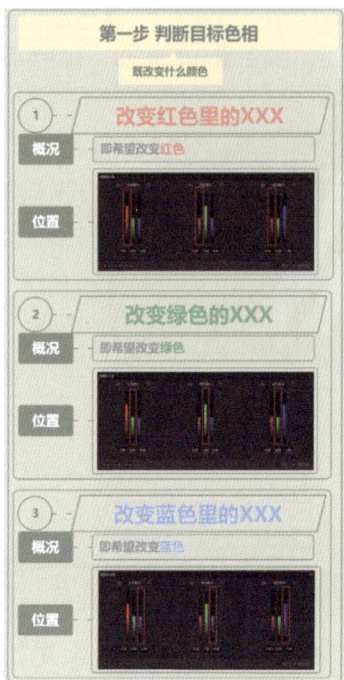

图6-5

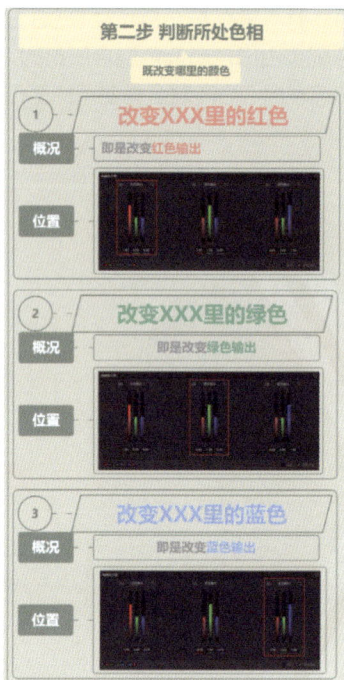

图6-6

鉴于画面中肤色出现偏绿的情况，需要通过减少绿色成分来校正。因此，在右侧的操作图（如图6-7所示）中，应当选择"减少红色里的绿色"选项，并执行相应的操作，即降低绿色在红色通道中的输出比例。这样一来，就能够有效地调整肤色，使其恢复正常。

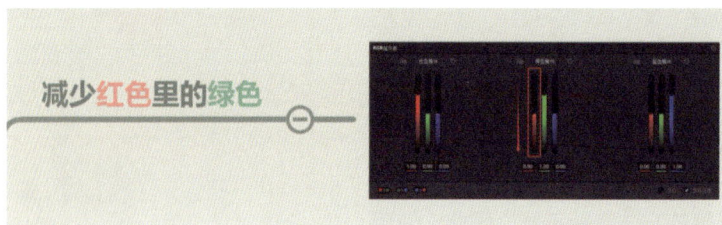

图6-7

经过精心调整，我们会发现肤色得到了显著改善，同时其他部分的颜色也保持了相对的稳定性。这一成果得益于我们在调整过程中既注重了颜色的校正，又充分考虑了颜色的平衡与保护，如图6-8所示。这种综合性的调整策略确保了整体画面的和谐与统一。

图6-8

RGB 混合器是一款功能强大且灵活多变的调色工具。本节仅简要展示了其工具图的实用性，但实际上，除了处理偏色问题，RGB 混合器还能用于修正胶片对不同颜色的敏感度差异，以及快速塑造独特的色彩风格等。在使用时，应该首先明确需要调整的目标颜色及期望达到的效果，然后结合 RGB 三原色的混合原理，在工具图中找到相应的操作路径。通过不断实践和精细调整，用户将逐渐熟练掌握 RGB 混合器的使用技巧，并能在视频调色过程中充分发挥其巨大潜力，实现更加精准和富有创意的色彩调整。

6.2　色轮六矢量切片

在达芬奇的中间功能区，第二个板块是色轮六矢量切片调色器，如图 6-9 所示。这项功能在 19 版本的 beta 测试阶段曾被称为"色彩切割"，如今已成为达芬奇中的一项重大创新。这一工具为用户提供了更加精细和灵活的色彩调整能力。

图6-9

色轮六矢量切片调色器是一种先进的固定向量调色工具，它基于矢量示波器上的传统向量，巧妙地将标准色轮精确切割成 6 个主要部分：红色、绿色、蓝色、青色、品红色和黄色。为了更精细地处理肤色，该工具还特别增加了一个第 7 个向量。用户可以通过设置整体密度、色调和饱和度等参数，独立地调整每个矢量空间切片的亮度和饱和度。值得强调的是，在调整饱和度时，该工具以减法方式控制亮度。这种独特的设计确保饱和的颜色不会过于炫目或明亮，从而省去了额外的亮度调整步骤。这有助于实现深沉且自然的电影胶片色彩，创造出卓越的视觉效果。

6.2.1　密度与深度

密度的概念源于胶片摄影时代。在透明的底片上，光线虽然能够穿透，但并非畅通无阻，而是会受到一定的灰雾阻碍。当无光照射时，这种灰雾并不显现。然而，一旦受到光照，底片上便会产生氯化银颗粒，进而显现灰雾。灰雾的浓度与胶片质量紧密相关，而密度则是对这种灰雾浓厚程度的具体量化指标。密度越大，灰雾越浓，光线穿透的难度越大，从而导致画面颜色变暗，同时可显示的颜色范围和饱和度也会相应减小。

在影视后期调色中，色彩密度是指色彩在图像中的浓度或厚重感，它直接反映了色彩对光线的吸收和反射能力，是决定色彩鲜艳度和对比度的重要因素之一。色彩密度的大小会直接影响画面的视觉效果和情感表达。通常，色彩密度大的图像会呈现更加浓郁、饱满的色彩，给人以强烈的视觉冲击，如图 6-10 所示；而色彩密度小的图像则展现出更为淡雅、柔和的色调，营造出宁静、舒适的氛围，如图 6-11 所示。通过对色彩密度的精细调整，调色师能够创造出丰富多样的视觉风格，以满足不同影片的情感表达和叙事需求。

图6-10

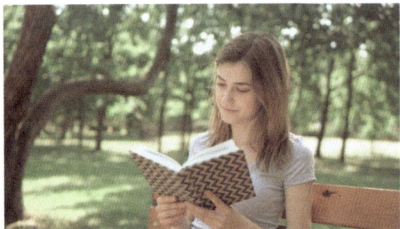

图6-11

　　在调色实践中，调色师可以通过精细调整色彩密度来营造画面的整体氛围并传达特定的情感。例如，在紧张、激烈的场景中，适当增加色彩密度可以使画面色彩更加鲜明、引人注目；而在温馨、宁静的场景中，降低色彩密度则有助于营造出柔和、淡雅的色调。重要的是，色彩密度的调整需要与其他调色参数（如色相、饱和度、亮度等）相互协调，以达到最佳的视觉效果。同时，调色师还需要根据影片的整体风格和所要表达的情感，灵活运用色彩密度这一工具，为影片注入独特的艺术韵味。

　　为了更直观地理解色彩密度在画面中的应用，可以参考图 6-12 所示。当提高色彩密度时，可以观察到画面的颜色变得更加"沉稳"，从矢量图中也能看出大部分内容的曝光度有所降低，同时饱和度也相应减少，如图 6-13 所示。相反，如果降低色彩密度，则各项参数及画面效果会呈现相反的变化，画面的颜色会变得更加明亮和鲜艳，如图 6-14 所示。这种调整方式有助于调色师根据具体需求，精准地控制画面的色彩表现和氛围营造。

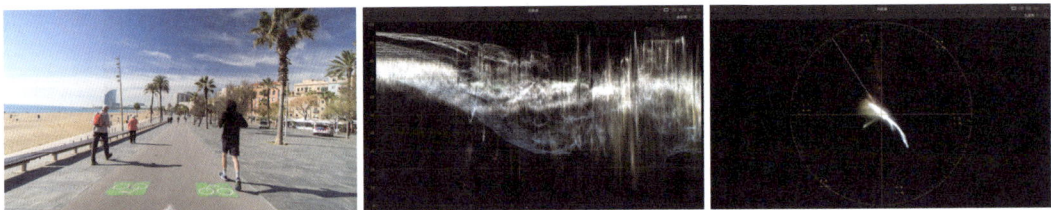

图6-12

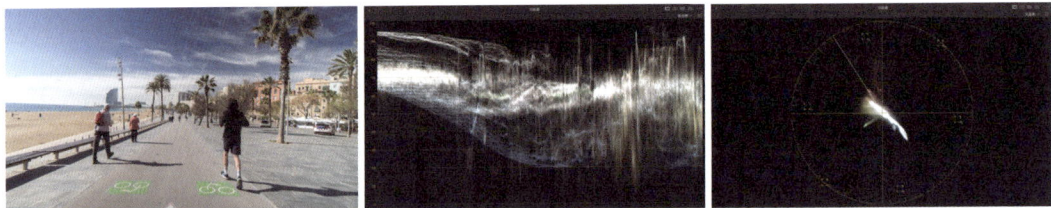

图6-13

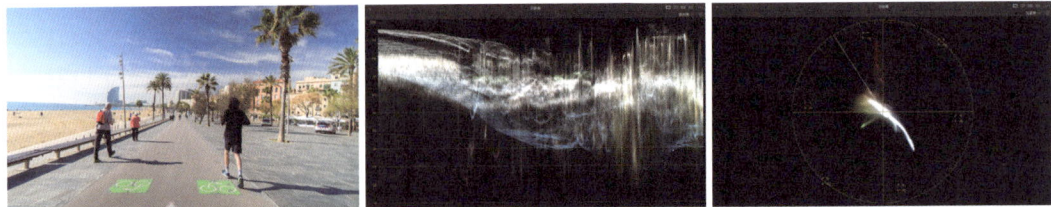

图6-14

　　在密度调整选项的旁边，会看到一个名为"密度－深度"的选项。该选项用于控制密度调整的影响范围。以图 6-15 为例，当增加画面的密度时，波形图会呈现中间部分向下压缩的趋势，如图 6-16 所示。在默认的深度设置（数值为 0.00）下，密度的调整主要影响的是画面的中灰部分。通过调整"密度－深度"

的数值，可以改变密度调整对不同灰度级别的影响程度，从而实现更精细的色彩控制。

图6-15

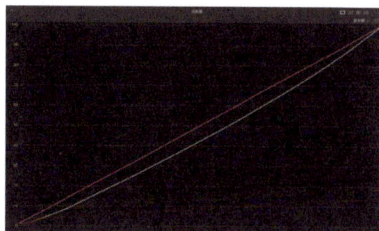

图6-16

　　然而，当增大深度值时，波形图变化的高峰点也会随之向右移动。这表明深度值越大，对高光部分的影响越显著，而对暗部的影响则相对减弱，如图 6-17 所示。反之，如果减小深度值，则效果相反，即深度值越小，对暗部的影响越明显，而对高光部分的影响则相对较小，如图 6-18 所示。通过调整深度值，可以更灵活地控制画面中密度增加的作用范围，从而实现更精细的画面调整。

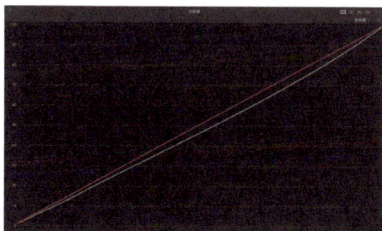

图6-17

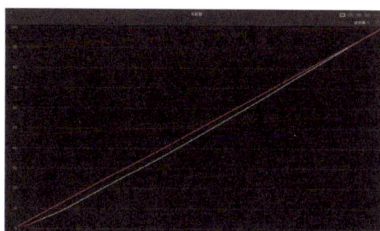

图6-18

　　最后，以图 6-19 为例，如果我们希望在增加画面密度的同时，保持高光部分不变（因为高光部分的效果已经达到预期），那么可以在增加密度的同时减小深度值。这样的调整将使密度的影响主要集中于暗部区域，从而实现如图 6-20 所示的效果。这种灵活的调整方法充分展现了色轮六矢量切片调色器在影视后期调色中的强大功能和广阔应用前景，为调色师提供了更多的创作空间和可能性。

图6-19

图6-20

6.2.2　饱和度与平衡

　　色轮六矢量切片调色器的饱和度功能是达芬奇 19 版本更新后引入的一个全新原生饱和度调整滑块，其采用的算法与传统方法有着显著区别。通常，当通过一级校色轮的饱和度滑块来提高饱和度时，画面的曝光度也会随之在一定程度上提高。例如，图 6-21 展示的是未提高饱和度的原始画面，而经过一级校色轮的饱和度滑块调整后，我们得到了亮度明显增高的图 6-22。值得注意的是，这种亮度的提高主要集中在显色指数较高的红色和绿色上，而蓝色的亮度可能略有降低。但从整体画面效果来看，亮度确实得到了显著提高。

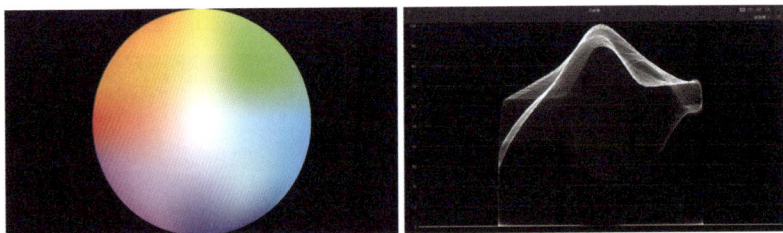

图6-21

图6-22

色轮六矢量切片调色器的饱和度控制方式彻底颠覆了传统方法。在提高该调色器的饱和度时，亮度会显著下降。这是因为色轮六矢量切片调色器采用的算法更加贴近颜料的混合原理。与光的叠加原理不同，颜料在混合过程中会变得越来越暗淡，如图6-23所示。因此，在使用色轮六矢量切片调色器调整饱和度时，用户会观察到亮度降低的现象，这也是该调色器独特之处。

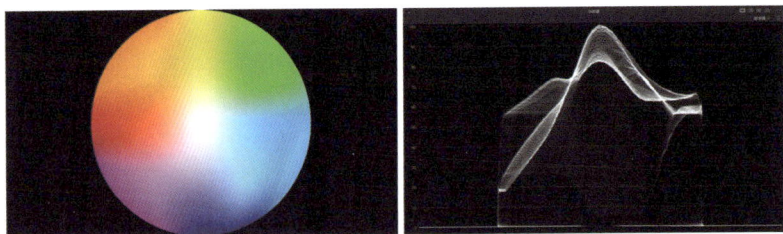

图6-23

通过对比图6-24，可以清晰地看到光相加与颜料相加所产生的截然不同的效果：左图展示的是光相加的效果，光相加后得到的颜色亮度会增加，例如，红色加绿色得到黄色，而黄色的亮度高于红色和绿色；而右图则展示了颜料相加的效果，即颜料混合后颜色会变得越来越暗淡。色轮六矢量切片调色器采用了贴近颜料混合原理的独特饱和度控制算法，这使其在调整饱和度时，能够更为精确地掌控画面的亮度和色彩呈现，为调色工作带来了更高的灵活性和准确性。

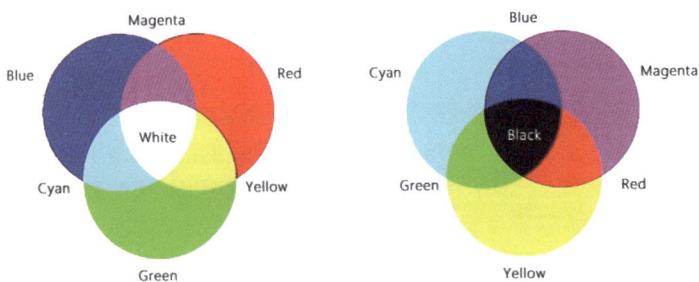

图6-24

达芬奇更新的色轮六矢量切片调色器的饱和度滑块，带来了降低曝光的饱和度提高功能，这一功能在项目执行中具有显著的重要性。该功能不仅有效规避了传统饱和度调整可能产生的荧光感,还使画面色彩呈现得更加自然、真实。为了进一步精细化饱和度调整的效果,色轮六矢量切片调色器还增设了"饱和度—平衡"与"饱和度—深度"两个调整滑块。

"饱和度—平衡"滑块的主要功能是调节并补偿因饱和度变化而导致的曝光变化。当提高饱和度后,调整"饱和度—平衡"值,波形图会随之发生相应变化。如图 6-25 所示,减小"饱和度—平衡"值可以提高因饱和度提高而降低的曝光度,而增大"饱和度—平衡"值则会使曝光度进一步降低,如图 6-26 所示。这一功能在调整过程中提供了极大的便利。例如,当在增加饱和度的同时希望降低曝光度以避免荧光感,但曝光度的降低幅度超出了预期,这时就可以通过调整"饱和度—平衡"值来进行恰当的优化。

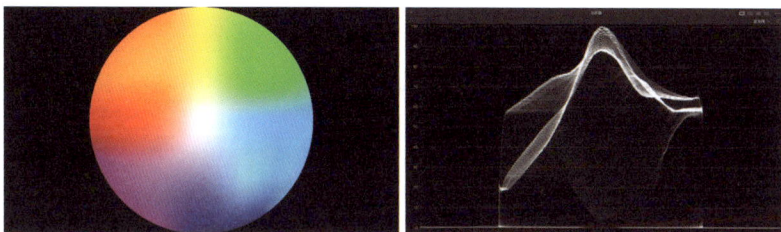

图6-25

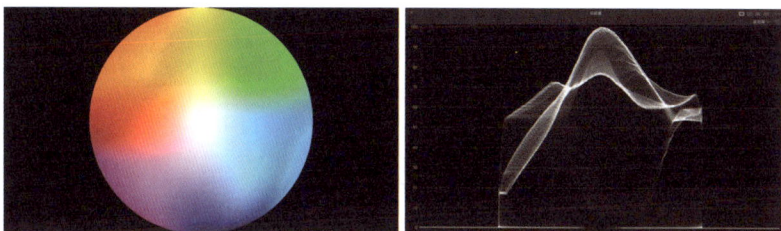

图6-26

"饱和度—深度"滑块的作用与"密度—深度"相仿,它主要用于调整饱和度变化的作用范围。当增大"饱和度—深度"值时,饱和度的调整会更多地影响高光部分;而减小该数值时,其影响则会向暗部偏移。这一功能提供了更灵活的控制手段,使我们能够更为精确地调整画面中饱和度的分布,从而实现更加细腻的色彩调整效果。

6.2.3　色彩调整滑块

色轮六矢量切片调色器依照矢量示波器上的传统矢量,将标准色轮细致地划分为 6 个切片,分别是红色、绿色、蓝色、青色、品红色和黄色。此外,调色器还特别增设了一个肤色切片,这个肤色切片实质上对应的是橙色。因为在适当的曝光和色彩环境下,无论人种差异,肤色均呈现为橙色,如图 6-27 所示。这种设计使调色器在处理肤色时更为精准和便捷。

图6-27

在色彩调整面板的上方，整齐排列着 7 个切片，如图 6-28 所示。仔细观察这些切片，我们会发现每个切片上都有一个扇形区域呈现高亮状态，这个高亮区域即代表了该切片的调整范围。然而，值得注意的是，并非整个扇形区域都会完全受到该切片调整的影响。在每个扇形内部，都有一根明显的白线，它标志着调整的中心点。调整效果会从这个中心点开始向两侧以渐变的方式扩散，越靠近两侧，受到的影响越小，从而实现更为自然的过渡效果。

图6-28

这个中心位置可以通过切片下方的"中心"滑块进行调整。由于每个切片的调整范围都是相互衔接的，因此，当调整了某个切片的中心位置时，相邻的两个切片的扇形范围也会随之变动。如图 6-29 所示，当向右拖动肤色切片的"中心"滑块时，相较于未调整的图 6-30，肤色切片的中心会呈现逆时针方向的移动。同时，与肤色切片相邻的红色和黄色切片的扇形范围，在与肤色切片相邻的这一侧也会随之逆时针移动。

若要查看每个切片的调整范围，可以单击切片左上角的"突出显示"按钮，显示效果如图 6-31 所示，这样用户可以更加直观地了解每个切片的调整区域，从而进行更精确的色彩调整。

图6-29

图6-30

图6-31

接下来介绍该工具的调整功能。每个切片都配备了 3 个调整工具，分别是"色相""密度"和"饱和度"，如图 6-32 所示。这些工具可以帮助用户对色彩进行精细调整，以满足不同的创作需求。

图6-32

色相调整即为我们通常所说的色彩相位的改变。而密度与饱和度的调整则延续了我们之前所分析的特点：当增加密度时，该调整范围内的内容曝光度会降低，同时饱和度也会相应下降；反之，降低密度则会产生相反的效果。至于饱和度调整，它的特点是在提高饱和度的同时，曝光度会降低。如图 6-33 所示，在经过提高密度调整后，得到了图 6-34，可以明显看到红色区域的曝光度和饱和度都有所下降。而当提高饱和度后，得到了图 6-35，可以观察到虽然饱和度确实提高了，但与此同时，曝光度却有所降低。这是色轮六矢量切片调色器独特的调整方式，为用户提供了更丰富的色彩调整手段和更精准的控制能力。

图6-33

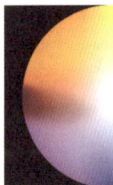

图6-34

图6-35

6.3 电影感外观创作器

谈及达芬奇 19 版本推出的电影感外观创作器，我们不难发现它与传统胶片风格模拟方法之间的显著区别，尤其是相较于过去直接套用诸如柯达 2383 等胶片 LUT 的简易方式。电影感外观创作器不仅代表了数字视频制作技术的一次重大革新，更深刻地展现了对电影美学追求的深刻理解与致敬。

作为达芬奇 19 版本中的一项亮眼新功能，电影感外观创作器融合了先进的色彩管理技术、物理效果模拟及 AI 技术支持，为用户提供了一个全面且极具个性化的电影风格创作平台。该工具的核心理念源于对胶片摄影机工作原理的深入探究，旨在通过数字技术模拟胶片在曝光、冲洗和印刷过程中所形成的独特视觉特质。借助复杂的算法和高端的图像处理技术，电影感外观创作器能够精确地重现光晕、泛光、颗粒感、闪烁、片门抖动和暗角等胶片所独有的质感，从而使数字视频作品呈现出逼真的胶片效果。

用户在使用这一工具时，只需在右上角的特效库中搜索"电影感外观创作器"，然后将其拖至节点上，即可启用该工具，操作界面如图 6-36 所示。这一过程简单直观，使用户能够快速上手，并充分利用该工具进行电影风格的创作与探索。

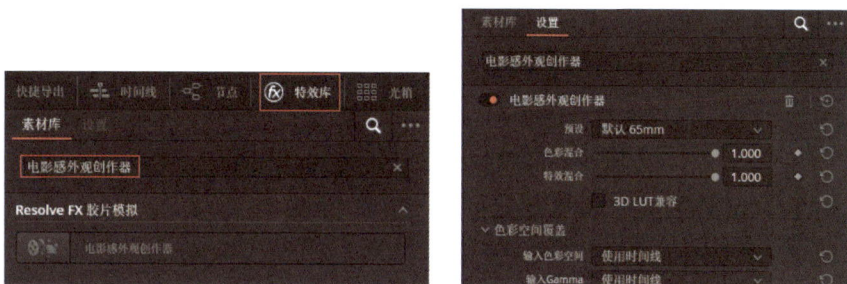

图6-36

该功能在设计之初，便是为了满足电影制作者对高品质电影风格的追求。在传统胶片摄影时代，摄影师和调色师会精心挑选胶片类型，并细致调整曝光和冲洗参数，以实现特定的视觉艺术效果。然而，随着数字技术的不断发展，这种传统的创作方式逐渐被新技术所取代。电影感外观创作器的问世，恰恰是为了填补这一空白，它致力于让数字视频制作能够重新焕发并超越胶片时代的视觉美学魅力。

与早期直接套用胶片 LUT 的方式相比，电影感外观创作器赋予了用户更大的创作自由度和发挥空间。用户不再受限于预设的 LUT 风格，而是可以根据自身的创意和实际需求，通过调整多样化的参数和设置，打造出独一无二且极具个性化的电影风格。这种高度可定制的特性，使电影感外观创作器成为专业电影制作人员和调色师的首选工具。

此外，电影感外观创作器还特别注重实时预览功能的重要性。用户在调整各项参数的同时，能够即时看到视频画面的变化效果，从而极大地提高了创作效率和调整的准确性。同时，该工具还支持与达芬奇其他强大功能的无缝衔接，如色彩切割、调色板等，让用户能够在统一的平台上，一站式完成从色彩管理到特效添加的整个后期制作流程。

如图 6-37 所示，电影感外观创作器在界面顶端提供了丰富的预设选项。只需选择适合的预设，便能快速应用心仪的电影风格，为作品增添独特的视觉魅力。

图6-37

默认预设的效果区别如图 6-38 所示。

| 默认65mm | 默认35mm | 电影感（遮幅） | 跳过漂白工艺 | 怀旧感（Nostalgic） |

图6-38

※　默认 65mm：此预设通过调整白点和黑点的位置，轻微增加了画面的对比度。在保持白色色调不变的基础上，高光部分偏向绿色，而暗部则偏向青色。这种设置使颜色分布更为平滑，减弱了颜色间的对比，整体颜色向青色调有所偏移。此外，还增添了少许颗粒感，画面四周增加了微量暗角，并增强了胶片特有的光晕和泛光效果。

※　默认 35mm：与 65mm 预设类似，该预设同样调整了白点和黑点的位置以提高对比度。画面中，高光区域偏向绿色，暗部区域偏向青色，整体颜色更为和谐统一且向青色调偏移。但与 65mm 预设相比，35mm 预设增加了更多的颗粒感和暗角效果，同时进一步强化了胶片的光晕和泛光特性。

※　电影感（遮幅）：在此预设下，通过调整白点和黑点，画面的对比度得到显著提高。中灰及高光区域偏向温暖的色调，而暗部则呈现冷色调。特别的是，在画面的上下部分增加了遮幅效果，为观众营造出更具电影感的视觉体验。同时，颗粒感和暗角的增强更为明显，与胶片的光晕和泛光效果共同营造出独特的观影氛围。

※　跳过漂白工艺：该预设在轻微提高对比度的同时，为整个画面带来了一种偏向青色的色调风格。值得注意的是，此设置大幅降低了画面的饱和度，呈现一种独特的视觉效果。此外，颗粒感和暗角的增加也较为明显，进一步凸显了胶片的光晕和泛光特性。

※　怀旧感（Nostalgic）：此预设通过大幅调整白点和黑点的位置，使画面对比度略有提高。高光部分偏向绿色调，而暗部则呈现出偏红的色彩。特别的是，在画面四周增加了片门遮幅效果，营造出一种浓郁的怀旧氛围。同时，颗粒感和暗角的显著增强与胶片的光晕和泛光效果相得益彰，共同打造出一种别具一格的视觉感受。

在预设选项的下方，可以看到两个混合调整项：色彩混合和特效混合。达芬奇对电影感外观创作器的功能进行了精细划分，明确区分为色彩和特效两大类别。用户可以通过调整这两个混合值，对应用效果进行细致的微调，从而满足个性化的创作需求。这样的设计使用户可以更加灵活地掌控电影风格的呈现，实现创作意图的精准表达。

6.3.1　电影感色彩外观

1.色彩空间覆盖

在达芬奇 19 版本推出之前，若想创造具有胶片质感的画面，最常用的方法是应用柯达 2383 风格化 LUT。柯达 2383 LUT 是柯达公司提供的一款正片模拟工具，专门用于再现胶片的独特视觉效果。在数字中间片处理流程中，该 LUT 扮演着举足轻重的角色，它使我们能够在计算机上精准模拟出胶片的特有质感，并在印片前进行细致的调色工作。

在数字中间片时代，摄影师普遍采用负片进行拍摄，随后将负片扫描成 Cineon LOG 格式的 DPX 文件。调色师则需要在这些数字文件上展开调色作业。在此过程中，2383 LUT 成为一个不可或缺的监看工具，它助力调色师在数字环境中提前预览到最终呈现在胶片上的效果。然而，在数码时代，为了充分发挥柯达 2383 风格化 LUT 的特性和效果，需要在 LUT 节点之前增设一个色彩空间转换节点。通过这个节点的转换，可以将任意色彩空间的素材变换为 Cineon LOG 格式，从而确保 LUT 得以正确应用，并达到预期的视觉效果，如图 6-39 所示。

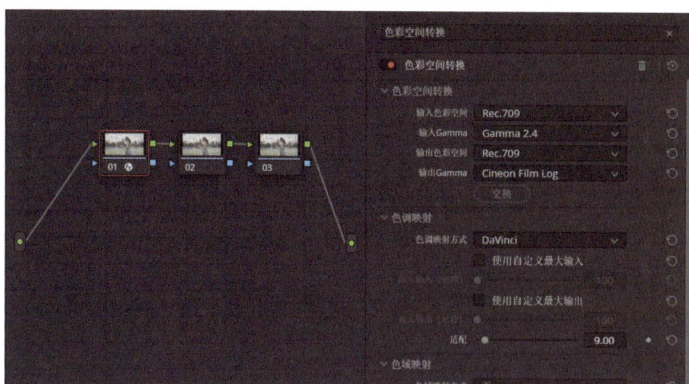

图 6-39

完成色彩空间的转换之后，接下来的步骤是在后续的 02 号节点上添加柯达 2383 风格化 LUT。添加 LUT 的方法灵活多样，可以右击节点，在弹出的快捷菜单中选择 LUT 子菜单中所需的 LUT 选项。柯达 2383 风格化 LUT 作为达芬奇软件自带的 LUT，存储在 Film Look 文件夹中，方便用户快速调用，如图 6-40 所示。此外，还可以通过单击左上角的 LUT 库选项卡，如图 6-41 所示，直接将选中的 LUT 拖至相应节点上应用，操作更加直观快捷。

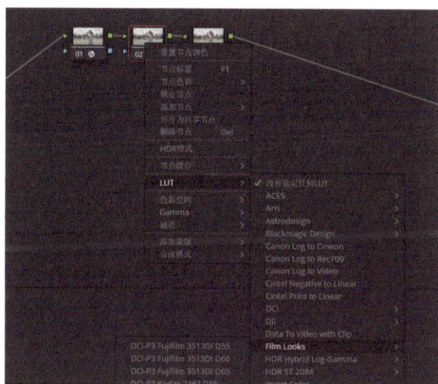

图 6-40

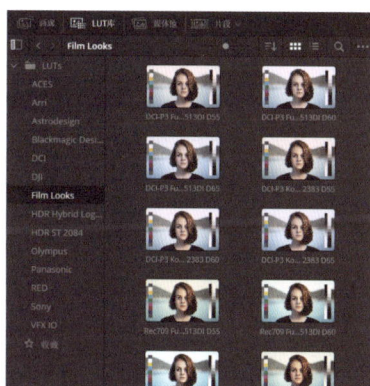

图 6-41

图 6-42 展示了应用 LUT 后的画面效果。然而，LUT 的效果往往可能不完全契合我们的具体需求。因此，需要在色彩空间转换节点之前增设 2~3 个节点，以便调整曝光、对比度、饱和度和色彩偏差等问题。若需要进一步增添光晕、泛光、暗角等特殊效果，则需要在 LUT 节点之后继续添加处理节点。从理论上讲，为了充分发挥像柯达 2383 这样的风格化 LUT 的潜力，至少需要配置 5 个节点，整个流程如图 6-43 所示。

图 6-42

图 6-43

在整个操作流程中，色彩空间转换是首要且至关重要的环节。我们之所以需要建立 03 号节点来执行这一转换，将原始色彩空间转换为 Cineon LOG，是因为柯达 2383 LUT 的应用具有一定的局限性，它仅在特定环境下才能充分发挥其效用。然而，与此不同的是，电影感外观创作器提供了一种全面且高度可定制的解决方案。其面板设计使用户能够通过数字手段精确模拟胶片在曝光、冲洗和印刷过程中所呈现的各种视觉特性，从而有效突破了 LUT 应用环境的限制。在使用电影感外观创作器时，只需在色彩空间覆盖的选项中，将"输入色彩空间"与"输入 Gamma"设置为与素材拍摄时相匹配的色彩环境，并选择合适的"输出色彩空间"及"输出 Gamma"以适应最终的内容输出需求，如图 6-44 所示。

在此需要特别指出，无论色彩空间设置是否已完成，针对 LOG 画面，最佳选择是准确设定"输入色彩空间"与"输入 Gamma"，而非简单地选用"使用时间线"选项。对于直出画面，这一步骤可以省略。此外，位于下方的"输出白点"选项，允许我们调整输出时的色温。其中，默认的 D65 代表 6500K 的色温标准。

图6-44

2.电影感外观

在色彩外观部分，我们进入第二个板块——"电影感外观"。这一板块主要基于用户在"预设"中所选的风格倾向，对画面进行更为精细的风格化处理。当单击 Core Look 下拉列表时，会看到如图 6-45 所展示的几个核心调整选项。

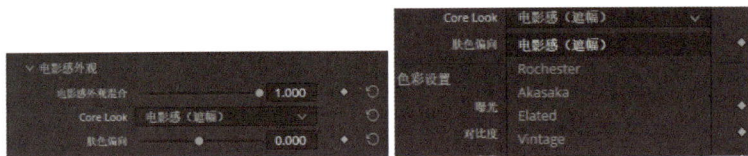

图6-45

不同 Core Look 的呈现效果如图 6-46 所示。

| 电影感（遮幅） | Rochester | Akasaka | Elated | Vintage |

图6-46

※　电影感（遮幅）：此选项不会对颜色进行额外的二次调整。

※　Rochester：选择此选项，高光部分的绿色影响会被减弱，同时暗部的青蓝色调会得到增强。这样的调整导致高光区域的绿色成分减少，而暗部呈现更为明显的青蓝色调。在整体色彩表现上，蓝色会向青色偏移，黄色则偏向橙色，从而营造一种青橙色调的视觉效果。

※　Akasaka：该选项会弱化高光区域的绿色影响，并轻微增加其蓝色倾向。同时，暗部的蓝色调会得到加强，使高光部分不再过绿，而是略微偏向青蓝色，暗部则更显蓝色。整体上，颜色会呈现向蓝色调偏移的趋势。

※　Elated：选择此选项后，全局颜色将偏向绿色调。

※　Vintage：此选项会使全局颜色偏向青色，并且红色、橙色、黄色及其相邻色相将偏向橙色。此外，画面的整体对比度和曝光度都会有所降低，呈现一种复古的视觉效果。

要调整 Core Look 对画面的影响程度，只需拖动"电影感外观混合"滑块即可轻松实现。此外，在该面板的第三个选项中，"肤色偏向"功能提供了一个在"橙"到"红"的范围内对肤色进行精细调整的工具，如图 6-47 所示，这一功能可以帮助用户根据需求精准调整肤色表现。

图6-47

3.色彩设置

在色彩外观部分，我们迎来了第三个板块——"色彩设置"，如图 6-48 所示。当打开这个面板时，是否会感到一种莫名的亲切感呢？这是因为达芬奇终于配备了与传统剪辑软件相类似的调整工具，使用户能够在熟悉的界面中轻松进行色彩调整。

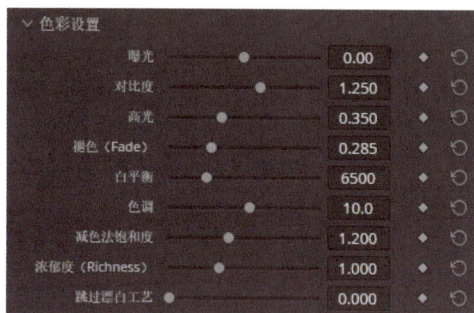

图6-48

※ 曝光：全局性地线性调整画面的曝光度，以改变整体亮度。

※ 对比度：对整个画面的对比度进行全局性的调整，增强或减弱明暗之间的差异。

※ 高光：专门针对画面中亮度分布在80%以上的高亮区域进行曝光调整，以控制亮部的细节和层次。

※ 褪色（Fade）：对画面中亮度分布在25%以下的暗部区域进行曝光调整，通过提高这些较暗区域的亮度，使画面获得一种灰度褪色的独特视觉效果。

※ 白平衡：在全局范围内，从蓝色到黄色之间对画面的白平衡进行调整，以纠正或创造特定的色温效果。

※ 色调：在全局范围内调整色温，范围覆盖从青色到品红色，用于调整画面的整体色调倾向。

※ 减色法饱和度：在提高饱和度时会相应地降低曝光度，以保持画面的整体明暗平衡；反之，在降低饱和度时会提高曝光度，以达到视觉上的均衡。

※ 浓郁度（Richness）：增强画面的密度感，同时增添一定量的饱和度，使画面色彩显得更为丰富且浓郁。

※ 跳过漂白工艺：该选项能够去除画面中的色彩，同时增加一定量的对比度，以模拟一种跳过传统漂白处理过程的特殊视觉风格。

4.色调分离

色彩外观的最后一个板块是色调分离。默认情况下，色调分离功能是关闭的。当选中"启用色调分离"复选框时，下方的 3 个滑块会变得可用，如图 6-49 所示。

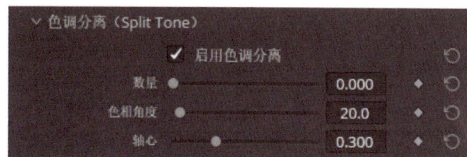

图6-49

色调分离在本质上是根据曝光对画面进行分区后，分别为高光区域和暗部区域添加互补色。在默认设置下，高光区域会添加橙色，而暗部区域则会添加蓝色，如图 6-50 所示。这种处理方式有助于增强画面的对比度和色彩层次感。

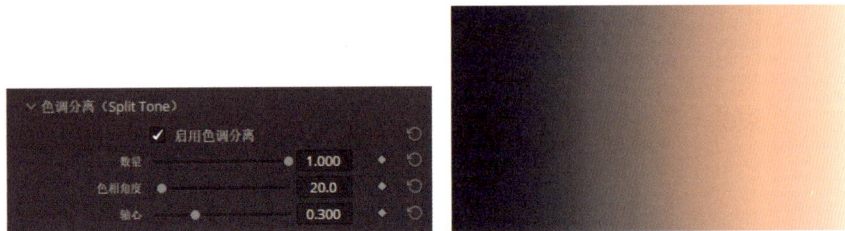

图6-50

当调整"色相角度"值时，两个颜色会根据色相环进行相应的旋转。若向右拖动"色相角度"滑块，颜色会顺时针旋转，如图 6-51 所示，从而实现色彩的连贯变化和协调过渡。

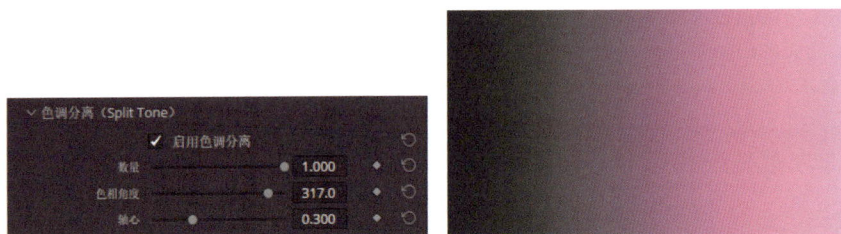

图6-51

轴心是用来调整亮部与暗部分界线的工具，其原理与对比度的轴心相似。在默认设置下，轴心的数值为 0.300，这个数值在波形图上对应于 3 条线相交的曝光位置，如图 6-52 所示。这意味着，曝光亮度高于此位置的范围被视为高光区域，而曝光亮度低于此位置的范围则被视为暗部区域。通过调整轴心，用户可以精确地控制画面中高光和暗部的分界，从而实现更精细的画面调整。

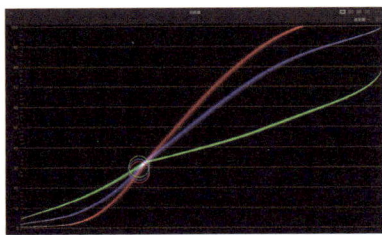

图6-52

用户可以通过移动轴心滑块来调整明暗分界线。当向右移动"轴心"滑块（例如，将其移至 0.400）时，明暗分界线也会随之向右移动。同时，画面中绿色部分也会向右侧扩展，占据更大的面积，如图 6-53 所示。这样的调整能够帮助用户更精确地控制画面的明暗对比和色彩分布。

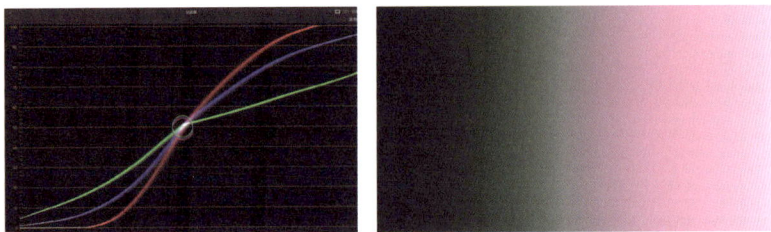

图6-53

借助这个功能，可以迅速地为画面添加独特的高光和暗部色彩，从而打造出更具个性化的风格效果，如图 6-54 所示。这种处理方式不仅提高了画面的视觉冲击力，还使画面更具艺术感和表现力。

图6-54

截至目前，上述工具（包括电影感外观、色彩设置以及色调分离）的影响程度均可通过"色彩混合"滑块进行调整，如图6-55所示。这一功能为用户提供了灵活的调整空间，以便根据个人喜好和需求定制画面效果。

图6-55

6.3.2　电影感特效外观

1.暗角

暗角效果在视频后期制作和照片调色中是一种被广泛应用且效果显著的视觉处理手法。通过使画面的4个角落变暗，暗角效果能够有效地将观众的注意力引导至画面的中心部分，从而使视觉焦点更为集中。在电影感外观创作器特效外观中，暗角作为首个工具出现，如图6-56所示，这进一步凸显了暗角在视频后期制作中的重要性。

图6-56

在"暗角"面板中，可以看到"数量"滑块。当增大"数量"滑块的值时，画面四周被压暗的程度会随之增加；反之，减小该值则会降低压暗程度。而"大小"滑块则用于调整暗角在画面中所占的比例。通过调整这个滑块，可以灵活地控制暗角的效果。图6-57展示了未添加暗角的画面，而图6-58则展示了将"数量"与"大小"数值增大后的画面效果。

图6-57

图6-58

2.胶片光晕

胶片通常由多层结构组成，包括乳剂层、防光晕层、底涂剂和片基等部分。乳剂层是胶片成像的核心，它含有感光材料，负责记录光线信息。而防光晕层则旨在吸收或反射多余光线，以避免对成像造成干扰。在曝光时，当强光照射到胶片上，大部分光线被乳剂层吸收并与感光材料相互作用。但有一部分强光可能穿透乳剂层，触及片基或其他内部结构后产生反射。这些反射光可能再次穿透乳剂层，并在其内部发生散射，从而在画面上形成一层光晕。在数码时代，这种被视为瑕疵的光晕效果已不复存在，这使光晕与胶片风格紧密相连。

在电影感外观创作器中，胶片光晕拥有独立的调整面板，如图6-59所示。该面板包含几个调整滑块，分别是"数量""半径""饱和度"和"色相"，供用户根据需求进行精细调整。

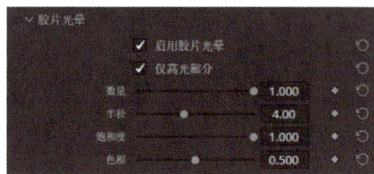

图6-59

"数量"值决定了胶片光晕对画面的影响程度。通过对比图6-60和图6-61，可以清晰地看到，在画面右侧的高光区域出现了彩色晕散现象，这正是胶片光晕的效果。当增大"半径"值时，左图中显示的晕散效果会变得更加明显。

图6-60   图6-61

胶片光晕在默认设置下主要作用于画面的高光部分。然而，由于这种晕散效果是后期添加的，有时与原始画面结合后可能会显得不够自然。为了改善这种情况，可以通过减小"饱和度"值来降低光晕的饱和度，从而使高光部分呈现一种朦胧感，如图6-62所示。更进一步，如果希望整个画面都充满这种朦胧感，可以取消选中"仅高光部分"复选框，这样全片都会受到胶片光晕的影响，效果如图6-63所示。

图6-62   图6-63

正如我们一开始所述，胶片上产生的光晕是由于光线穿透乳剂层并在其内部发生散射所致的。这种引发光晕的强光通常是以暖色调的太阳光形式出现。因此，在电影感外观创作器中，胶片光晕的默认颜色设置为暖色。然而，也可以根据项目的个性化需求，通过调整"色相"滑块来改变光晕的颜色。

3.泛光

1896年，法国物理学家贝克勒尔发现了天然放射性现象。当时，他注意到一卷妥善包裹的照相胶片放在桌子上"无缘无故"地感光了。经过深入研究，他发现原因是一卷放在胶片附近的铀钾硫酸盐（具有放射性）放射出的射线使胶片感光。尽管现代胶片的生产和使用过程中不太可能直接接触这类高放射性物质，但这一发现揭示了某些物质能自发地放射出足以影响胶片的射线。

在反射光强烈的环境中，如白雪皑皑的原野或辽阔的海滨拍摄时，若曝光量调整不当，可能会导致胶片泛光。此外，胶片本身的质量问题，如保存不当、老化或损坏等，也可能引发泛光现象。

尽管泛光在胶片摄影中被视为一种瑕疵，但在数码时代，它却被视为风格的象征。在电影感外观创作器中，用户调整泛光的参数相对简单，如图6-64所示，仅需调整"数量"和"半径"两个参数。"数量"决定泛光的程度，"半径"则确定泛光影响的范围。

图6-64

　　所谓影响的范围，我们首先要理解泛光是如何在画面中起作用的。通过对比图 6-65 中的两张图片，我们可以看到，右图是添加了泛光效果的画面。仔细观察可以发现，处在高光的天空部分并没有明显变化，反而是天空周围的部分被蒙上了一层淡淡的光。这也就意味着，该工具的核心影响范围并不在高光区域本身，而是通过高光对周围的内容产生了泛光效果。因此，"半径"参数实际上控制着泛光从高光区域向外扩散的范围。

图6-65

4.胶片颗粒

　　胶片是由感光乳剂层和支持体（即片基）所构成。乳剂中的明胶悬浮着大量的卤化银颗粒，这些颗粒作为光敏物质，是胶片成像的基石。当光线触及卤化银晶体时，会引发化学反应，导致晶体聚结成微小的团块，也就是黑色金属银颗粒的聚合体。这些颗粒的聚合与分布最终塑造出影像，并形成我们所称的"胶片颗粒"，即不规则的银盐颗粒。颗粒度是衡量胶片影像品质的关键指标之一。颗粒较大的胶片在成像时可能展现出较为粗糙的结构，从而有可能影响影像的清晰度和细腻度。但值得一提的是，适度的颗粒感却能为影像注入一种别样的质感和风情，成为胶片摄影独有的美学标志。

　　在电影感外观创作器中，用户可以发现针对胶片颗粒提供了多个调整选项，如图 6-66 所示，以满足不同创作需求。

　　用户可以在"预设"下拉列表中选择颗粒大小。在拍摄照片时，我们需要根据拍摄环境和需求来选择合适的感光度，而胶片的感光度（ISO）与其颗粒大小有着密切的关系。一般来说，感光度越高的胶片，其银晶体越大，因此颗粒也就越大。相反，低感光度胶片中的银晶体要细小得多，颗粒感也就不那么明显。为了能够更精准地复刻不同的胶片画面效果，达芬奇提供了几种颗粒大小选项供用户选择，如图6-67所示。

图6-66

图6-67

　　除了选择颗粒大小，其他功能选项也相当直观易懂。

※　数量：用于设定颗粒的密度。

※　大小：在预设基础上，允许用户进一步微调颗粒的尺寸。

※　柔和度：该参数能够调整胶片颗粒边缘的柔和程度，从而在一定程度上使颗粒边缘更加柔和，不那么突兀。

※ 饱和度：控制胶片颗粒的色彩饱和度。由于胶片颗粒通常并非纯色，而是以彩噪形式存在的，因此该参数能够调节彩色颗粒的显现程度，如图 6-68 所示。

※ 图像散焦：用于调整底层图像的清晰度。真实的胶片颗粒往往会对影像清晰度造成影响，因此，通过降低底层图像的解析度，可以降低图像的清晰度，从而获得更为逼真的胶片质感画面，效果如图 6-69 所示。

图6-68

图6-69

5.闪烁

胶片闪烁是一个由多重因素引发的复杂问题，通常可归结为亮度闪烁和褪色闪烁两种类型。

※ 亮度闪烁在黑白老电影中尤为常见，表现为图像亮度在时间维度上的不自然波动。这种波动并非源自原始拍摄场景，单帧观察时往往难以察觉，但在连续播放时却会给观众带来不适感。其成因可能包括胶片中化学物质随时间变化导致的亮度不均，以及拍摄过程中曝光不均匀等问题。

※ 褪色闪烁则多见于彩色老电影，由单帧图像褪色所引发，表现为图像颜色在时间上的不自然波动。这种波动在单帧观看时同样难以察觉，甚至对于某些对颜色变化不敏感的人来说，即使在多帧图像对比观察时也可能难以发现。然而，在影片播放过程中，颜色的快速变化却会变得显而易见。彩色胶片中的染料可能因老化、化学反应或保存不当而发生褪色，从而在放映时导致图像颜色出现不自然的波动。

为了模拟这种独特的胶片瑕疵，电影感外观创作器提供了专门的选项，如图 6-70 所示。其中，"数量"参数用于设置曝光范围随帧变化的程度，而"频率"参数则用于调整闪烁的频率，从而帮助用户根据需要精准地复刻出胶片闪烁的效果。

图6-70

6.片门摆动及片门比例

在胶片摄影机中，片门是一个至关重要的组件，它的主要作用是确保胶片在曝光过程中能够保持正确的位置和稳定性。片门通常由前后两块平板构成，就像三明治一样将胶片紧紧夹在中间，这样胶片就能精确地接收来自镜头的光线以进行曝光。此外，片门中还包含了一个名为片窗板（aperture plate）的部件，这个部件负责定义胶片上每个画幅的曝光区域。片窗板的大小和形状将对最终影像的宽高比和构图产生直接影响。在摄影机工作时，胶片会被连续地输送到片门位置。一旦胶片到达片门，快门就会打开，允许光线通过镜头投射到胶片上，从而形成影像。曝光结束后，快门会关闭，胶片则继续向前移动，为下一个画幅的曝光做好准备。

在电影放映机中，片门的作用同样举足轻重，它确保胶片在放映时能够维持正确的位置和稳定性。片门的核心功能是在放映过程中，使每一格画幅都能准确地停留在光线照射的位置，以此呈现连贯且稳定的影像。放映机中的片门设计通常更为复杂，包含了诸如输片齿轮、滑轮、画幅调节器等多个部件，这些部件共同协作以确保胶片的顺畅输送和精确定位。同时，片门中的片窗板也会根据放映胶片的规格进行相应调整，以适应不同画幅大小的胶片。在放映时，胶片被连续地输送到片门位置，当胶片抵达片门时，遮光器会打开，允许光线透过片窗板投射到胶片上，进而形成影像。与此同时，输片齿轮和滑轮协同工作，确

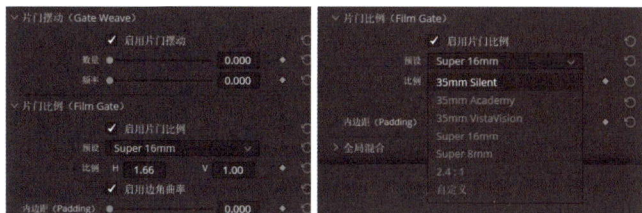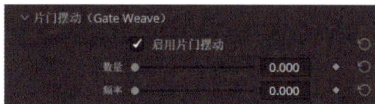

保胶片以恒定的速度移动，从而实现影像的连续播放。

然而，由于各种原因，片门可能会发生摆动。长时间使用的摄影机或放映机，其内部的机械部件可能会因老化或磨损而松动，导致片门在工作时产生摆动。此外，在摄影机或放映机的维护过程中，如果片门的调整不当，例如固定螺丝松动或调整旋钮未锁紧等，也可能引发片门在工作时的摆动。

为了在画面中模拟这种片门效果，首先需要为画面添加一个片门，即选中电影感外观创作器的"启动片门比例"复选框。达芬奇为此提供了一些预设选项，如图6-71所示，供用户选择和调整。

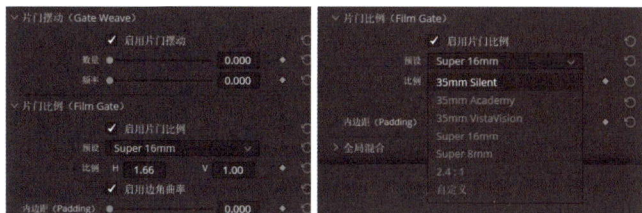

图6-71

在选择片门比例之前，首先需要了解什么是片门比例。片门比例，特别是在电影胶片摄影机和放映机中，通常指的是片门开孔的宽与高之间的比例。这一比例对于影像的构图以及最终画面在银幕上的呈现方式具有重要影响。美国影艺学院曾推行一种电影片门规格，其中片门的宽高比被设定为1.33:1。这种规格主要应用于35mm电影摄影机和放映机，并被广泛称为影艺学院片门或影艺学院画幅。然而，在电影制作过程中，为了展现更为宏大的场景并提高视觉效果，电影画面的比例并不总是严格遵守片门的宽高比。举例来说，2.35:1和1.85:1是两种常见的电影画面比例，这些比例在制作过程中通常借助遮幅技术或变形镜头等手段来实现。当电影制作完成后，放映时可能还会根据具体的放映环境和银幕大小对画面比例进行适当调整，以确保为观众带来最佳的观影体验。根据需要，可以从图6-72中选择不同的片门比例。当然，也可以通过修改"比例"值来自定义调整片门比例，并且还可以选择是否选中"启用边角曲率"复选框来决定边缘是否为圆角。

图6-72

一旦画面中添加了片门，那么就可以使用"片门摆动"功能。在"片门摆动"面板中，如图6-73所示，我们同样可以看到"数量"和"频率"参数。当增大这两个参数值时，就可以清晰地看到片门会与画面一起进行小幅度的摆动，从而使画面产生轻微的抖动效果。

※ 数量：用于设置图像逐帧摆动的范围。

※ 频率：用于设置片门摆动的速度。

上述工具（包括暗角、胶片光晕、泛光、胶片颗粒与闪烁）的效果影响程度，均可通过"特效混合"参数进行调整，如图6-74所示。

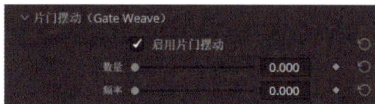

图6-73

图6-74

第7章
辅助工具

在影视后期制作领域，达芬奇不仅赋予了调色师强大的色彩调整能力，更提供了诸多实用的辅助工具，以助其高效完成任务。本章将深入剖析达芬奇中的降噪工具、限定器、窗口、神奇遮罩、跟踪器以及示波器等辅助工具，旨在帮助读者全面掌握这些工具的操作技巧与适用场景。

7.1 降噪工具

在影视后期制作的调色环节中，噪点无疑是一个不容忽视的问题，如图7-1所示。噪点的存在不仅会降低画面的清晰度和细腻度，更可能对整个视觉效果的呈现造成破坏。因此，熟练掌握有效的降噪技术对于提高影视作品的整体质量具有至关重要的作用。

达芬奇中的降噪工具被归类在"运动特效"一栏中，启动按钮的具体位置位于面板的最后一个，如图7-2所示。该工具对于消除影视作品中的噪点、提高画面质量具有重要作用。

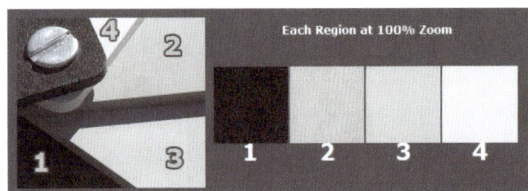

图7-1

图7-2

噪点因产生原因和显示效果的不同，可分为散粒噪点、椒盐噪点、斑点噪点、数字噪点以及量化噪点等多种类型。在图像中，暗部噪点相较于亮部噪点，对人类视觉的影响更为显著。这是因为暗部噪点更容易被观察者注意到，从而对图像的细节展现产生不利影响。除此之外，噪点不仅会导致像素亮度的随机变动，还会在彩色图像中引发像素颜色的无规律波动，进而产生不必要的色彩干扰，使图像质量进一步下降。

目前，主流的 CMOS 传感器大多采用硅基材料制造。然而，硅材料在蓝光波段的光电转换效率相对较低。因此，在低光照条件下拍摄的图像中，蓝色通道的噪点问题会显得尤为突出。

7.1.1 时域降噪

时域降噪技术是基于时间维度进行降噪的一种方法。该技术利用视频序列中多帧图像在时间上的连续性，通过计算相邻帧之间的像素差异，并对这些差异进行加权平均处理，从而有效减少噪点，实现帧间噪点的平滑处理，使画面更加清晰纯净。

7.1.2 空域降噪

空域降噪作为一种基于空间维度的降噪技术，着眼于单帧图像内部的像素关系。通过对比相邻像素的亮度或色度值，该技术能够识别并抑制局部的噪点信号。

1.原理与应用

空域降噪技术依据图像中像素之间的相关性，以此区分噪点和真实的图像细节。该技术假定在图像的局部区域内，像素值的变化应当是平滑的，而噪点则通常表现为随机、不规则的像素值波动。

空域降噪技术适用于各种类型的视频素材，无论是在低光照还是高光照条件下。该技术能够有效减轻图像的颗粒感，使画面质感更加细腻。

2.优化策略

在调整空域降噪参数时，应依据画面内容的复杂程度和噪点密度来选择合适的降噪强度。对于细节丰富的画面，应适度降低降噪强度，以避免模糊图像的细节。

空域降噪与时域降噪可以结合使用，以实现更全面的降噪效果。通常建议先采用空域降噪处理单帧噪点，再应用时域降噪来减少帧间的噪点抖动。

3.使用方法

空域降噪的判断方式相对直接。在模式的选项中，仅有"更快""更好""更强"以及 19 版本最新更新的"超级降噪"可供选择。

关于"超级降噪"，后面会单独讨论，其余 3 个选项的含义如下。

※　更快：降噪效果相对较弱，涂抹感最明显，但对计算机的运算负担最小。

※　更好：降噪效果适中，涂抹感较为明显，对计算机的运算负担相对较大。

※　更强：降噪效果最强，涂抹感最不明显，但对计算机的运算负担最大。

通常来说，除了极为顽固的噪点，"更好"模式是空域降噪的首选。噪点对于画面来说，并非完全无法忍受，只要能够和谐共存即可，如图 7-3 所示。

选择模式后，需要对噪点进行初步分析。"半径"的选择与噪点颗粒的明显程度直接相关。一般来说，选择"小"选项即可，如图 7-4 所示。

最后是数值调整。在下方的 Spatial Threshold 面板中，有与时域阈值相似的"亮度"与"色度"数值。通过调整这些数值，就能够有效去除画面的噪点，使画面恢复纯净，如图 7-5 所示。

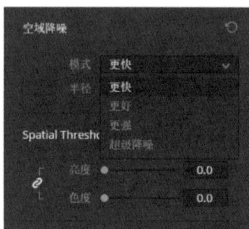
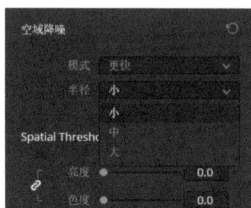
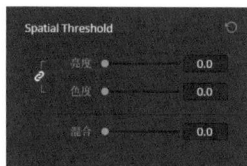

图7-3　　　　　　　　　　图7-4　　　　　　　　　　图7-5

图 7-6 展示了数值为 10 时的效果，而图 7-7 则展示了数值为 100 时的效果。可以明显看出，在数值为 100 的情况下，人物运动背心上的纹路被过度涂抹，背景中的大海也失去了原有的层次感。因此，在调整数值时，务必保持适中，以避免因过度处理导致的细节损失。

4. 原理与应用

时域降噪技术的核心在于识别并抑制那些随时间变化的随机噪点信号。该技术基于一个假设，即噪点在时间维度上是彼此不相关的，而图像内容则呈现一定的连续性。因此，通过对比相邻帧之间的像素值，可以有效地区分出噪点和真实的图像内容，从而实现对噪点的抑制。

图7-6

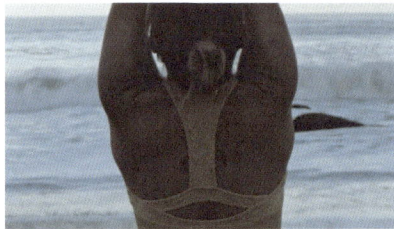

图7-7

时域降噪技术在处理低光照条件下的视频素材时表现尤为出色。这类素材往往因传感器噪声而呈现明显的颗粒感。此外，在慢动作或静态场景中，时域降噪技术同样能够发挥卓越的效果，有效提高视频质量。

5.注意事项

时域降噪技术在处理视频时可能会引入伪影，尤其是在快速运动的场景中，这一点需要特别注意。因此，在调整降噪参数的过程中，我们必须仔细权衡降噪效果与运动平滑度之间的关系，以确保找到最佳的平衡点。

此外，帧率对时域降噪的效果具有显著的影响。较高的帧率意味着相邻帧之间的时间间隔更短，从而提供了更多的帧间信息以供利用。这些丰富的信息有助于更准确地识别并抑制噪点，因此可能获得更为出色的降噪效果。

6.使用方法

如图 7-8 所示，当观察到运动画面中存在明显噪点时，可以在"运动特效"面板中找到"时域降噪"功能。时域降噪通过解析当前帧图像中的噪点来进行降噪运算，这一特性能够有效地去除当前帧的噪点，使画面更为清晰。然而，它可能导致不同帧之间噪点的抖动，因此需要根据实际情况酌情选择合适的帧数，以尽可能减少噪点的抖动。通常，选择折中的 3 帧进行计算是一个不错的起点，如图 7-9 所示。

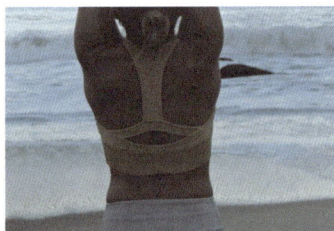

图7-8

接下来，需要选择"运动估计类型"。这个选项的选择依据是画面中物体的运动状态，即快速运动还是相对静止。对于运动的画面，可以选择"更快"选项以获得更流畅的效果；而对于相对静态的画面，如访谈等，则可以选择"更好"选项以优化画质，如图 7-10 所示。

第三个选项是"运动范围"，这个选项的选择依据是画面中物体运动的幅度。根据实际情况选择相应的设置即可，如图 7-11 所示。通过合理调整这些参数，可以更好地平衡降噪效果和画面流畅性，从而提高整体视觉体验。

在设置好与物体运动类型相对应的参数之后，开始确定所需的降噪程度。如图 7-12 所示，此处设有"亮度"与"色度"两个参数，默认情况下，这两个参数是绑定在一起的。"亮度"用于解决黑白噪点问题，而"色度"则针对彩色噪点。如果画面中的噪点有明显的分类，可以取消绑定，分别调整这两个参数；否则，建议同时调整它们。

图7-9

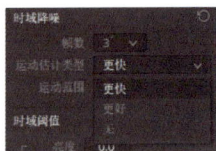

图7-10

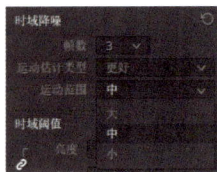

图7-11

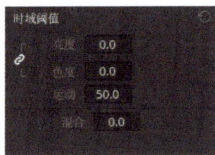

图7-12

要提高降噪效果，只需增大这些数值，从而消除画面中的运动噪点。时域阈值的取值范围虽然是0~100，但实际操作中我们会发现，在大多数情况下，数值调整到10~15就达到了最佳效果，超过这个范围后画面几乎不会再有明显改善。因此，建议将数值控制在15以下，如图7-13所示。

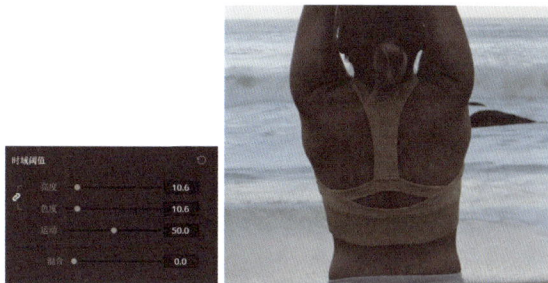

图7-13

7.1.3　超级降噪

超级降噪是达芬奇在较新版本中推出的一项高级降噪技术。该技术融合了时域降噪和空域降噪的精髓，能够智能地分析画面内容，并据此自动调整降噪参数，从而达到更精确、更高效的降噪效果。

1.特点与优势

超级降噪技术能自动识别画面中的噪点类型和密度，并基于这些信息优化降噪参数。用户无须烦琐地手动调整参数，便能轻松实现理想的降噪效果。

得益于先进的算法和优化技术，超级降噪不仅效果显著，还能减少对计算机资源的占用。这使用户能够在短时间内完成大量素材的降噪工作。

超级降噪在消除噪点的同时，注重保留画面细节和色彩信息，避免因过度降噪而导致的模糊和色彩失真。因此，经超级降噪处理的画面能够保持自然、真实的视觉效果。

2.使用建议

在使用超级降噪功能时，建议首先尝试使用默认的降噪参数设置，并根据实际画面效果进行细微调整。对于特别复杂的画面或具有特殊要求的场景，可以考虑结合使用空域降噪和时域降噪功能，以进一步优化处理效果。

3.使用方法

要启用"超级降噪"功能，需要在"空域降噪"面板中选择"超级降噪"模式。此时，下方的 Spatial Threshold 面板将自动切换为 Noise Profile 面板，如图7-14所示。

图7-14

在 Noise Profile 面板中，会看到一个"分析"按钮。单击此按钮后，超级降噪功能将开始运行。这时，达芬奇会自动检测画面中的噪点，并以图7-15中显示的方块形式来标识。可以拖动这些方块，使其覆盖到画面中噪点较为密集的区域，例如图7-16中人物的后背位置。这样，超级降噪就能更精确地针对这些区域进行处理。

图7-15

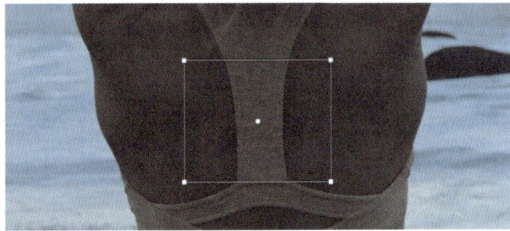

图7-16

选定好位置之后，会发现 Noise Profile 面板中的"亮度"与"色度"值已经自动调整，此时画面中的噪点也能被有效地去除。"超级降噪"之所以"超级"，并非仅因其降噪力度强大，更在于其智能化程度高。它能根据软件自行判断的数值，完美平衡降噪效果与画面涂抹感。因此，建议保留"超级降噪"所设定的数值。若感觉降噪力度稍显不足，也可以手动增大，如图 7-17 所示。

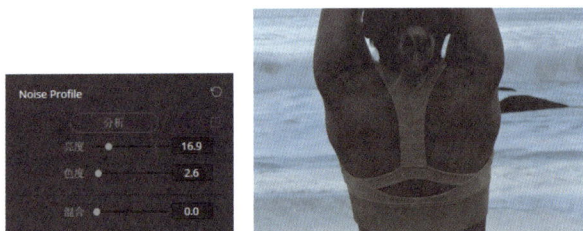

图7-17

7.2 限定器

在调色过程中，我们时常需要对画面的某一特定区域进行单独调整。这时，限定器便成了我们精准选取的得力助手。达芬奇的限定器功能既强大又灵活，涵盖了 HSL、RGB、亮度及 3D 等多种模式，为调色师提供了丰富的选择空间。在调色面板的显著位置，可以轻松找到限定器，它以一个吸管状的图标呈现。只需单击该图标，便可进入限定器界面，如图 7-18 所示。在面板的右上角，会看到几个核心选项按钮：HSL、RGB、亮度和 3D，这些分别代表了限定器的不同工作模式。

图7-18

7.2.1 HSL 限定器

HSL 限定器是默认且最常用的模式，它通过色相（Hue）、饱和度（Saturation）和亮度（Lightness）3 个参数，实现对画面中颜色区域的精确选择。

※ 色相决定了色彩的基本属性，如红色、绿色、蓝色等。通过调整色相参数，可以选定画面中的特

定颜色范围。

※　饱和度代表色彩的纯度或鲜艳程度。通过调整饱和度参数，可以进一步细化选区，确保仅选中具有特定饱和度的色彩。

※　亮度则决定了色彩的明暗程度。调整亮度参数，使我们能够选择画面中的特定亮度范围，从而实现对亮部或暗部的精确控制。

在 HSL 模式下，鼠标指针会变为吸管形状。单击画面中想要选取的区域，软件便会自动选定该区域的色相、饱和度和亮度范围。同时，节点的缩略图上会清晰显示选区的范围。此外，还可以启用左上角的"突出显示"功能，以彩色高亮显示选中的区域，而未被选中的区域则显示为灰色，如图 7-19 所示。

此时，画面中的局部内容已被选中，并且在图 7-20 中可以清晰地看到 3 个参数所划定的选区范围。当对这个节点进行调整时，其效果将仅限于画面中彩色高亮显示的部分（在开启"突出显示"功能时）。以这个画面为例，如果仅希望增强人物的肤色曝光，那么就需要减少绿植的选中区域，并增加一些右脸高光区域中未被选中的部分。

图7-19　　　　　　　　　　　　　　　　　　图7-20

要减少绿植的选中区域，可以在色相选项上进行调整，缩小色相的选择范围以去除更多的绿色。这样，选区就仅限于红色到黄色的范围内了，如图 7-21 所示。

图7-21

接下来，需要增加人物右脸高光区域的内容。由于未被选中的内容是亮度更高的范围，因此需要适当提高高区的亮度数值，以便包含更亮的内容，如图 7-22 所示。

图7-22

在画面中，仍有一小部分其他区域被误选，这主要是因为这些区域与目标区域具有相似的色相、饱和度和亮度，因此被一同选中。此外，当放大画面时，可以发现许多马赛克般的锯齿边缘，如图 7-23 所示。

为了优化选区，需要利用"蒙版优化"功能来进行进一步的调整，如图7-24所示。

 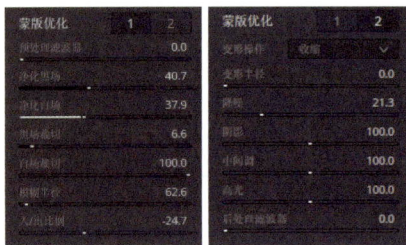 

图7-23 图7-24

"蒙版优化"面板中主要功能介绍如下。

※ 预处理滤波器：该参数可以使选区边缘更加圆润，有效减少锯齿状现象，与后处理滤波器协同作用，共同实现选区的平滑处理。

※ "净化黑场"与"净化白场"：通过调整这两个参数，可以对遮罩上的黑色和白色区域进行降噪，从而提高选区的精确度。

※ "黑场裁切"与"白场裁切"：调整这两个参数可以控制遮罩上暗部和亮部像素的转换，进一步精细调整选区范围。

※ 模糊半径：该参数能够让选区边缘呈现模糊效果，实现更为自然的过渡。同时，调整"入出比例"可以改变选区的收缩或外扩程度。

※ 变形操作：该下拉列表虽然不常使用，但变形操作提供了对选区进行形状调整的可能性，结合变形半径参数，能够实现更为精细的选区控制。

※ 降噪：与模糊半径类似，该参数也能使选区边缘变得模糊。然而，它更注重于减少选区边缘的噪点，从而提高整体视觉效果。

※ "阴影""中间调"和"高光"：通过调整这3个参数，可以对选区内的不同亮度区域进行细致调整，以达到更为精准的调色效果。

7.2.2 RGB限定器

RGB限定器是通过红（R）、绿（G）、蓝（B）3个通道来选择颜色的工具，如图7-25所示。红、绿、蓝是构成颜色的基础三原色，通过不同明度的三原色相互组合与搭配，可以呈现所有的颜色。但需要注意的是，RGB限定器对于通道的理解要求较高，因此一般使用者可能需要花费更多时间去逐步适应和熟练掌握其使用方法。

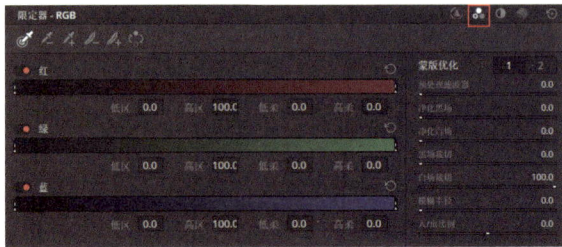

图7-25

用户在限定器面板中选择RGB模式后，可以通过观察目标颜色的R、G、B值，并与画面中的其他杂色值进行比较，来精确地设置每个通道的色阶范围。此外，还可以利用"吸管"工具的加减功能来调整选区，从而实现对某一具体颜色的针对性调整。

7.2.3 亮度限定器

如图 7-26 所示，亮度限定器实质上是 HSL 限定器的一种简化版本。它通过关闭色相和饱和度两个选项，仅依靠亮度来选择画面的特定部分。对于那些仅关注画面明暗对比的调色任务而言，亮度限定器可能是一个更为直接且高效的选择。

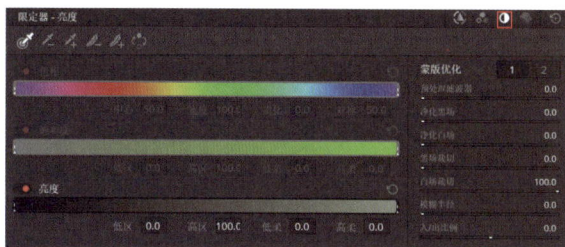

图7-26

7.2.4 3D 限定器

3D 限定器为用户提供了一种全新的选区方式。只需在画面中绘制一条线，软件便会自动计算出该线条上颜色的平均值，并以此为基础选择这个平均值范围内的颜色。这种选区方式在处理色彩分布复杂的画面时可能尤为实用。3D 限定器基于三维色彩空间进行工作，它允许用户通过在画面中绘制特定路径来选择多个不连续的色度或亮度范围。这种工具在处理色彩多变且分布复杂的场景时表现出色，如图 7-27 所示。

图7-27

使用"吸管"工具在画面中绘制一条或多条路径，如图 7-28 中人物面部位置的蓝线所示。限定器会采样这些路径上的所有颜色，并据此创建选区。在选取过程中，画面会变为黑白，其中白色的部分即代表选区。3D 限定器选择画面内容的依据是所选范围（即图 7-28 中蓝色线段经过的所有内容）的平均 RGB 值。这个平均值会在"笔画"处显示，并用于选择画面中所有接近该 RGB 值的内容，如图 7-29 所示。因此，我们的操作并不是对目标位置进行描边，而是在物体中心位置画线。如果需要增加笔画，只需单击面板上方的加号按钮，选择"拾取器加"工具，即可添加新的笔画，如图 7-30 所示。

图7-28

图7-29

图7-30

由于曝光会对颜色产生影响，因此 3D 限定器工具在面板中央位置提供了调整色度和亮度的功能。用户可以通过微调这些参数，进一步精细化选区，如图 7-31 所示。

假设需要同时选取画面中的多个不同颜色区域进行调色，例如图 7-32 中的蓝色天空和黄绿色植物。只需在 3D 模式下，使用"吸管"工具绘制路径以覆盖所有目标颜色区域，即如图 7-33 所示的天空和植物部分。

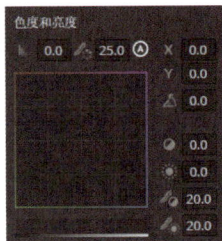
图 7-31

图 7-32

图 7-33

由于植物呈黄绿色，与肤色有一定的相似性，因此可以单击上方的"拾取器减"按钮，以减少肤色的选取，如图 7-34 所示。随后，通过调整柔化参数和路径位置，可以精确控制选区的范围。最后，应用所需的调色效果即可完成操作。

图 7-34

7.3 窗口与神奇遮罩

在影视后期制作过程中，调色师经常需要对画面的特定区域进行精细的色彩校正。达芬奇中的窗口工具和神奇遮罩功能，作为其核心特色，为调色师提供了卓越的局部色彩调整能力。窗口工具使调色师能够绘制出各种形状的遮罩，从而实现独立的色彩校正；而神奇遮罩则巧妙地运用图像识别算法，自动辨识对象的轮廓，极大地提高了工作效率。本节将深入剖析这两大工具的使用方法与技巧，涵盖遮罩的创建与调整、神奇遮罩的自动识别与分离功能，以及多窗口组合的高级应用。通过本节的学习，读者将能够全面掌握局部色彩校正的精髓和技能。

7.3.1 窗口工具

窗口工具作为调色流程中的核心组件，为调色师提供了精确的控制能力。借助窗口工具，调色师可以精确地定义和调整画面中的特定区域，从而实现局部色彩校正。此外，多窗口组合功能进一步增强了调色师的灵活性，允许他们将多个窗口叠加使用，以满足更为复杂的调色需求。

窗口工具在达芬奇中扮演了重要角色，它是用于创建矢量蒙版的工具集。通过这套工具，可以在画面上自由绘制出各种形状的遮罩，进而对遮罩内的区域进行独立的色彩校正。在达芬奇 19 版本中，窗口工具提供了丰富的形状选项，包括方形、圆形、多边形、贝塞尔曲线等，同时还支持自由绘制功能。这些多样化的选择使调色师能够根据不同场景的需求，灵活地进行调色操作，如图 7-35 所示。

图 7-35

在调色界面，从工具栏中选择所需的窗口工具，例如四边形、圆形或多边形等。随后，在画面上单击并拖动鼠标以绘制遮罩。遮罩的大小和形状可以通过调整其边缘和锚点来实现精确控制。

※ 四边形窗口：该工具创建的窗口以四边形的形式呈现。默认情况下，窗口的外围带有柔化控制点，这些控制点以粉色的描边圆点显示。柔化效果是沿着四边形的四条边进行的，如图 7-36 所示。

※ 圆形窗口：该窗口以圆形呈现，其外围默认带有柔化控制点。这些控制点由圆切边围成的四边形组成，便于用户进行精确调整。柔化效果沿着圆形形状均匀进行，如图 7-37 所示。

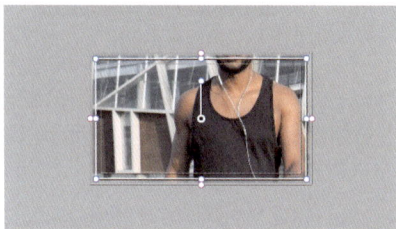

图7-36

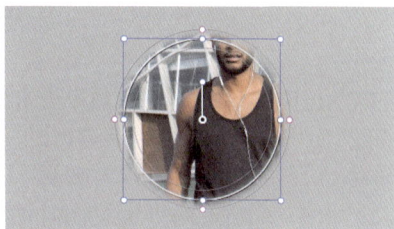

图7-37

※ 多边形窗口：此窗口默认以四边形形态展现，并且初始状态下不带柔化控制点。用户可以在边缘线段上创建点，以便随意调整其形状。该窗口的柔化方向包括内柔与外柔两种，具体效果如图 7-38 所示。

※ 曲线窗口：此窗口没有默认形状，需要用户手动绘制闭环图形来定义其形态。初始状态下，该窗口并不配备柔化控制点。然而，在每个线条的相交点上都自带控制柄，这使用户可以轻松地调整线条的形状。此外，曲线窗口的柔化方向包括内柔与外柔两种，为调色工作提供了更多灵活性，具体效果如图 7-39 所示。

图7-38

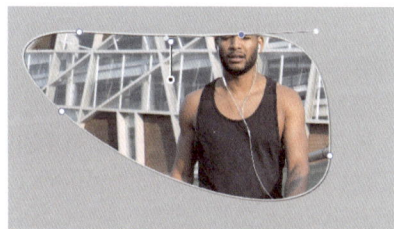

图7-39

※ 渐变窗口：此窗口以渐变效果的形式展现，箭头所指的方向即代表渐变的走向。用户可以通过拖曳控制柄来调整渐变的柔化长度，从而控制渐变效果的过渡区域。柔化方向则完全由箭头的拖曳方向决定，这一特点为调色工作提供了极大的便利和创意空间，具体效果如图 7-40 所示。

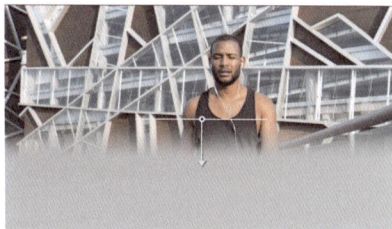

图7-40

每个窗口的右侧都有两个按钮，分别是"反转"和"差集"。单击"反转"按钮，可以将遮罩区域进行反转，从而方便地对遮罩外部的区域应用效果。而"差集"按钮则需要在存在多个窗口的情况下方可使用，它可以帮助实现更为复杂的遮罩效果，如图 7-41 所示。

在图 7-42 中，可以看到达芬奇默认提供了"四边形""圆形""多边形""曲线"与"渐变"各一个窗口。用户也可以在面板的顶部手动增加新的窗口。如果想要删除新增的面板，只需单击右侧的"删除"按钮即可。请注意，默认的窗口是无法删除的。

图7-41

图7-42

在窗口右侧的变换面板中，可以通过调整数值来修改窗口的大小、位置、旋转角度以及不透明度等属性，如图7-43所示。这样的设计使窗口的调整更加灵活和精确。

图7-43

在复杂的调色过程中，单个窗口工具可能无法满足全部需求。为此，达芬奇提供了多窗口组合功能，允许调色师将多个窗口叠加使用，从而创建出更为复杂的遮罩组合。这一功能提供了灵活的遮罩叠加方式，涵盖相加、相减、相交等多种模式，极大地增强了调色的灵活性和精确性。

如图7-44所示，当同时激活方形和圆形窗口时，这些窗口的图标外围会以红色高亮显示，同时在画面中也会同时呈现这两个窗口内的内容。这样的设计使调色师能够清晰地看到哪些窗口处于激活状态，并方便地调整它们以达到理想的调色效果。

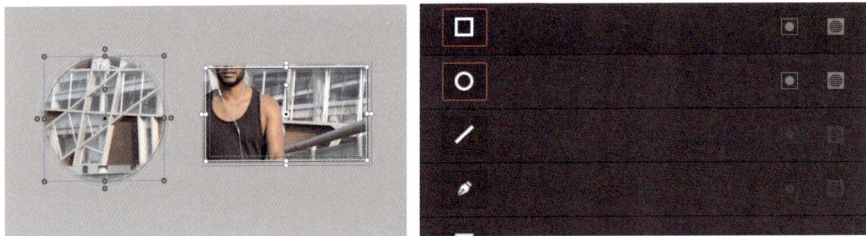

图7-44

在窗口列表中，可以通过选择相交、相差等组合模式来调控多个窗口之间的相互作用。相交模式意味着多个窗口会叠加放置。如果希望更加自定义地控制窗口的影响范围，如图7-45所示，从右往左拉了一个渐变遮罩，旨在为画面增添由右侧发散而来的曝光效果。然而，若此效果仅期望作用于人物的面部，那么便需要运用窗口的差集功能，如图7-46所示。具体操作如图7-47所示，首先在人物面部创建一个圆形遮罩，然后激活渐变遮罩的"差集"按钮。如此一来，渐变窗口的效果将仅限于人物的面部区域。

图7-45

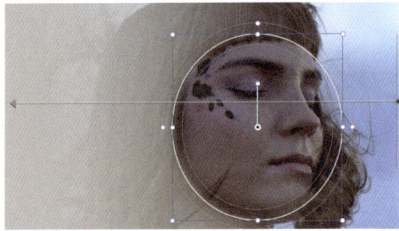

图7-46

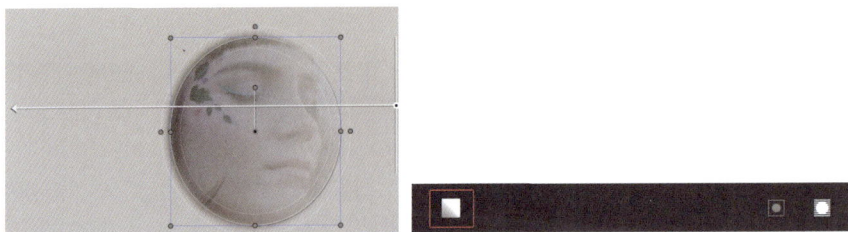

图7-47

7.3.2　神奇遮罩

　　神奇遮罩作为达芬奇中的一项高级功能，凭借其卓越的图像识别算法，能够自动识别并分离画面中的特定对象或区域，这一创新功能极大地提高了调色师的工作效率，并为他们的创作带来了更广阔的自由空间。

　　神奇遮罩的强大功能基于复杂的图像处理和机器学习算法。它深入分析画面中的颜色、纹理、边缘等多重信息，从而能够精确地自动识别并勾勒出指定的对象或区域轮廓。这种自动化处理省去了手动绘制遮罩的烦琐步骤，为调色师节省了大量宝贵的时间和精力。更难能可贵的是，神奇遮罩还具备出色的动态跟踪能力，能随着画面中对象的移动而自动调整遮罩位置，确保遮罩区域的准确无误。

　　如图 7-48 所示，神奇遮罩功能位于中间功能区。只需单击相应按钮，即可进入该功能面板。在默认情况下，系统为用户选中的是"神奇遮罩 - 物体"工具。达芬奇巧妙地将神奇遮罩分为"物体遮罩"与"人体遮罩"两大类，用户可以根据实际需求，在面板右上角进行功能切换，如图 7-49 所示。值得一提的是，在最新的 19 版本中，达芬奇对"人体遮罩"的识别能力进行了全面优化，使用户能够以前所未有的速度精准识别画面中的内容，这无疑为调色师的工作带来了更大的便利和效率提高。

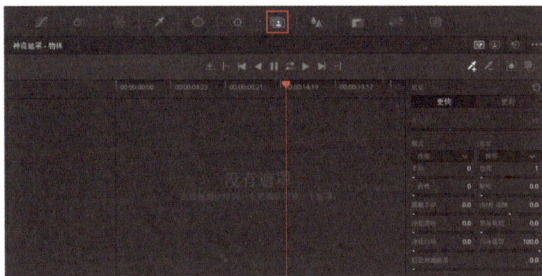

图7-48

图7-49

　　当遇到如图 7-50 所示的复杂场景，需要单独选出人物时，传统的限定器通常难以应对。这是因为人物身上的色相、饱和度和亮度与周围的土地非常接近，使限定器无法准确地进行区分。然而，神奇遮罩凭借其强大的识别能力，能够轻松地解决这一难题，准确地识别和分离出人物。

　　为了精确选择人物，需要通过单击面板右上角的切换功能按钮，进入"神奇遮罩 - 人体"面板。此时，面板中会新增两个按钮，即"人体"和"特征"，如图 7-51 所示。单击"人体"按钮，系统能够智能地识别并选取画面中的人物全身，作为优先选取的内容。而单击"特征"按钮，则提供了更为精细的人体部位选择功能。用户可以通过面板左侧新增的选项，根据具体部位进行精准选择，从而提高选区的准确性，如图 7-52 所示。

图7-50

图7-51

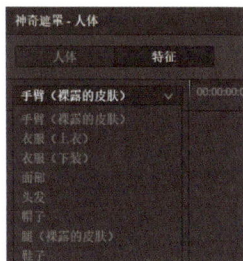

图7-52

　　那么，在实际操作中，我们该如何利用神奇遮罩来选择画面内容呢？其实，方法与使用 3D 限定器非常相似。只需在画面上对目标物体进行画线，如图 7-53 所示。画线后，画面中会显示所画的线条，并且在工具面板中会新增一个"笔画 1"选项，如图 7-54 所示。通过这一步骤，我们可以轻松地利用神奇遮罩来选择特定的画面内容。

图7-53

图7-54

为了查看选区内容，需要开启"突出显示"功能，如图 7-55 所示。此时，彩色部分即代表选定的区域，而灰色部分则表示未被选中的部分。如果选区不够精确，可以在右侧面板的"质量"下拉列表中选中"更好"选项，如图 7-56 所示。这样一来，选区将能够更为精准地选中人物所在的区域，效果如图 7-57 所示。

图7-55

图7-56

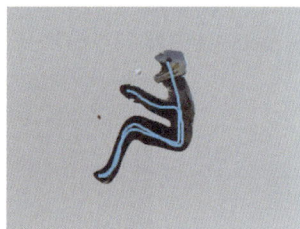

图7-57

若希望在选出人物的同时，再选出摩托车，只需在画面中对摩托车进行画线即可。在此过程中，需要确保处于"增加选区"状态，即图 7-58 中左侧图标处于高亮显示的状态，增加的笔画如图 7-59 所示。如有必要，可以单击图 7-60 面板中画笔右侧的"垃圾桶"按钮，以删除某个笔画。这样，就可以同时选择出人物和摩托车了。

图7-58

图7-59

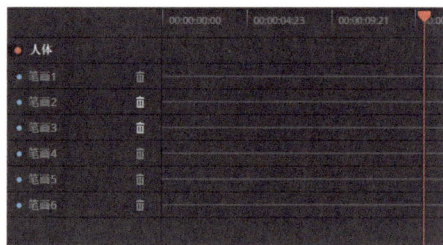

图7-60

然而，在实际操作中，可能会面临一些挑战。如图 7-61 所示，尽管摩托车和人物已被精确地选出，但通过轮胎中间的透明部分，仍能看到部分背景土地被错误地选中。为了解决这个问题，需要减少选区。具体来说，应该单击图 7-62 所示的按钮，并对轮胎内部进行画线。这样，不希望被选中的部分将以红色线条显示，如图 7-63 所示。通过这种方式，可以轻松地去除被错误选中的背景内容。

图7-61

图7-62

图7-63

完成位置选取后，还需要对该选择范围进行跟踪，因为视频是动态变化的，而我们目前仅完成了单帧的选取。在面板的第一排中间位置找到跟踪选项。通过单击图 7-64 所示区域中右数第 4 个"正向跟踪与反向跟踪"按钮，可以实现对选区的自动跟踪。这样，无论视频如何变化，选区都能保持准确。

跟踪完成后，笔画右侧将出现一个绿色的对钩标志。如果选区发生偏移，对钩将不会显示，并且从失去目标的那一帧开始，右侧的进度条将出现断裂，如图 7-65 所示。在这种情况下，可以返回断裂的那一帧，对失去跟踪的笔画进行增加、删减或移动等修改操作。完成修改后，再次单击"正向跟踪与反向跟踪"按钮，直到所有笔画的右侧都出现对钩，表示跟踪成功。

图7-64   图7-65

神奇遮罩是达芬奇中的一个高级功能，它为调色师提供了出色的自动识别和分离对象的能力。这一功能不仅能大幅提高调色师的工作效率，还为其创作带来了更广泛的自由度。然而，在实际应用中，我们需要全面考虑画面质量、对象复杂度等多重因素对神奇遮罩识别效果的影响，并辅以手动调整，以确保遮罩区域的精准性。通过巧妙运用神奇遮罩功能，调色师能够更高效地应对复杂的调色任务，进而提高作品的视觉品质。

7.4 跟踪器

在影视后期制作过程中，跟踪器是调色与特效应用不可或缺的关键工具，它发挥着至关重要的作用。借助跟踪器，调色师和特效师能够精确地定位并动态跟踪画面中的特定对象或区域，从而进行细致的局部色彩校正或增添特效。这一工具的应用极大地丰富了作品的视觉层次感，提高了整体的视觉表现力。

7.4.1 跟踪器 - 窗口

在达芬奇中，跟踪器与窗口工具的完美融合，为调色师带来了前所未有的灵活性和精确性。跟踪器凭借其智能锁定与追踪功能，能够精确锁定画面中的特定对象或区域，实现精准定位。与此同时，窗口工具的局部色彩校正功能则进一步增强了视觉效果的细腻度和准确性。这种巧妙的结合，使调色师在处理影视作品时能够更加得心应手，创造出更为出色的视觉效果。"跟踪器"位于下方中心工具区的显眼位置，如图 7-66 所示。

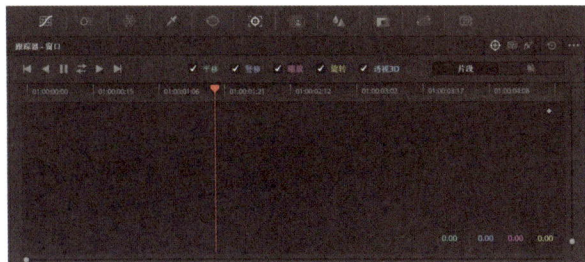

图7-66

用户可以充分利用窗口所设定的区域，在此区域内，系统会自动分析并生成众多类似云状分布的跟踪点，从而实现高效的"云跟踪"，如图7-67所示。此外，系统还提供了手动添加单个或多个跟踪点的功能，以满足更为精细的"点跟踪"需求，如图7-68所示。这样的设计使跟踪过程更加灵活且精确，极大地提高了调色工作的便捷性和准确性。

图7-67　　　　　　　　　　图7-68

如图7-69所示，在面板的左上角，达芬奇提供了5种灵活多样的跟踪方式按钮，以应对不同场景下的跟踪需求。这些方式能够确保在各种情况下都能实现精准而高效的跟踪效果。各按钮的功能从左至右介绍如下。

※　向后跟踪一帧：用于向时间线左侧跟踪一帧，特别适用于那些需要频繁校正的难以跟踪的主体。

※　反向跟踪：从当前帧出发，向时间线左侧进行跟踪，并在片段的第一帧结束。这种方式非常适合那些最佳起始点位于镜头中间部分的场景。

※　停止跟踪：用于在必要时立即中断跟踪过程，提供灵活的跟踪控制。

※　正向跟踪与反向跟踪：从当前选择的帧开始，首先自动向前跟踪，完成后会自动转向后跟踪，实现双向的跟踪效果。

※　正向跟踪：从当前帧开始，沿时间线向右侧进行跟踪，直至片段的最后一帧。这是最常用的跟踪方式之一。

※　向前跟踪一帧：与"向后跟踪一帧"相对应，用于向时间线右侧跟踪一帧，同样适用于需要频繁校正的跟踪难点。

跟踪的具体变化类型由图7-70所示的彩色文字选项决定，包括以下几种。

图7-69　　　　　　　　　　图7-70

※　"平移"和"竖移"：适用于主体在水平和垂直方向上的运动跟踪，主要针对位置发生变化的主体。

※　缩放：当主体的大小或远近发生变化时，使用此选项进行跟踪。

※　旋转：若主体的方位或角度发生变化，使用此选项进行跟踪。

※　3D跟踪：在三维空间中计算运动，特别适用于处理复杂场景（如旋转立方体）中的透视变形跟踪。

值得注意的是，完成跟踪或稳定后，取消选中相关复选框并不会改变已有的跟踪结果。如需要进行调整，必须重新选中或取消选中相应的复选框，并重新分析片段。

跟踪完成后，系统将生成详细的跟踪数据，并以下方窗格中的图表形式展现，如图7-71所示。每条曲线代表一个可跟踪的变换参数，其颜色与对应的变换复选框一致，这样的设计便于用户进行评估与调整。

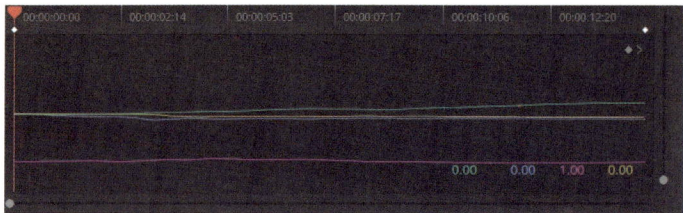

图7-71

跟踪数据图表是可编辑的。如果想要删除图表中的数据，可以选择图7-72所示的面板设置菜单中的"清除所选跟踪数据"选项，或者"重置当前窗口的跟踪数据"选项。如果选中"显示跟踪路径"选项，那么跟踪路径将会在检视器画面中显示出来，如图 7-73 所示。这样，用户可以更直观地观察和调整跟踪数据。

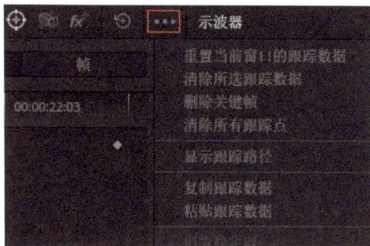

图7-72

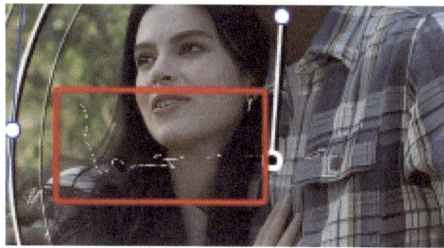

图7-73

1.片段模式、帧模式

如图 7-74 所示，用户可以切换两种跟踪模式——片段模式和帧模式，这两种模式分别对应不同的数据更新机制，即是否可以通过关键帧来更新跟踪数据。

片段模式是默认模式。在这种模式下，一旦自动跟踪完成，无论窗口区域或跟踪点如何变化，跟踪数据都将保持不变。这种模式特别适用于那些只需要调整窗口形状与位置，而希望保持原始跟踪轨迹不变的情况。

如图 7-75 所示，当使用云跟踪进行自动跟踪时，达芬奇会在窗口范围内的物体上附着许多十字点。这些十字点承载着跟踪信息。重要的是，在跟踪结束后，即使我们像图 7-76 那样改变窗口的形状，十字点所承载的跟踪信息仍然会基于最初的跟踪形状保留，并不会因为我们改变窗口的形状或位置而发生变化。

图7-74

图7-75

图7-76

帧模式可以被视作一种手动操作模式。在跟踪完成后，如果用户移动窗口、改变窗口形状或调整跟踪点，这些信息都会被系统自动记录为关键帧。很多时候，自动跟踪难以精确地捕捉主体的动态，如图 7-77 所示。在这种情况下，可以对出画的窗口进行手动校正，将窗口拖曳到正确的位置。此时，在跟踪器面板中，系统会自动创建一个关键帧，如图 7-78 所示。通过这种方式，用户可以手动定位窗口的形状和位置，确保与主体精确匹配。

图7-77

图7-78

2.跟踪模式

在跟踪面板右下角的菜单中，可以选择云跟踪、点跟踪或者达芬奇 19 版本新增的 IntelliTrack AI 跟踪模式，如图 7-79 所示。

　　云跟踪基于平面技术，能够自动分析窗口区域内的所有特征点，并提供交互模式以便手动调整点云分布。在跟踪过程中，云跟踪会像云一样覆盖所选范围，并利用这些点计算出镜头中的运动轨迹，从而匹配所创建的窗口，如图 7-80 所示。

图7-79　　　　　　　　　　　　　　　　　图7-80

　　在点跟踪模式下，可以单击"添加跟踪点"按钮，如图 7-81 所示，手动添加一个或多个跟踪点。接着，在检视器画面中将跟踪点定位到特征明显的位置，达芬奇将根据点与点之间的关系进行自动跟踪，如图 7-82 所示。点跟踪允许用户手动创建多个跟踪十字架，以提高跟踪的精确度。在处理特殊运动的特征点情况时，点跟踪尤为实用。

　　IntelliTrack AI 跟踪模式则由 DaVinci Neural Engine 神经网络引擎提供支持。其操作方式与点跟踪相似，同样需要手动增加点，如图 7-83 所示。然而，与点跟踪相比，IntelliTrack AI 跟踪模式提供了更为精准的表现，特别是在处理旋转、翻转物体时具有显著优势。不过，该模式对计算能力要求较高，建议在云跟踪与点跟踪无法满足需求时使用。

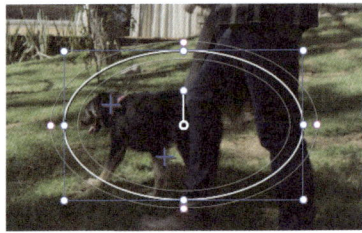

图7-81　　　　　　　　　　图7-82　　　　　　　　　　　图7-83

3.交互模式

　　交互模式参数位于跟踪器面板的左下角，如图 7-84 所示。这一模式提供了手动调整跟踪点云的可能性，以更好地应对具有挑战性的场景。通过开启交互模式，用户可以手动优化点云的分布，从而创建更为精确的跟踪。

图7-84

　　在交互模式中，可以执行以下操作。

　　※　开启或关闭交互跟踪模式。

　　※　在绘制的边框内自动插入跟踪点。

　　※　使用鼠标指针（若使用调色台）手动置入单个跟踪点，逐个跟踪特征物。

　　※　删除绘制的边框中的所有跟踪点。

　　需要注意的是，如果选择了点跟踪模式，交互模式选项将会消失，取而代之的是点跟踪特有的两个参数。在实际应用中，云跟踪由于自动识别范围内的所有物体，可能会因为主体的移动而导致跟踪不够精准。

如图 7-85 所示，当希望给人物创建一个跟踪窗口时，开启"交互"模式如图 7-86 所示，会发现除了人物，还有大量背景的草地以及建筑被打上了十字点，这可能会导致跟踪发生偏移，如图 7-87 所示。

图7-85　　　　　　　图7-86　　　　　　　　　　　图7-87

为了解决这个问题，需要回到开始跟踪的那一帧，将背景中其余部分的十字点删除，仅保留人物身上的跟踪点。如图 7-88 所示，框选除人物外的其他十字点，并单击"删除"按钮进行删除。一般来说，建议多删除一些点，以确保跟踪的准确性。删除后，再次进行跟踪，此时窗口就会紧紧跟随主体移动，从而实现更精确的跟踪效果，如图 7-89 所示。

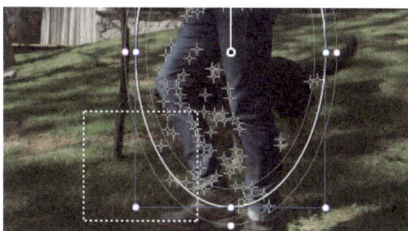 

图7-88　　　　　　　　　　　　　图7-89

7.4.2　跟踪器 - 稳定器

在视频制作实践中，画面抖动是一个普遍且严重影响观看体验的问题。为了有效解决这一问题，达芬奇特别设计了高效的"跟踪器 - 稳定器"功能，其操作界面如图 7-90 所示。该功能将自动跟踪技术与画面稳定技术紧密结合，显著提高视频的流畅度，从而优化观看体验。

图7-90

具体来说，跟踪器 - 稳定器首先利用智能算法自动锁定画面中的特定对象或区域，作为稳定的参考点。随后，运用先进的稳定器算法全面分析画面抖动情况，并精确计算出相应的补偿参数。在此基础上，系统通过实时调整画面的位置、缩放比例以及方向，动态抵消抖动的影响，最终实现画面的平稳输出，极大提高了视频的观赏效果。

使用"跟踪器 - 稳定器"功能非常方便，只需单击面板右上角的"稳定"按钮，达芬奇便会自动进行复杂的分析计算，并为画面附加稳定效果。值得注意的是，由于稳定效果是通过实时调整画面参数来实现的，因此在处理抖动画面时，增加稳定效果后可能会出现一定的画面裁切现象。为了应对这一情况，可以通过面板左下角的设置参数，灵活调整"裁切比例"来进行适当的回调，如图7-91所示。当"裁切比例"值为1.00时，画面不做裁切，稳定效果也就为0，这样可以确保画面内容的完整性。如果取消选中"缩放"复选框，画面将会呈现经过裁剪、位移后的效果。由于没有缩放，画面四周将会出现黑边，如图7-92所示。

图7-91

图7-92

此外，在实际应用中，用户可能会遇到一些特殊情况。例如，当画面抖动幅度过大时，增加稳定效果后可能会出现一定程度的"果冻效应"。如图7-93所示，画面中的房子因果冻效应而产生了扭曲变形，而图7-94则是未做稳定处理的画面，左侧房子保持了原始状态。为了减轻果冻效应的影响，可以适当调整"平滑"和"强度"的值。但需要注意的是，增大这两个值会进一步裁剪画面，因此需要根据实际情况进行酌情调整。同时，每次改变数值之后都需要重新单击"稳定"按钮以应用新的设置。

在面板的右下角，达芬奇提供了3种不同的稳定解算模式供选择，如图7-95所示。这些模式分别针对不同的画面稳定需求从多个维度对画面进行精细调整。

图7-93   图7-94   图7-95

※ 透视解算模式：该模式会对画面进行平移、竖移、缩放以及旋转调整。其调整方式相对柔和但更容易产生果冻效应，如图7-96所示。

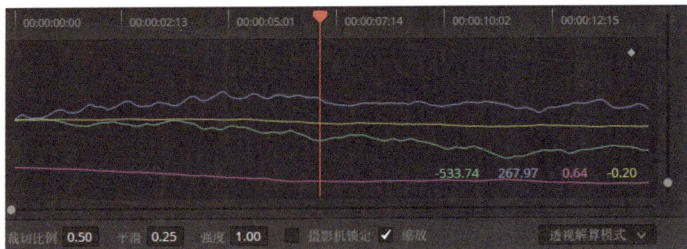

图7-96

※ 相似度解算模式：同样会对画面进行上述4种调整，但相较于透视解算模式其改变的幅度更大。对于运动幅度过大的画面，该模式能在一定程度上限制画面运动的同时，相对不容易出现果冻效应，如图7-97所示。

※ 平移解算模式：该模式仅对画面进行平移和竖移的调整，特别适用于平移运镜的手持镜头，如图7-98所示。

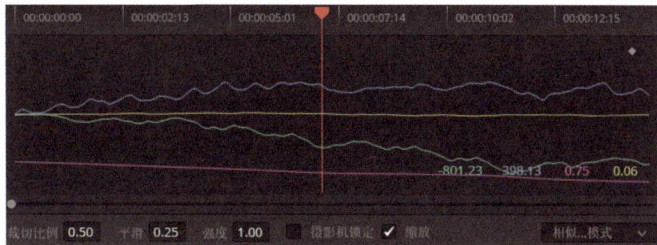

图 7-97

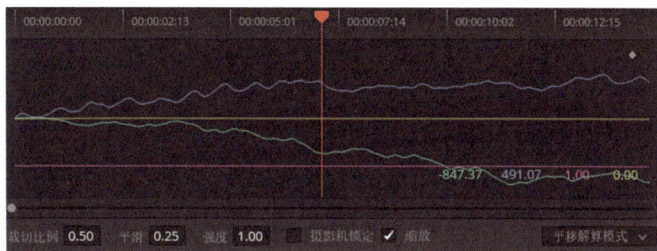

图 7-98

7.4.3 跟踪器 - 特效 FX

在影视后期制作中，特效 FX 是不可或缺的功能。通过巧妙地结合跟踪器和特效 FX 功能，达芬奇能够打造出复杂且逼真的视觉效果。跟踪器与特效 FX 的联动，其核心在于自动跟踪技术与特效应用的紧密结合。用户只需单击跟踪器面板右上角的第 3 个按钮，即可轻松切换至"跟踪器 - 特效 FX"面板，如图 7-99所示。

图 7-99

要使跟踪器 - 特效 FX 发挥作用，首先需要为画面增添一个 FX 特效，并锁定画面中的特定对象或区域，以此作为特效应用的参考点，进而进行跟踪。以图 7-100 为例，若期望增强画面背景中一根灯棒的氛围感，即可通过为其增添光晕效果来实现。用户可以在软件界面的右上角打开 FX 特效库，搜索并选择"镜头光斑"特效，如图 7-101 所示，随后将其拖至相应的节点上。通过调整各项参数，便能获得如图 7-102所示的效果。然而，鉴于视频的动态属性，镜头移动可能会引发特效位置的偏移。因此，需要借助跟踪器，将特效稳固地锁定在灯棒上。

在选择添加特效的节点后，打开"跟踪器 - 特效 FX"面板，如图 7-103 所示。此时，需要从两种跟踪模式中做出选择——点跟踪和 IntelliTrack。这两种模式都要求手动在目标物体周边的关键边缘区域增设跟踪点，如图 7-104 所示，以确保跟踪的精准性与稳定性。完成跟踪点的设置后，仅需单击"跟踪"按钮，系统便会自动启动跟踪流程，保障光斑特效能够紧密追随背景中的灯棒，无论镜头如何变换。

图7-100

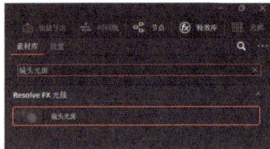

图7-101

图7-102

图7-103

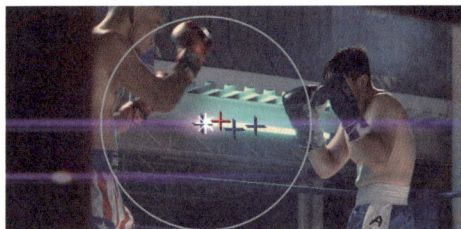

图7-104

在特定场景下，为了营造别具一格的氛围或凸显某个核心元素，特效 FX 的融入显得尤为重要。通过跟踪器精确锁定场景内的特定对象或区域（如火焰、水流等动态元素），并施加相应的特效 FX，例如粒子效果、光晕效果等，可以显著提高场景的视觉冲击力。同时，借助跟踪器的动态调整功能，可以灵活应对对象或区域在画面中的位置与形态变化，确保特效的连贯性与统一性，从而创造出更为引人入胜的视觉效果。

7.5 认识示波器

调色，这一影像后期制作中的关键环节，其实质是对 RGB（红、绿、蓝）三原色亮度信息的精细调整，如图 7-105 所示。在数字时代，所有视觉画面的构建都基于这 3 种基本色彩的混合与配比。调色过程直接影响到画面每一个像素点的色彩属性。因此，图像的分辨率对调色效果有着显著影响：高分辨率的图像能承载更多色彩细节，使调色操作更为细腻，效果也更加显著。

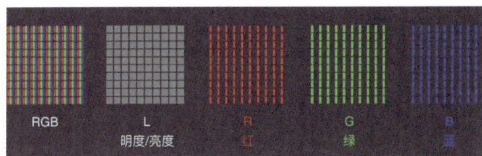

图7-105

在调色实践中，示波器这一科学而精确的辅助工具起着至关重要的作用。虽然人眼是感知色彩的主要器官，但在某些特定情境下，如光线变化导致的视觉错觉，人眼的判断可能会产生偏差。例如，当两个亮度相同的物体分别处于阴影和强光之下时，人们往往会误认为阴影中的物体更暗。在这种情况下，示波器凭借其精准的算法分析，能够摆脱环境因素的影响，准确反映色彩平衡、亮度及饱和度等关键参数，为调色师提供可靠的参考依据。需要强调的是，尽管示波器功能强大，但它仍是调色过程中的辅助工具，调色师的主观感受与创意需求同样重要。

在达芬奇中，常用的示波器类型包括分量图、矢量图、直方图以及波形图。这 4 种示波器各具特色，调色师可根据个人习惯和具体需求选择使用。其中，波形图作为色彩校正与调色的重要参考工具，能够整合并显示图像中 RGB 三通道的信号强度，帮助调色师直观且精确地评估画面的色彩平衡、亮度分布以及饱和度状态。

7.5.1 波形图

波形图在达芬奇软件中占据着举足轻重的地位，它是色彩校正和调色过程中不可或缺的参考工具。波形图的顶部代表画面的高亮区域，而底部则对应暗部。借助波形图，调色师可以一目了然地观察到画面中亮度信息的分布情况，进而准确判断是否存在过曝（亮度过高导致细节丢失）或欠曝（亮度过低使得细节不可见）的问题。

以图 7-106 为例，画面中高亮度的白色窗帘与中灰偏亮的人物部分在波形图上有着清晰对应的位置与高度，直观展示了亮度分布的差异，如图 7-107 所示。需要强调的是，波形图的横轴代表画面中的位置，而纵轴则反映了曝光程度。

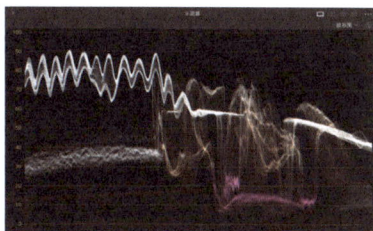

图7-106   图7-107

波形图的上下边界具有特定的意义。当画面信息触及顶端时，表明该区域出现过曝现象，如图 7-108 左上角窗帘的高光区域所示；相反，若触及底部，则意味着该区域欠曝，细节会呈现为死黑，如图 7-109 右下角的暗部区域所示。

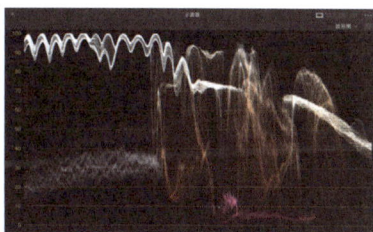

图7-108   图7-109

此外，通过对比 RGB 3 个波形的相对位置和高度，调色师还能有效识别并解决色彩失衡问题。例如，当红色波形显著高于绿色和蓝色波形时，画面可能呈现偏红的现象。调色师还可以利用波形图对齐白色部分的功能，手动校正白平衡，以确保色彩还原的准确性。以图 7-110 为例，白色的窗帘在波形图上应呈现为正确的白色；若画面出现偏色，则波形图上对应位置的颜色会发生变化，如变成橙色。

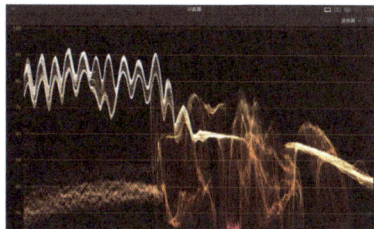

图7-110

波形图上 RGB 波形的重叠程度还能揭示画面的层次感。若波形间重叠较多，意味着画面层次感较弱，视觉效果可能显得"平坦"，这在 LOG 灰片中尤为明显，如图 7-111 所示。通过深入分析波形图，调色师不仅能够精确调整色彩，还能增强画面的层次感和立体感，从而提高整体视觉效果。

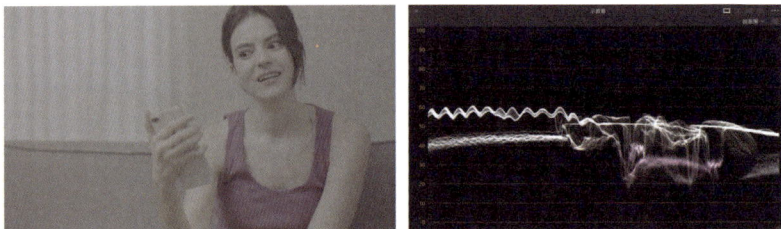

图7-111

7.5.2 矢量图

矢量图，作为达芬奇调的一种重要的图形工具，用于直观地展示和分析画面中的色彩。它呈现为带有刻度的圆形，与我们所熟知的色轮相似。这个圆形图能够清晰地反映出画面中各种颜色的分布与比例，助力调色师迅速把握画面的色彩倾向和饱和度状况。用户只需单击图 7-112 所示的下拉列表，即可轻松切换不同的图例进行查看。

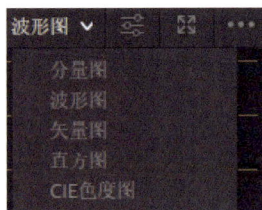

图7-112

在矢量图中，不同的色相通过不同的方向来表示，并且在面板中用 6 个方块来展示色相的排列。从右上角开始，顺时针依次为"M- 品红""B- 蓝色""C- 青色""G- 绿色""Y- 黄色"和"R- 红色"，这与色轮的颜色排列是一致的。调色师通过观察矢量图上颜色的布局，可以迅速判断出画面中哪些颜色占据主导，如图 7-113 所示。

图7-113

在矢量图中，颜色的饱和度是通过颜色点与圆形中心的距离来体现的。离中心越远，代表该颜色的饱和度越高；反之，则越低。这一特点使调色师能够一目了然地观察到画面中各种颜色的饱和度状况，从而进行精准的调整。以图 7-113 为例，在右侧的矢量图中，红色部分最为突出，远离圆形中心，说明红色在画面中的饱和度最高，其次是蓝青色，而黄色和绿色则位于第三梯度。

此外，矢量图中还包含一条特殊的肤色指示线，以白色线条形式呈现，用于标示肤色的色彩范围。调色师在调整肤色时，可以参照这条线来确保调整的准确性和自然度。值得一提的是，这条肤色指示线适用于各种肤色，不受人种限制。"显示肤色指示线"选项卡可以切换显示这条肤色指示线，如图 7-114 所示。

在调色前，调色师可以利用矢量图对原始画面的色彩进行深入分析。通过观察图上颜色的分布和比例，能够准确判断出画面中是否存在色彩失衡或偏色问题，为后续调色工作提供有力的指导。

在调整肤色时，调色师可以参照矢量图中的肤色指示线进行操作。通过调整肤色在矢量图上的位置，可以改变其色相和饱和度，使其更加贴合剧情需求和观众审美。同时，利用矢量图还可以实时监控肤色调整过程中的变化，确保调整的精确性和自然度。

当调整画面饱和度时，调色师可以观察矢量图上各颜色点与中心的距离来进行操作。通过增减某些颜色的饱和度，可以调整画面的整体色彩氛围和视觉效果。同时利用矢量图监控饱和度调整过程中的变化，避免饱和度过高导致画面失真。为了方便操作，通常会将面板中的 6 个方块连接成一个圈作为饱和度安全框来使用，如图 7-115 所示。

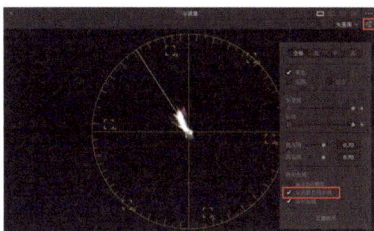
图7-114

图7-115

如果某个颜色超出了这个安全框的范围，那么该颜色就有可能溢出影响观感，如图 7-116 中的红色部分所示。

图7-116

尽管矢量图具有诸多优势，但它也存在一定的局限性。例如，它只能展示色彩的色相和饱和度信息而无法直接展示亮度信息。同时，我们也知道在达芬奇中颜色的饱和度与曝光密切相关，因此在调整画面亮度时需要借助其他工具进行辅助分析。此外，对于某些特殊色彩或复杂场景的色彩分析，需要注意，矢量图可能存在一定的误差或局限性。

7.5.3　分量图

分量图，作为达芬奇中的重要的图形工具，专门用于显示和分析图像中 R、G、B 3 个颜色通道的信号强度，如图 7-117 所示。其横坐标代表图像中的像素位置，而纵坐标则代表各颜色通道的信号强度。借助分量图，调色师能够清晰地观察到图像中各个颜色通道的分布情况，以及它们之间的相对强度关系。

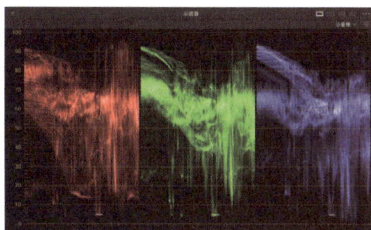
图7-117

分量图的独特之处在于，它能够将 R、G、B 3 个颜色通道的信号强度分别进行展示。在分量图中，红色、绿色和蓝色通道分别以不同的颜色进行标示，从而使调色师可以直观地了解到各个通道在图像中的具体分布情况。

此外，分量图还以 R、G、B 3 个通道进行分区，这意味着每一个通道的内容都是以个体形式独立存在的。以图 7-118 为例，在画面的左上角，窗帘部分相对偏蓝，因此在分量图的对应区域，蓝色通道的信号强度最高，其次是绿色通道，而红色通道最低。而在画面的右侧，人物的肤色以橙红色为主，因此在分量图的这一区域，红色通道的信号强度则位于首位，其次是绿色通道，最后是蓝色通道。

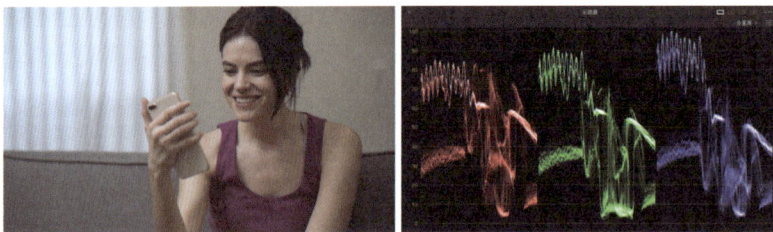

图7-118

在校正色彩的过程中，分量图为调色师提供了一种快速发现并修复色彩不平衡（或称"偏色"）问题的有效手段。通过观察分量图中各个通道的波形分布，调色师可以准确地判断出图像中是否存在某个颜色通道过于突出或缺失的情况，并据此进行相应的调整。例如，在图 7-119 中，由于整体画面变暖，导致原本偏冷的窗帘部分在分量图上呈现红色通道信号强度过高的现象。此时，只需将颜色向冷色方向进行调整，直至分量图左上角的区域恢复为蓝色最高、绿色次之、红色最低的排列顺序，即可还原画面的色彩平衡。

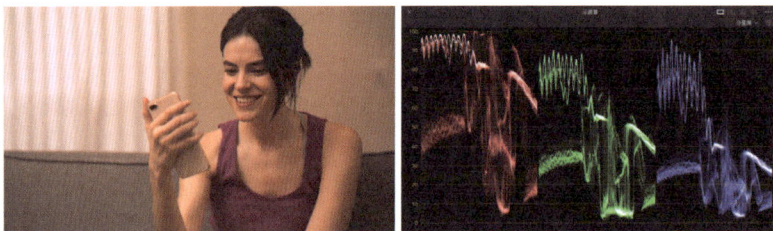

图7-119

虽然分量图能够在一定程度上反映出曝光的分布情况，这一点与矢量图相似，但它在各个颜色通道对曝光的呈现方面仍存在一定的局限性。为了更客观地分析曝光情况，可以单击右上角的"设置"按钮，将分量图的呈现形式从 RGB 切换至 YRGB。这样一来，在"分量图"面板中就会增加一个单独显示 Y（曝光）的图例，从而形成四通道界面，如图 7-120 所示。

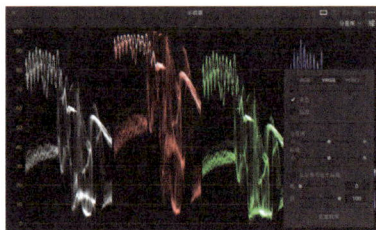

图7-120

7.5.4 直方图

直方图，作为一种图形表示方法，能够清晰地展示图像中像素的亮度分布情况。在达芬奇中，它以二维图形的形式出现，其中横轴代表不同的亮度级别，而纵轴则显示该亮度级别下的像素数量，如图 7-121 所示。借助直方图，调色师可以一目了然地观察到图像中各个亮度级别的像素分布，进而准确判断图像的曝光情况和亮度分布的均匀性。

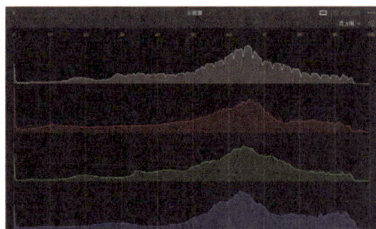

图7-121

直方图通过统计不同亮度级别的像素数量，为调色师提供了图像亮度分布的直观视图。亮度级别被细致地划分为多个等级，每一级都对应一个特定的亮度范围。在直方图上，纵轴的高度直观地反映了该亮度级别的像素数量。高度越高，表示该亮度级别的像素越多；反之，则越少。

通过仔细观察直方图的形状和分布，调色师能够精准地判断图像的曝光情况。例如，若直方图的左侧（代表暗部）内容堆积较多，而右侧（代表亮部）内容较少，这表明图像整体偏暗，可能存在曝光不足的问题，如图 7-122 所示；相反，若右侧内容较高而左侧较低，则显示图像整体过亮，可能出现了曝光过度，如图7-123 所示。

图7-122

图7-123

直方图不仅是判断图像曝光情况的重要工具，还能帮助调色师优化图像的亮度分布。通过观察直方图中各亮度级别的像素分布，调色师可以迅速识别出图像的亮度是否分布均匀，以及是否存在局部过亮或过暗的问题。基于这些信息，可以利用相应的工具对图像的亮度进行精细调整，从而提高亮度分布的均匀性和整体的视觉效果。

在调色过程中，直方图发挥着重要的辅助决策作用。与分量图相似，达芬奇的直方图不仅能展示 Y 通道的曝光情况，还能针对 R、G、B 3 个通道分别呈现信息。通过深入分析直方图中不同颜色通道的分布情况，调色师可以准确判断图像中各颜色通道的平衡性，以及是否存在色彩失衡的问题。根据这些信息，可以运用专业的调色工具对图像的色彩进行精细调整，以达到理想的色彩和视觉效果。

7.5.5 CIE 色度图

CIE 色度图，又称"色度坐标图"或"色品图"，如图 7-124 所示，是由国际照明委员会于 1931 年制定的一种图形工具。该工具用于表示颜色在色度空间中的具体位置，其以色度坐标 x 和 y 分别作为横轴和纵轴，将所有人眼能识别的颜色范围描绘成一个马蹄形的区域。在这个特定区域内，任意两点连线所覆盖的范围即代表了"人眼能看见的所有颜色"的区域，也即人眼分辨颜色的能力极限。

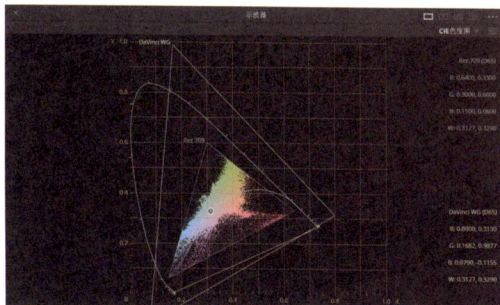

图7-124

在 CIE 色度图上，每一种颜色都对应一个唯一的色度坐标（x，y），这个坐标不仅标明了颜色在色度空间中的准确位置，还反映了该颜色中红、绿、蓝三原色的相对比例。图的外边界由光谱轨迹定义，展现了从 380nm 到 780nm 的纯光谱色的色度坐标。同时，黑体在不同温度下的光色变化在图上形成一条弧形轨迹，被称为"普朗克轨迹"或"黑体轨迹"，这对于判断光源的色温具有重要参考价值。

此外，CIE 色度图中由 R、G、B 3 个点围成的三角形区域，代表了某种显示设备或光源能够呈现的全部色彩范围，即色域。色域的大小与 R、G、B 3 个点的位置密切相关，这些点越靠近色度图的边界，色域就越大。

对于调色师而言，CIE 色度图是一个宝贵的视觉辅助工具。通过观察图上的色度坐标，调色师能够直观地了解图像中各种颜色的构成和平衡情况。例如，当发现某个颜色的色度坐标偏离了预期范围时，便可能需要对图像进行色彩校正或调色处理。

在影视后期制作过程中，由于不同来源的图像素材可能拥有不同的色域，因此在进行图像合成时，需要进行色域匹配以确保色彩的一致性。借助 CIE 色度图，调色师可以轻松地比较不同素材的色域范围，并选择恰当的色域匹配方法进行处理。

总的来说，CIE 色度图在调色过程中发挥着不可或缺的辅助决策作用。通过观察图上颜色的分布情况，调色师能够准确识别出图像中的色彩失衡或色彩溢出等问题，并据此作出相应的调整。同时，色度图还为色彩空间的转换和扩展等操作提供了便利，从而极大地丰富了图像的色彩表现力。

第8章
调色基础操作

影视后期制作中，调色环节对于赋予画面生命力和情感表达起着至关重要的作用。本章将深入介绍达芬奇的调色基础操作，尤其是曝光、饱和度和对比度的调整技巧，这些操作对于塑造独特的画面风格、提高视觉冲击力具有不可或缺的意义。

曝光调整是调色的首要步骤，它直接决定了画面的整体亮度及细节呈现。在达芬奇中，我们可以借助一级校色轮、HDR色轮以及自定义曲线等强大工具，实现对画面曝光水平的精确把控，确保画面亮度适中，同时保留丰富的细节。值得注意的是，曝光调整与色彩饱和度、对比度等参数紧密相关，它们共同作用于画面的最终呈现效果。

饱和度调整则是用来增强或减弱画面色彩强度的重要手段，有助于营造多样化的视觉氛围。达芬奇提供了包括一级校色轮饱和度滑块、色彩增强功能以及HDR色轮饱和度滑块在内的多种调整工具，使调色师能够根据创作需求进行细致的调整。通过调整饱和度，我们可以让画面色彩更加鲜明或柔和，从而强化情感表达或塑造独特的视觉风格。

对比度控制是调节画面明暗层次的关键环节。在达芬奇中，我们不仅可以使用简单的"对比度"滑块，还可以利用"轴心"滑块、左右对比度调整以及自定义曲线等高级工具，实现对画面中明暗对比的精确把控。这些工具能够帮助我们提高画面的立体感和细节表现力，同时，合理的对比度调整也能让画面更充满吸引力。

熟练掌握达芬奇的调色基础操作，对于提高影视后期制作水平具有举足轻重的意义。通过本章的学习，读者将能够自如地运用达芬奇，实现精确的色彩调控和画面塑造，为观众带来更加震撼人心的视觉盛宴。

8.1 ▶ 曝光

在影视后期制作的调色环节中，曝光调整作为首要步骤，其重要性显而易见。它不仅是塑造画面视觉风格的基石，更直接关系到后续色彩校正、对比度调整以及风格化处理的成败。特别是在使用像达芬奇这样的专业调色软件时，曝光调整的重要性愈发凸显，并与软件的独特优势相得益彰，共同缔造出令人赞叹的视觉效果。

曝光是图像亮度的核心，它决定了画面呈现给观众的第一印象。恰当的曝光能够确保画面明暗适中，细节饱满，为后续调色工作打下坚实基础。倘若曝光不当，即便后续的色彩调整再精湛，也难以弥补最初的瑕疵。曝光与色彩之间存在着紧密的联系，曝光不准确往往会导致色彩失真，进而影响画面的整体观感。在达芬奇的调色过程中，通过精准把控曝光，可以确保色彩在保持真实自然的同时，还能根据创作意图进行灵活调整，使画面更加鲜活、富有感染力。

此外，曝光调整不仅关乎画面的整体亮度，还能通过调控不同区域的亮度差异来增强画面的层次感。在达芬奇的精细曝光控制下，可以巧妙突出画面中的主体元素，使画面呈现更加立体、有深度的视觉效果。随着现代摄像机动态范围捕捉能力的不断提高，正确的曝光调整成为确保这一优势得以充分发挥的重要环节。在达芬奇中，借助其先进的色彩科学技术和曝光控制工具，可以最大限度地保留画面中的高光和阴影细节，使动态范围得到充分利用，从而呈现更加细腻丰富的画面效果。

8.1.1　一级校色轮及校色条调整曝光

一级校色轮是色彩校正的核心工具，它由"暗部"色轮、"中灰"色轮、"亮部"色轮和"偏移"色轮 4 个关键部分构成。前三者根据曝光水平进行细致划分，而"偏移"色轮则提供整体性的调整功能。尽管曝光是前三者分类的基础，但它们的主要价值在于对各自对应区域进行精确调整。这种调整效果随着距离的增加而逐渐减弱，但仍具有全局性影响。

为了直观地理解一级校色轮的作用，我们可以参考如图 8-1 所示的黑白渐变图进行分析。该图从左到右被划分为暗部、中灰和亮部 3 个区域，这一划分在波形图上得到了直接体现，展示了不同曝光水平的像素值分布，如图 8-2 所示。

图 8-1

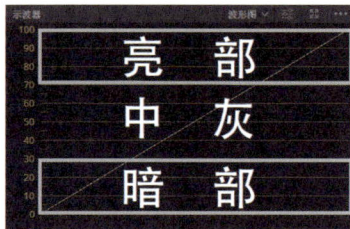

图 8-2

当提高"暗部"色轮的曝光时，波形图上暗部区域明显上翘，表明该区域曝光增加，像素值向中灰区域移动。这种效果在向亮部过渡时逐渐减弱。相反，降低曝光则会使暗部区域更多的像素值降低至黑色，出现"死黑"现象，而且此效应同样随着远离暗部而减弱，如图 8-3 所示。

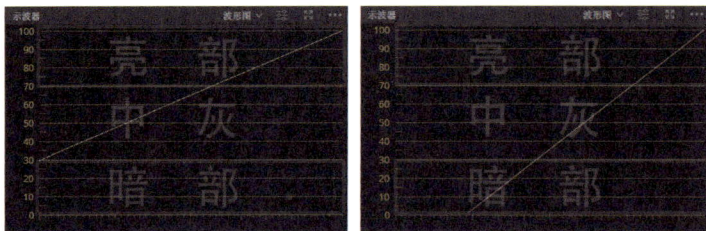

图 8-3

调整"中灰"色轮时，波形图在中间部分开始显著变化，表现为曝光度的提高或降低，这种变化逐渐向亮部和暗部扩散，但边缘区域的变化幅度较小。值得注意的是，"中灰"色轮的影响最为显著的是中灰偏暗部区域，而非曝光的中位区，形成类似"大肚子"的曲线形态。降低曝光时，亦是如此，从该区域开始逐渐影响至两端，如图 8-4 所示。

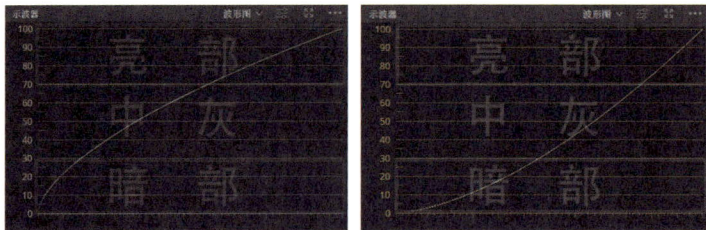

图 8-4

与"暗部"色轮相反，提高"亮部"色轮的曝光会使波形图在亮部区域上翘，代表曝光增加，部分像素值达到或接近白色，即"过曝"。此效果在向暗部过渡时逐渐减弱。降低曝光则使亮部内容向中灰区域靠拢，压暗效果在接近暗部时逐渐减弱，如图 8-5 所示。

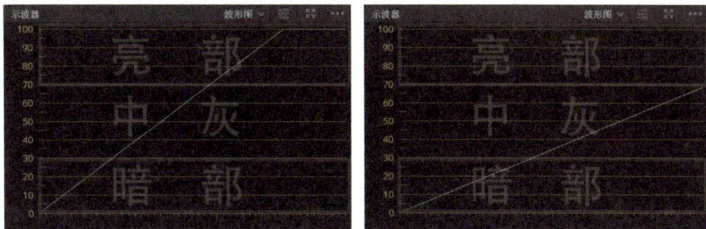

图8-5

对于"偏移"色轮而言，其主要操作在于 RGB 三原色的数值调整。与其他色轮不同，达芬奇的"偏移"色轮并不直接提供独立的 Y 通道调整功能，如图 8-6 所示。这一设计意味着通过"偏移"色轮进行的曝光调整并非基于亮度的独立控制，而是会同时作用于 R、G、B 3 个颜色通道，进而影响每个颜色的明度。具体来说，当使用"偏移"色轮增加曝光时，画面中的所有颜色成分会同步变亮，这种变化在波形图上表现为整体曲线向上平移。若调整过度，当曲线触及波形图的顶端（即亮度值达到 100%）时，画面将出现全局过曝现象，细节丢失，高光区域呈现一片白色。相反，若减少曝光，画面整体变暗，波形图曲线向下平移，当触及低端（亮度值降至 0%）时，则会出现全局欠曝，暗部区域呈现为纯黑色，即所谓的"死黑"现象，同样导致细节不可见，如图 8-7 所示。

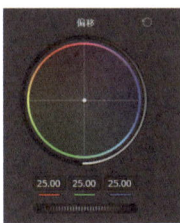

图8-6

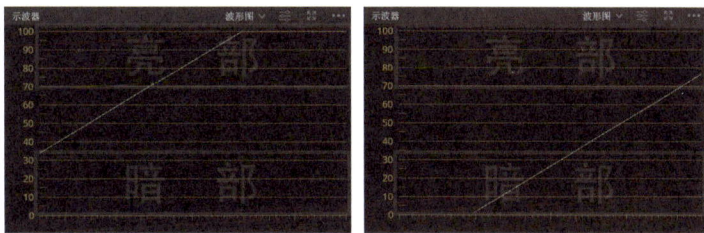

图8-7

"偏移"色轮作为一种色彩校正工具，虽然不具备直接调整 Y 通道（曝光通道）数值的功能，但其操作会对画面的整体曝光产生显著影响。具体而言，当通过"偏移"色轮增加曝光时，R、G、B（红、绿、蓝）3 个颜色通道的数值会实现等比例的增加，这一变化直接导致画面整体曝光水平的提高。在 RGB 色彩模型中，图像的颜色是由红、绿、蓝 3 种基色的不同亮度值组合而成的。当这 3 种颜色的数值同时增加时，它们各自对最终亮度的贡献也会增加，如图 8-8 所示。由于人眼对亮度的感知是这 3 种颜色亮度的综合效果，因此整体亮度会上升。虽然 R、G、B 3 个颜色通道的亮度值在变化，但它们之间的相对比例保持不变。这种等比上升确保了色彩平衡不被破坏，只是整体亮度得到了提高。

在调整色轮的色相时，需要理解色彩调整与曝光控制之间的紧密联系。尽管直接操作的是色彩的色相属性，但达芬奇独特的色彩计算模型意味着任何对颜色的修改都可能间接影响画面的曝光表现。具体而言，当在暗部区域增加蓝色调时，这一操作不仅改变了该区域的色彩构成，还导致了暗部亮度的相对下降。在波形图上，这种变化表现为暗部波形的显著降低，同时整个暗部区域被赋予了更为显著的蓝色调。结合一级校色轮的全局影响特性，其他区域（中灰及亮部）也会受到一定影响，如图 8-9 所示。类似，增加绿色会导致暗部波形图明显上升并给画面染上绿色，如图 8-10 所示，而增加红色则会使暗部波形图轻微下降并给画面染上红色，如图 8-11 所示。

曝光控制的调整同样对画面色彩表现产生重要影响。利用暗部、中灰及"偏移"色轮的曝光控制工具进行调整时，我们会观察到一些规律性的变化。例如，当增加亮度时，整体画面的色彩饱和度会逐渐降低，直至高亮部分接近纯白色时饱和度降至最低点。相反，在减少亮度时，画面首先会呈现饱和度增加的趋势，但随着画面趋近于纯黑色，饱和度又会开始下降。对于"亮部"色轮的曝光调整来说，提高其曝光时饱和度会有小幅度的逐渐增加，这是因为部分暗部内容变亮后展示了更多信息。然而，随着过曝区域的增加，饱和度最终会降低，降低曝光时则会持续降低饱和度。

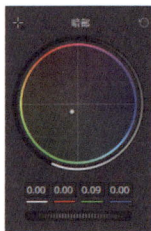
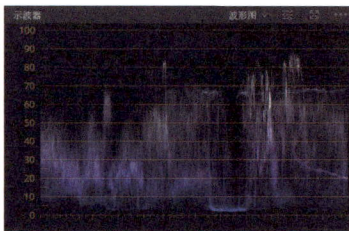

图8-8   图8-9

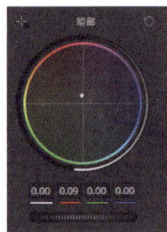
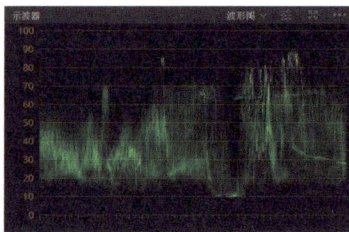

图8-10

此外还可以直接通过修改 Y 通道数值来精确控制画面的曝光水平，如图 8-12 所示。这种直接调整方式虽然主要影响曝光，但也会对画面颜色产生相对较小的影响。不过，正如前面所述，随着曝光水平的增减，当画面中的像素值逐渐靠近纯白色或纯黑色时，色彩饱和度仍会呈现下降趋势。

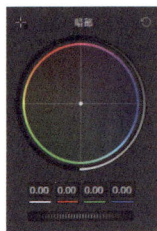
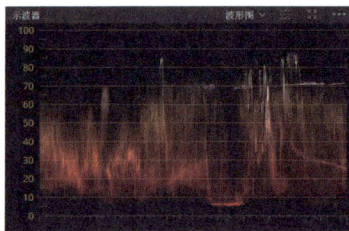
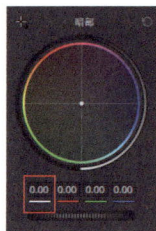

图8-11   图8-12

8.1.2   HDR 色轮调整曝光

一级校色轮作为入门工具，为我们奠定了调色的基础，但在面对 HDR（高动态范围）内容的需求时，HDR 色轮便以其独特的优势成为不可或缺的工具。相较于传统色轮，HDR 色轮在操作上更为精细，同时引入了更为复杂的曝光分类和色彩空间感知能力。

HDR 色轮根据曝光程度进行了细致的分类，具体包括：Black（黑色）色轮，如图 8-13 所示；Dark（暗部）色轮，如图 8-14 所示；Shadow（阴影）色轮，如图 8-15 所示；Light（亮部）色轮，如图 8-16 所示；Highlight（高光）色轮，如图 8-17 所示；Specular（高光点）色轮，如图 8-18 所示。这一分类直接关联到图像中从最暗到最亮的各个区域，使每个色轮都能精准地调整其指定范围内的色彩与亮度。

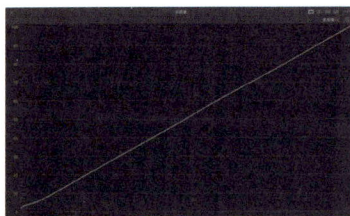
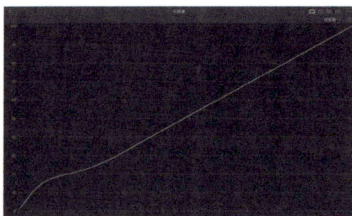
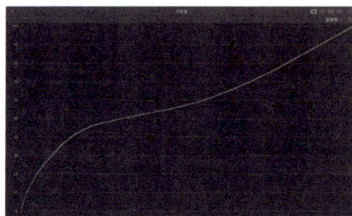

图8-13   图8-14   图8-15

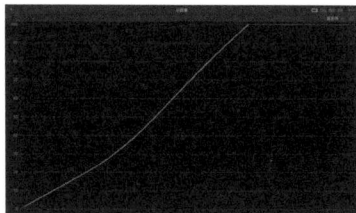
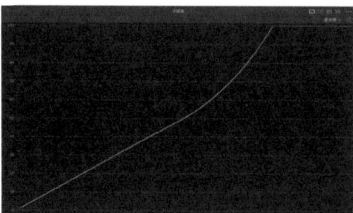
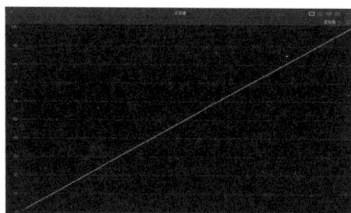

图8-16　　　　　　　　　　图8-17　　　　　　　　　　图8-18

　　值得注意的是，HDR色轮在调整时遵循"单向调整"原则，即每个色轮主要影响其所在区域的一半或特定部分，这样的设计使调整更加精确且各个区域之间互不干扰。例如，Light色轮的调整将主要作用于图像中从基础曝光值开始向右（即更亮）的部分，而不会影响到左侧较暗的区域。同样，Specular色轮则专注于最亮的高光部分，其调整效果更加聚焦于细节和高光质感。

　　通过观察波形图，我们可以直观地理解各色轮的影响范围及其层次关系。其中，Light色轮的影响范围涵盖Highlight色轮，而后者又进一步覆盖Specular色轮，形成了有序的曝光层次结构。

　　然而，在标准色彩空间，如Rec.709中，HDR色轮可能会面临挑战。尤其是当尝试调整超过100尼特亮度的内容时，如图8-19所示，Rec.709色彩空间可能无法准确识别高于其设计标准的亮度信息，从而导致Specular色轮无法正常使用。但是，当我们扩展到更宽广的色域，如达芬奇广色域时，HDR色轮便能充分发挥其潜力。在这种情况下，HDR色轮能够处理超过100尼特的内容，如图8-20所示，此时HDR色轮对于画面调整的效果也会产生相应的变化，如图8-21所示。

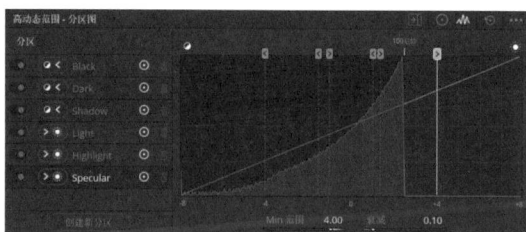

图8-19

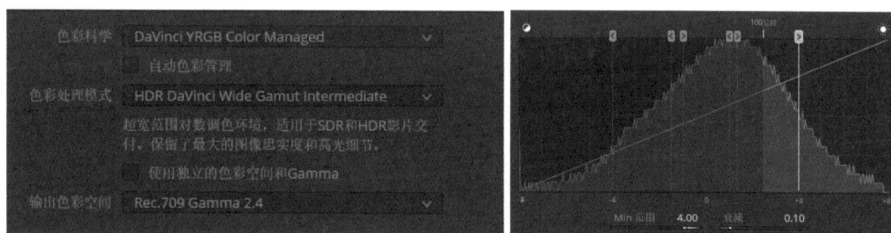

图8-20

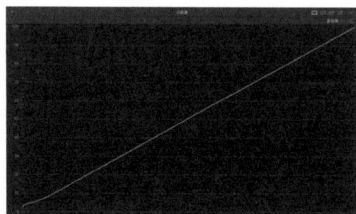
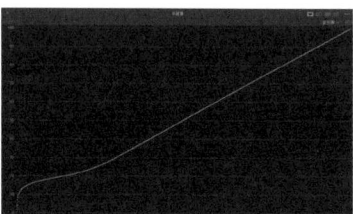
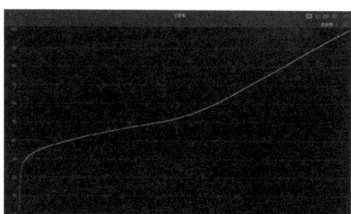

Black色轮　　　　　　　　Dark色轮　　　　　　　　Shadow色轮

图8-21

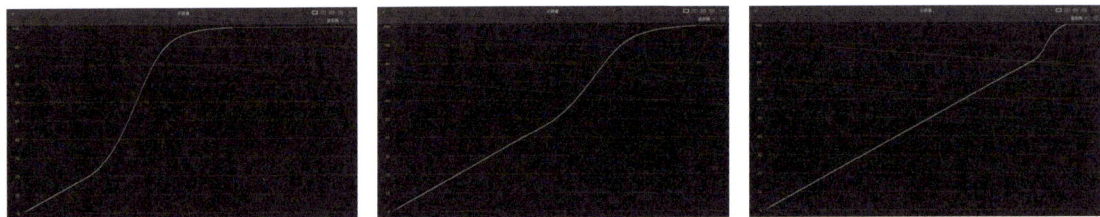

| Light色轮 | Highlight色轮 | Specular色轮 |

图8-21（续）

根据对画面曝光的区分，可以将各个色轮的影响范围做如下定义。

※　Black 色轮：主要影响黑色区域。

※　Dark 色轮：影响范围从暗部到黑色。

※　Shadow 色轮：影响范围从中灰偏暗部分到黑色。

※　Light 色轮：影响范围从中灰偏亮部分到白色。

※　Highlight 色轮：影响范围从亮部到白色。

※　Specular 色轮：主要影响白色高光区域。

这意味着，如果只希望提高中灰偏亮部分内容的曝光，可以通过提高 Light 色轮的曝光并降低 Highlight 色轮的曝光来实现，如图 8-22 和图 8-23 所示，从而使高光到白色部分的曝光回归正常。

图8-22

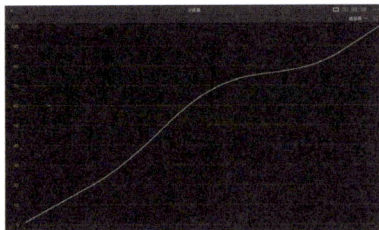

图8-23

除了曝光调整，HDR 色轮在颜色校正方面也表现出色。其操作逻辑与一级校色轮相似，通过拖动色轮中心的小白点来实现染色效果。由于其精确的分区能力，用户可以轻松定位并调整图像中的特定颜色区域，如图 8-24 和图 8-25 所示。

图8-24

图8-25

此外，Global 色轮作为全局调整工具，虽然其作用与"偏移"色轮类似，但在不同色彩空间下的表现却有所不同。在 Rec.709 色彩空间中，Global 色轮的调整效果呈现线性变化的特征；而在达芬奇广色域下，其调整效果则更加柔和且自然。这是因为达芬奇广色域下的 Global 色轮调整采用了从中灰部分向两端逐渐衰减的方式，从而有效减少了高光和暗部的过曝及"死黑"风险，如图 8-26 所示。

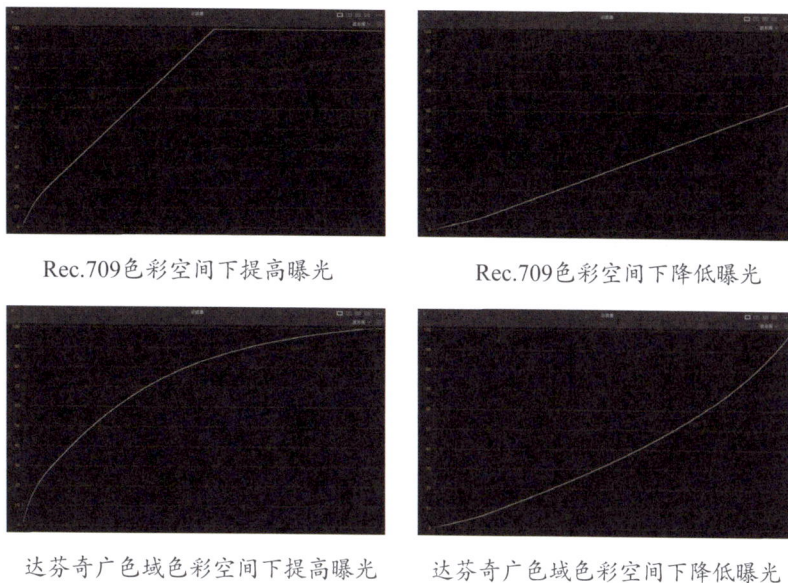

Rec.709色彩空间下提高曝光 　　　　　Rec.709色彩空间下降低曝光

达芬奇广色域色彩空间下提高曝光 　　达芬奇广色域色彩空间下降低曝光

图8-26

总的来说，HDR 色轮不仅提高了色彩校正的精度与灵活性，还通过其独特的色彩空间感知能力进一步拓宽了调色的可能性。对于追求高质量内容制作的创作者而言，掌握 HDR 色轮的使用技巧无疑是提高作品质量的关键一环。

8.1.3　自定义曲线调整曝光

在达芬奇等高级图像处理软件中，用户可以通过添加并移动曲线上的控制点，灵活地调整曲线的形态，从而精确掌控图像的每一个细节。如图 8-27 所示，曲线的水平轴代表了图像的输入色阶，覆盖从最暗（0）到最亮（255）的完整范围；而垂直轴则代表调整后的输出色阶，即图像最终展现的新亮度值。

为了更直观地理解这一过程，我们可以将曝光的变化量化为从 0 到 255 的数字区间。横轴上的每一个点都对应图像中的一个特定亮度级别，而纵轴则展示了这些亮度级别调整后的新状态，如图 8-28 所示。值得注意的是，曲线背后的直方图形如山峰，它们的高低直接反映了图像中各个亮度级别信息的丰富程度，为调整提供了有力的参考。

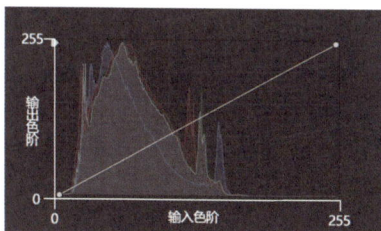　　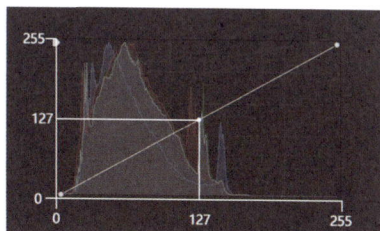

图8-27 　　　　　　　　　　图8-28

在曲线工具未进行任何调整时，其默认形态为一条对角线，这意味着输入色阶与输出色阶完全对应，即图像维持原状，未发生任何变化。例如，当选择曲线上代表中间亮度（如 127）的点时，其横纵坐标值相同，表明该点的曝光与输出亮度一致，未受调整影响。

然而，一旦用户选中该点并向上移动，如图 8-29 所示，纵坐标的数值便会随之增加。这意味着原本127 的曝光被提高至更高的亮度水平（如 153），从而在视觉上呈现该区域变亮的效果。曲线未调整的画面如图 8-30 所示，而曲线调整后的画面则如图 8-31 所示。

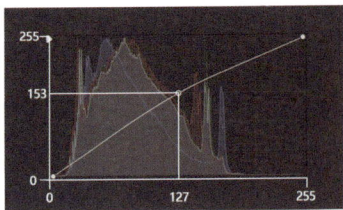

图 8-29

图 8-30

图 8-31

这种调整不仅影响被选中的点，还通过曲线的连续性带动周围乃至整条曲线亮度的提高，从而实现全局或局部亮度的增强，如图 8-32 所示。不过，这种提高效果在曲线的两端会逐渐减弱，展现了曲线调整的非线性特点。

曲线工具的魅力在于其高度的灵活性和精确性。用户不仅可以在对角线上保持曝光稳定，还能在曲线中段进行提高后，在邻近两端重新设定控制点并拉回至对角线位置，如图 8-33 所示。这种操作可以实现仅对特定亮度范围进行曝光调整的目标。通过这种局部调整策略，画面中仅有特定曝光级别的内容（如本例中的 127 亮度区域）被提亮，而其他部分保持不变，从而获得了如图 8-34 所示的效果。

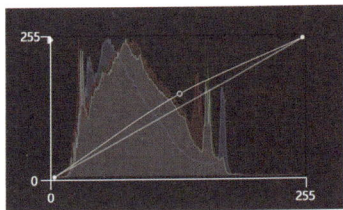

图 8-32

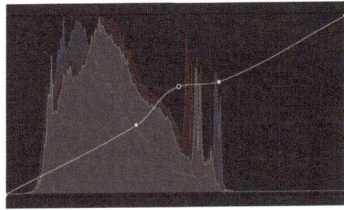

图 8-33

图 8-34

8.2 饱和度

在影视后期制作中，饱和度的调整在塑造画面氛围和强化情感表达方面起着至关重要的作用。达芬奇作为行业领先的调色平台，提供了丰富的饱和度调整工具，使调色师能够精确地掌控画面的色彩饱和度。以下是对达芬奇中 7 种饱和度调整方法的详尽解析。

饱和度的高低直接影响画面的整体氛围。高饱和度的画面色彩鲜艳、充满活力，非常适合表现欢快、热情的场景，如图 8-35 所示；而低饱和度的画面则显得更加柔和、沉稳，更适宜营造宁静、神秘的氛围，如图 8-36 所示。调色师通过调整饱和度，可以精确地塑造出与剧情或主题相符的画面氛围。

图 8-35

图 8-36

高饱和度的画面往往具有更强的视觉冲击力，能够有效吸引观众的注意力，使画面更加引人注目。在需要突出某个场景或元素时，通过提高饱和度可以使其更加显眼，从而增强观众的视觉体验。例如，在图

8-37 中，如果人物手上的棒棒糖处于低饱和状态，那么它就会失去烘托氛围和强调人物性格的作用。然而，当提高其饱和度后，如图 8-38 所示，棒棒糖就成了画面的点睛之笔。

图8-37

图8-38

此外，饱和度调整也是实现风格化创作的关键手段。不同的饱和度设置可以为视频赋予不同的视觉风格，如复古、电影感、清新等。调色师通过精心调整饱和度，可以创造出独特的视觉效果，使视频作品更具个性和魅力。

在视频制作过程中，剧情的发展往往需要不同的色彩氛围来衬托。调色师可以根据剧情需求，通过调整饱和度来营造出符合情节发展的色彩氛围，从而帮助观众更深入地理解剧情和角色。

适当的饱和度调整还可以提高画面的整体质量。过高的饱和度可能会导致画面过于刺眼、色彩失真；而过低的饱和度则可能使画面显得过于暗淡、缺乏生气。通过精心调整饱和度，可以使画面色彩更加自然、和谐，从而提高画面的整体视觉效果。

最后，饱和度调整对于提高观众的观影体验也具有重要意义。一个经过精心调色的视频作品能够为观众带来更加舒适、愉悦的观影体验。调色师通过调整饱和度，可以营造出更加符合观众审美需求的色彩氛围，让观众更加享受观影过程。

8.2.1　一级校色轮饱和度滑块

"饱和度"滑块是达芬奇中最基础的饱和度控制工具，它位于调色面板的底部，如图 8-39 所示。通过拖动这个滑块，可以线性地增加或减少画面中所有颜色的饱和度，从而使画面色彩更加鲜艳或柔和。然而，值得注意的是，当使用"饱和度"滑块提高饱和度时，会略微增加画面的亮度。这是因为一级校色轮的"饱和度"滑块是基于光相加的方式来增加饱和度的。通过学习色轮六矢量切片，我们了解到光相加会在一定程度上增加曝光，而这种增加的曝光可能会让画面产生"荧光感"，尤其是在以红、绿颜色为主的区域。因此，在使用"饱和度"滑块时，需要细心观察画面的变化，以避免过度调整导致色彩失真。

图8-39

以图 8-40 为例，这是一个欠饱和的画面。当通过一级校色轮的"饱和度"滑块提高饱和度时，可以观察到整体饱和度呈线性提高。仔细观察图 8-41，可以看到左侧人物的衣服以及左下角的绿色水桶，这两处区域由于曝光的增加而产生了一些荧光感。

图8-40

图8-41

如果对荧光感依旧没有直观的感受，可以参考图8-42。这是一个异常鲜艳明亮的画面，初看可能觉得效果不错，但长时间观看非常容易造成视觉疲劳。此外，过高的饱和度也弱化了画面的明暗反差，从而影响观众的观看体验。因此，在使用"饱和度"滑块时，需要适度调整，以保持画面的自然和谐。

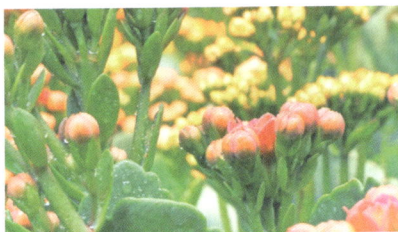

图8-42

8.2.2　色彩增强调整饱和度

"色彩增强"滑块是达芬奇中的一项独特功能，如图8-43所示。与线性调整的"饱和度"滑块相比，"色彩增强"滑块对于画面中的低饱和度区域调整更为敏感。当增大"色彩增强"值时，低饱和度区域的色彩会得到显著增强，而高饱和度区域则保持相对稳定。这一特性使"色彩增强"滑块成为平衡画面饱和度、突出细节的理想工具。通过调整"色彩增强"值，可以使画面中的色彩更加均衡，避免某些区域过于鲜艳或暗淡。同时，色彩增强对曝光的影响较小，因此可以在维持画面曝光稳定的基础上，进行精细的饱和度调整。

图8-43

图8-44展示了增大"色彩增强"值后的矢量图，而图8-45则是增大了一级校色轮的"饱和度"值后的矢量图。通过对比这两个矢量图，可以看出在高饱和部分程度相当的情况下，左图在矢量图中心位置有明显的膨胀。这表明色彩增强对于低饱和部分的饱和度具有极其敏感的调整效果。

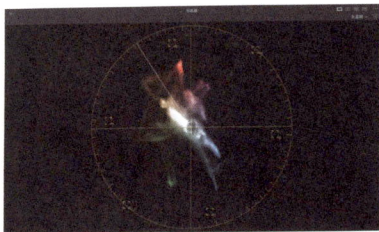

图8-44

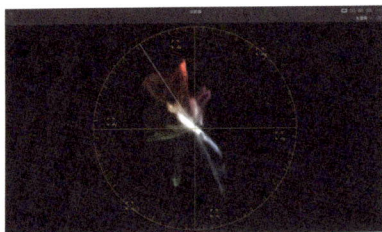

图8-45

从下面的图例中也可以直观地看到这一点。图 8-46 是增大"色彩增强"值后的画面，而图 8-47 则是增大一级校色轮的"饱和度"值后的画面。在这两幅图中，左侧人物的红色衣服和左下角的绿色水桶这两个高饱和度的部分所呈现的饱和度相差不多。然而，背景的乳白色柜子却存在显著差异。作为低饱和区域，在图 8-46 中，柜子的色彩增强效果远高于图 8-47。

图 8-46

图 8-47

这种现象在一定程度上能够提高画面的活跃度，使画面更加鲜艳。但是，如果过度使用，可能会导致杂色的出现。观察图 8-48 和图 8-49 的区别，可以发现经过色彩增强提高饱和度的图 8-49 在红框位置产生了在图 8-48 中原本只存在于白色衣服的蓝色。同时，不难注意到，虽然色彩增强在提高画面饱和度的同时也会提高曝光，但相较于一级校色轮的"饱和度"滑块，其提高的幅度要小得多。

图 8-48

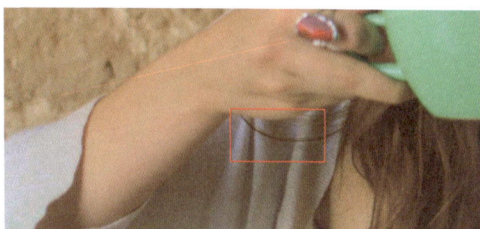
图 8-49

8.2.3 HDR 色轮饱和度滑块

在 HDR 色轮中，达芬奇同样设置了一个用于全局调整饱和度的滑块，该滑块位于图 8-50 所示的 Global 色轮中。在调整饱和度时，Global 色轮能够在增加饱和度的同时，轻微降低画面的曝光，从而使画面色彩更加浓郁且富有层次感。这种调整方式在技术上更为精准，能够模拟出摄像机层面的色彩调整效果。由于 Global 色轮的调整效果柔和且可控性极强，因此它成为许多调色师的首选工具。通过精细调整 Global 色轮，可以实现对画面色彩的精细调控，使画面更加生动、自然。

图 8-50

相较于一级校色轮的"饱和度"滑块，Global 色轮的饱和度控制对曝光的影响更小，并且不会产生荧光感。这在一定程度上分离了饱和度与曝光之间的关联，使调整过程更加独立、灵活。如图 8-51 所示，左图为未调整的波形图，而右图则展示了增加 HDR 色轮饱和度后的波形图。通过对比这两张图，可以清晰地看到 Global 色轮在调整饱和度时对画面曝光的微妙影响。

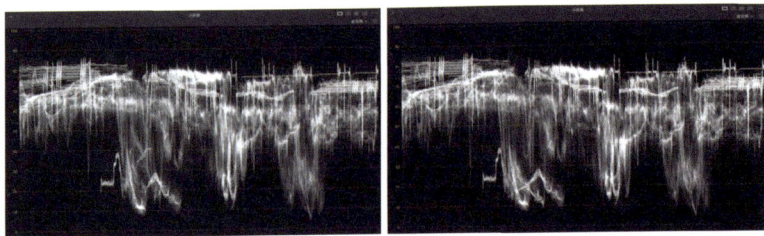

图 8-51

8.2.4 色轮六矢量切片调整饱和度

色轮六矢量切片是达芬奇中的一项高级功能，它不仅支持全局调整，还允许通过选定特定的色彩区域来进行独立的饱和度调整，如图 8-52 所示。在调整饱和度的过程中，色轮六矢量切片能够在提高饱和度的同时，更大限度地降低曝光。借助"饱和度—平衡"与"饱和度—深度"工具，用户可以对画面饱和度进行更为简便且精细的分区调整。这种调整方式不仅增强了调色的灵活性，还使画面色彩更加细腻丰富。此外，色轮六矢量切片还配备了多种选择工具和调整参数，便于调色师进行精确的调整和优化操作。

图 8-52

8.2.5 HSV 色彩空间调整饱和度

HSV 色彩空间将颜色分解为色调（Hue）、饱和度（Saturation）和亮度（Value）3 个通道，如图 8-53 所示，这为调色师提供了更为灵活的色彩调整方式。

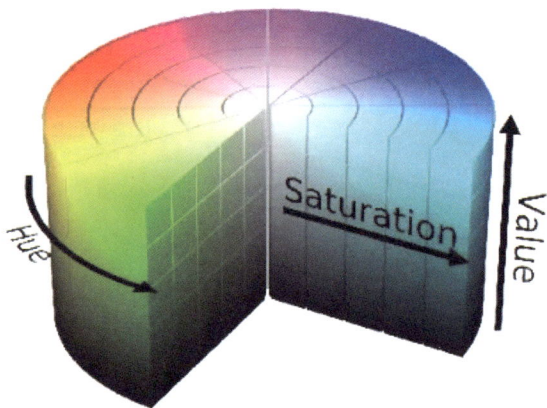

图 8-53

要启用这一调整功能，需要右击饱和度调整的节点，在弹出的快捷菜单中选择"色彩空间"→HSV选项，如图 8-54 所示。然后，再次右击饱和度调整的节点，在弹出的快捷菜单中选择"通道"选项，并关闭代表色调的"通道 1"和代表亮度的"通道 3"，如图 8-55 所示。保留饱和度通道后，通过调整中灰或高光色轮的曝光条来改变画面的饱和度，如图 8-56 所示。向右拖曳曝光条会提高饱和度，而向左拖曳则会降低饱和度。

 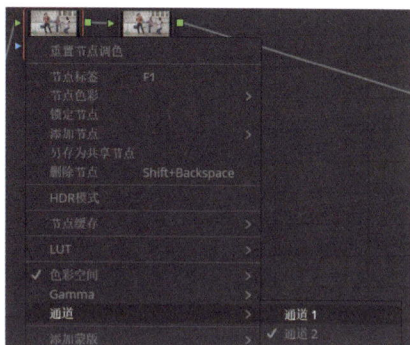 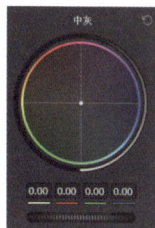

图8-54　　　　　　　　　　图8-55　　　　　　　　　　图8-56

需要注意的是，调整一级校色轮的 4 个色轮曝光条时，都会对画面饱和度产生影响。通过对比图 8-57 中的 4 张图，可以得出以下结论。

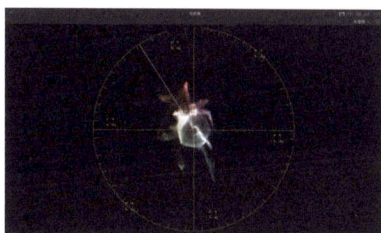 

增大"暗部"值后的矢量图　　　　　　　　增大"中灰"值后的矢量图

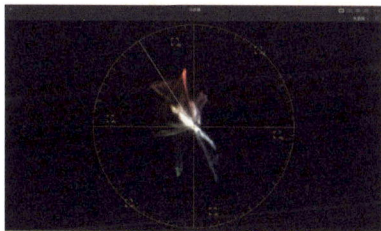 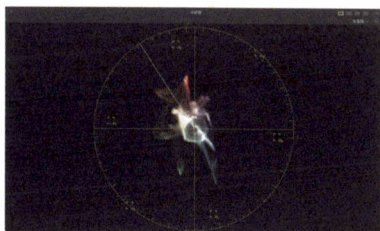

增大"亮部"值后的矢量图　　　　　　　　增大"偏移"值后的矢量图

图8-57

※　"暗部"色轮：对低饱和度部分的调整最为敏感，容易产生杂色，因此不建议使用。

※　"中灰"色轮：对中低饱和度部分相对敏感，整体趋向线性改变。

※　"亮部"色轮：实现全局线性调整饱和度。

※　"偏移"色轮：对低饱和度部分相对敏感，但调整力度比"暗部"色轮柔和，同样不建议使用。

与 Global 色轮的饱和度和色轮六矢量切片饱和度相比，HSV 色彩空间在提高饱和度的同时，能够更明显地降低画面亮度，这一特点与色轮六矢量切片饱和度调整对曝光的改变较为接近，如图 8-58 所示。

HSV色彩空间提高的饱和度

Global色轮提高的饱和度

色轮六矢量切片提高的饱和度

图8-58

这种调整方式在色轮六矢量切片出现之前非常常用，主要适用于需要强调画面质感和细节的场景，例如自然风光、城市夜景等。然而，随着达芬奇19版本的更新，这种调整饱和度的方法逐渐被更为简便直接的色轮六矢量切片饱和度滑块所取代。

8.3 控制对比度

在影视后期调色领域，对比度是调整画面明暗层次、展现细节以及传递情感的关键参数，其重要性不言而喻。达芬奇凭借其专业性和多功能性，为调色师提供了丰富的对比度调整工具。本节将深入探讨达芬奇中的对比度调整原理，特别是"轴心"滑块的应用，并介绍如何通过精细调整来提高画面质感。

对比度，简而言之，即画面中明亮区域与阴暗区域之间的亮度差异。适宜的对比度能够增强画面的立体感和清晰度，使细节更加丰富，画面更加生动真实。然而，对比度过高或过低都可能导致细节丢失和色彩失真。在达芬奇中，对比度的调整直接作用于画面中每个像素的亮度值，通过改变明亮与阴暗部分的亮度范围，实现画面整体的平衡与和谐。

8.3.1 对比度与轴心滑块对比度控制

达芬奇在色轮上设置了两个"对比度"滑块，分别位于一级校色轮上方和 HDR 色轮下方。虽然两者在功能上没有本质区别，但它们的轴心默认位置不同，这使它们各自具有独特的调整特点。一级校色轮的轴心默认位置为 0.435，调整范围为 0~1，非常适合进行常规的对比度调整；而 HDR 色轮的轴心默认位置则为 0，调整范围扩展到 -6~6，提供了更为广泛的调整空间，特别适用于对对比度要求极高的场景。

当我们对一幅黑白渐变图像进行对比度增强操作时，可以明显观察到图像中的明暗对比被显著增强，具体表现为亮区变得更亮，暗区则进一步加深。调整前的黑白渐变图像如图 8-59 所示，其波形图如图 8-60 所示。在默认轴心（0.435）下提高对比度后，图像呈现亮面更亮、暗面更暗的效果，如图 8-61 和图 8-62 所示，此时的波形图也变成了 S 状曲线，如图 8-63 所示。

图 8-59

图 8-60

图 8-61

图 8-62

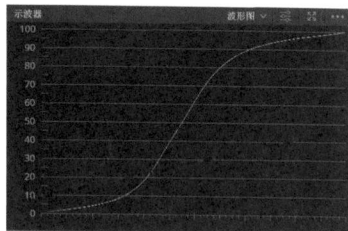

图 8-63

深入分析波形图，可以从图 8-64 中清晰地看到，画面亮度的提高始于红线右侧，而左侧则相应变暗。红线与对角线相交之处正是轴心所在的位置，它作为对比度调整的中性点，在调整过程中其曝光值保持不变。轴心右侧（即亮度高于轴心曝光值的部分）被视为亮部区域，其曝光将得到提高；而轴心左侧（亮度低于轴心曝光值的部分）则被视为暗部区域，其曝光将被降低。

进一步，如果在图 8-65 的波形图上绘制一条水平线，并将其与 3 条关键线的交点相连，然后延伸至左侧纵坐标轴（纵坐标以百分数表示），此时该交点所指示的数值恰好为当前轴心的具体值，即 43.5%。调整轴心的数值，如图 8-66 所示，将直接导致轴心在波形图上的位置左右移动，同时左侧纵坐标轴上的对应数值也随之变化，如图 8-67 所示。

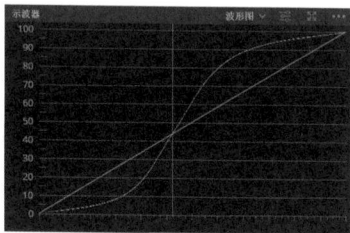

图 8-64

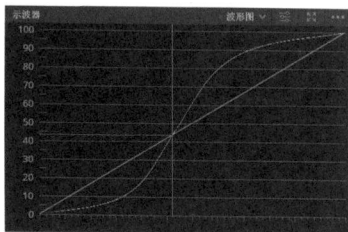

图 8-65

这种调整实质上改变了画面中对明暗区域的判定标准。相较于默认轴心值 0.435，提高轴心数值会缩小被判定为亮面的区域，从而在增强对比度的同时，使更少部分区域变得更亮，而更多部分区域则趋向暗部，整体画面在视觉上呈现对比度增强且整体偏暗的效果。反之，减小轴心数值则会产生相反的效果。例如，当轴心为 0.435 时，增加对比度之后的画面如图 8-68 所示；而当轴心为 0.600 时，增加对比度之后的画面如图 8-69 所示。

图8-66

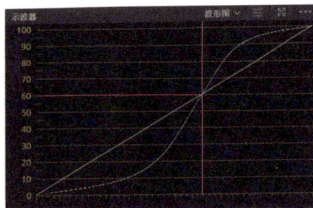

图8-67

图8-68

图8-69

此时，需要根据对画面内容的深入理解和审美判断来细致调整轴心的位置。通过增大轴心数值，可以缩小被认定为亮部的区域范围，这意味着在增强画面对比度的同时，调色师能够更精确地控制哪些区域应当变得更加明亮，哪些区域应当保持或加深其暗部特征。这种微调不仅有助于突出画面中的重点元素，还能有效避免过度曝光导致的细节丢失。相反，当需要强调画面的柔和过渡或扩大亮部区域时，减小轴心数值便成为有效的策略。这样做可以在不牺牲画面整体对比度的前提下，让更多的区域呈现明亮的视觉效果，从而营造出温馨、明亮或充满希望的画面氛围。

在调整对比度时，我们会遇到一个概念——S 曲线。当提高对比度时，波形图会呈现 S 形，导致画面对比度增强。这与使用自定义曲线进行 S 形状拉伸能得到完全相同的效果，如图 8-70 所示。然而值得注意的是，S 曲线的提高并非均匀变化，而是将中间部分的信息向两侧拉开并堆积在明暗两端，即黑色与白色位置。这种非均匀拓展虽能打造出特殊画面风格，但也可能导致暗部与亮部细节丢失，形成所谓的"死黑"或"过曝"。例如图 8-71，在增加对比度后出现了图 8-72 的情况：作为主体的人物还算不错，但左侧的树干以及背后的天空部分出现了"死黑"与"过曝"的情况，这一点在图 8-73 的直方图上也能看到信息都往上下两端汇聚。

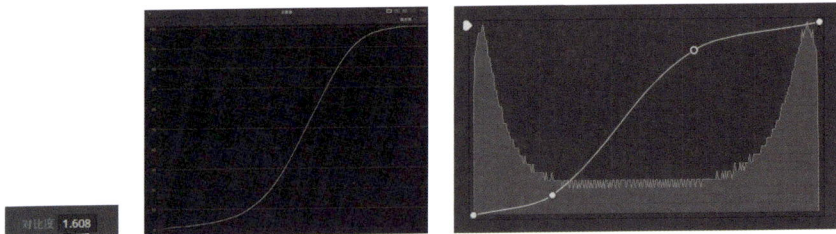

图8-70

图8-71

图8-72

图8-73

为解决这一问题，我们可以通过色轮或曲线工具独立调整高光与阴影，使黑色与白色的位置根据实际需求灵活变动，从而在保留画面细节的同时，实现对比度的线性增强，如图 8-74 所示。此外当画面中出现高光过曝时，可利用裁切工具，通过设定黑色与白色的阈值来避免信息丢失，并让画面更加柔和，实现图 8-75 所示的效果。

图 8-74

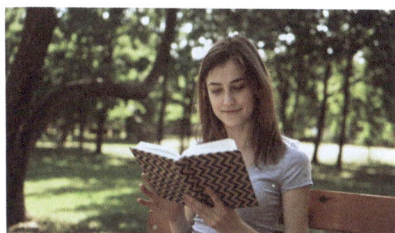

图 8-75

8.3.2　控制中间调对比度（左右左右对比度）

中间调对比度的控制对于塑造画面层次、增强视觉表现力具有至关重要的作用。达芬奇中的"左右左右对比度"调整方法，便是一种强化中间调对比的有效手段。

"左右左右对比度"是通过一级校色轮的 4 个色轮互相配合调整曝光，从而改变画面对比度的方法。具体操作步骤为：首先压暗偏移，接着提高亮部，再压暗中灰，最后提高暗部，如图 8-76 所示。这种方法能够实现中间调对比度的强化，与常规"对比度"滑块相比，它更加注重中间调区域的对比分布，从而使画面层次更加丰富，细节更加清晰。

图 8-76

在操作过程中，首先需要通过压暗偏移，使画面各部分信息相对等比例地降低曝光，如图 8-77 所示。随后，提高亮度，将中灰及高光部分的信息调整至合适的曝光范围，此时只需关注中灰及高光部分的信息即可，如图 8-78 所示。接着，压暗中灰部分，进一步拉开亮部与中灰之间的反差细节，如图 8-79 所示。最后，提高暗部，确保所有信息在往中间靠拢的同时，两侧既无过度堆砌也无信息丢失，如图 8-80 所示。

图 8-77

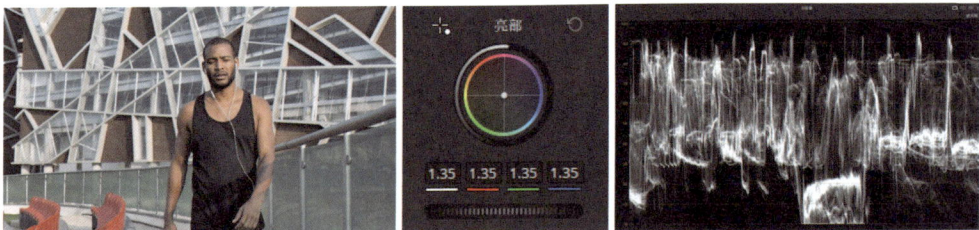

图 8-78

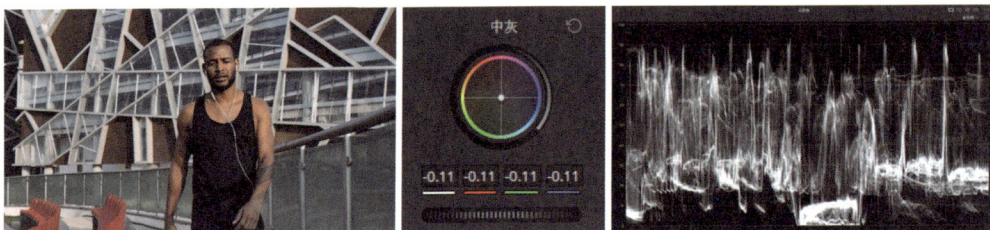

图 8-79

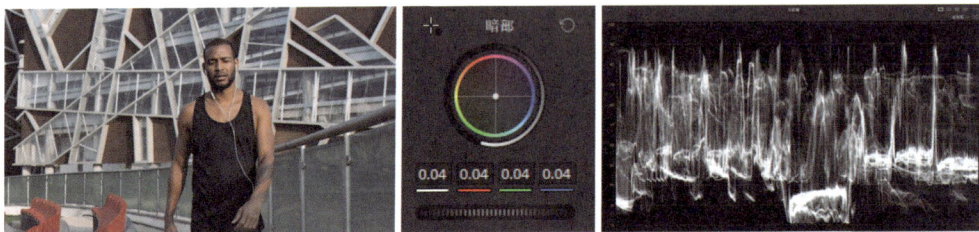

图 8-80

通过观察图 8-81 中的两图，可以发现，这样的调整方式使画面在保持高光与暗部变化不大的前提下，整体对比度得到了显著提高。"左右左右对比度"调整方法的核心优势在于其能够均匀地分布对比度，避免信息在亮部和暗部过多堆积，从而呈现更加自然、细腻的画面效果。这一方法特别适用于具有明显光影变化或需要强烈对比的素材，如风景、人物肖像等。通过精细调整，可以使画面中的光影层次更加分明，细节更加突出。

图 8-81

然而，对于画面较为平淡、光影变化不明显的素材，"左右左右对比度"调整方法可能并不适用。此外，在调整过程中，还需要注意避免细节被过度裁切，确保画面在保持对比度的同时，不失真、不过曝。

总之，中间调对比度的控制是调色过程中的重要环节。通过"左右左右对比度"调整方法，可以实现对中间调区域的精细控制，使画面层次更加丰富、细节更加清晰。在实际应用中，需要根据画面特点及调色需求进行灵活调整，以达到最佳的视觉效果。

8.3.3 控制柔和对比度（自定义曲线工具）

自定义曲线工具是达芬奇中的一项极为常用的功能，它赋予调色师通过调整曲线的形态和位置，对画面亮度、对比度等参数进行精细调控的能力。由于调色师在运用曲线时拥有极高的自由度，因此诞生了诸如柔和对比度曲线之类的工具，这些工具能够在保持画面对比度的同时，赋予其更加自然、柔的视觉效果。

要实现柔和对比度控制，首先需要单击自定义曲线工具上方的…按钮，并选择"可编辑的样条线"选项，如图 8-82 所示。选择该选项后，在曲线部分选择控制点（默认为黑白两端的点），便会出现可调节的控制柄，如图 8-83 所示。通过拖动这些控制柄，可以使曲线以柔和的方式弯曲。

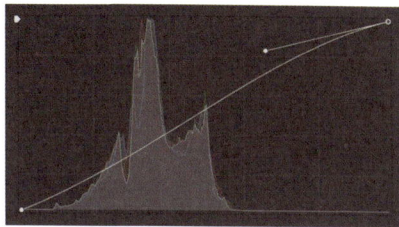

图 8-82　　　　　　　　　　　　　　　图 8-83

在调整过程中，必须小心避免过度弯曲曲线，以防画面失真或细节损失。同时，还应根据画面的实际状况，合理设置曝光的区域范围。通常，建议将高光部分限制在上方的 90% 区域内，暗部限制在下方的 10% 范围内，以确保画面在维持对比度的同时，不失真、不过曝，如图 8-84 所示。

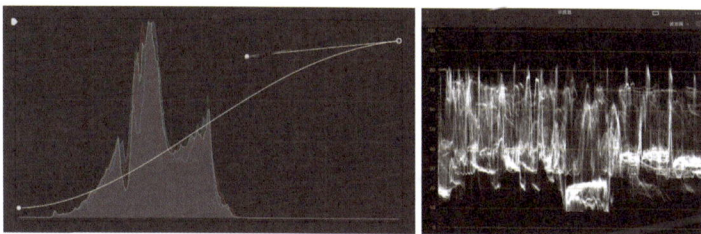

图 8-84

如图 8-85 所示的效果图，柔和对比度控制的优势在于其能够打造出更加自然、细腻的画面质感。通过精确调整曲线的形状和位置，可以使画面中的光影过渡更为平滑，细节更凸显。这种方法特别适用于需要保留原始质感和细节的场景，如人物肖像、风景等。

图 8-85

在实际操作中，我们需要注意一些技巧，例如，在调整曲线时，应确保画面中的细节未被裁切；对于已经过曝或"死黑"的素材，柔和对比度控制可能无法进行补救。此外，还应该根据画面的整体风格和情感表达需求进行灵活应用，以达到最佳的视觉效果。关于"左右左右对比度"与柔和对比度的具体运用技巧，将在后续的实操章节中详细讲解。

第9章
调色基础流程

本章将详细介绍达芬奇调色的基础操作流程。首先，从调色前的准备工作讲起，涉及新建项目、设定素材分辨率和输出帧率等关键步骤，为后续的调色工作打下坚实的基础。接下来，将进入调色的核心部分，即色彩空间的管理。在这一环节中，将重点讲解如何设置色彩科学、选择适当的色彩处理模式，并根据不同的操作系统配置输出色彩空间。一级校色与还原是调色流程的首要步骤，本章将深入剖析其原理和操作技巧。我们会探讨 LOG 素材与直出画面的差异化处理策略，例如输入色彩空间的还原、色彩空间的转换、还原 LUT 的应用，以及手动还原等方法，旨在确保素材能够准确地还原至正常状态，为后续调色工作奠定坚实基础。最后，还将阐述节点建立顺序与逻辑的重要性。通过分析 3 位职业调色师常用的节点结构，我们将帮助读者构建系统化、体系化的调色思维，从而提升调色的效率和准确性。

9.1 调色前的设置

打开达芬奇后，首先映入眼帘的是起始窗口，如图 9-1 所示。这个窗口作为进入创作世界的起点，引领着我们踏上视频编辑与调色的旅程。只需单击窗口右下角的"新建项目"按钮，即可迅速创建一个新项目，为后续的视频编辑与调色工作奠定坚实基础。

图9-1

在正式导入视频素材之前，需要明确几项关键设置，以确保项目的顺利进行。其中，素材的分辨率与输出帧率尤为关键。以图 9-2 所展示的素材组为例，这组素材采用了 3840×2160 的高分辨率，并且帧率设定为 119.88 帧 / 秒。因此，在导入这些素材之前，必须进行一项至关重要的设置。在界面的右下角可以找到设置选项，如图 9-3 所示。在这里，需要调整"时间线分辨率"，使其与素材的分辨率保持一致，同时，"时间线帧率"的设定则需根据影片最终导出的具体需求来确定，如图 9-4 所示，将"时间线帧率"设定为 60 帧 / 秒，这样既确保了播放的流畅性，又满足了特定输出格式的要求。通过这些细致的设置，为接下来的视频编辑与调色工作做好了充分的准备。

图9-2

图9-3

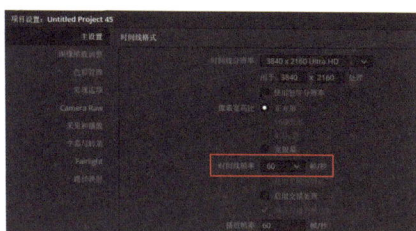
图9-4

9.1.1　视频的导入

接下来，可以在界面下方单击"媒体"按钮，如图 9-5 所示，然后在图 9-6 所示的界面左上角找到需要导入的素材。通过简单的拖曳操作，将所选素材移至下方的主面板。在此过程中，如果系统弹出询问是否更改项目帧率的对话框，如图 9-7 所示，那是因为时间线帧率与素材帧率不一致。由于我们已经根据输出需求设定了合适的时间线帧率，所以单击"不更改"按钮即可。至此，素材已成功导入达芬奇的媒体池中，用户可以在主控面板上清晰地查看到素材的详细信息，包括帧数、分辨率及帧率等，如图 9-8 所示，这为后续的高效管理提供了便利。

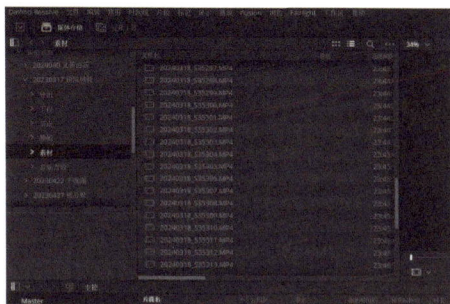

图9-5　　　　　　　　　　　　图9-6　　　　　　　　　　　　图9-7

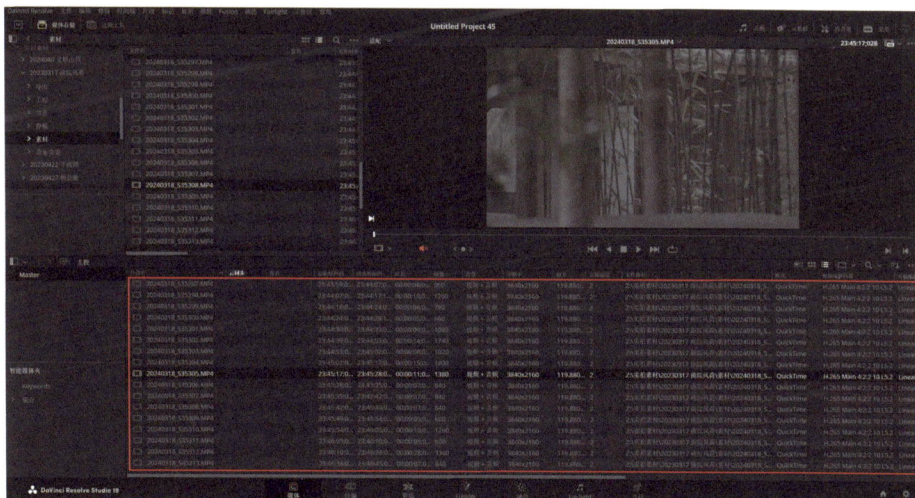
图9-8

此外，为了增加操作的灵活性，还可以选择直接将素材拖至"剪辑"面板的媒体池中，如图 9-9 所示。一旦素材被添加到媒体池，即可将其拖至时间线，从而开始后面的工作。

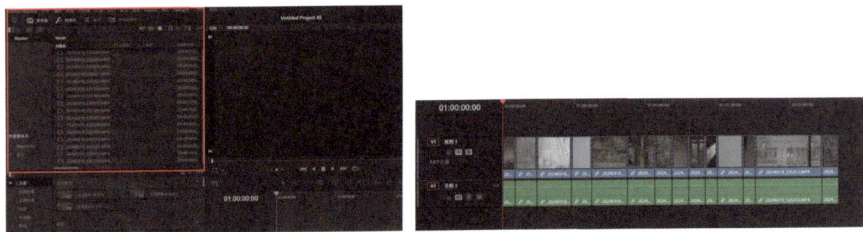

图9-9

9.1.2　色彩空间设置

在开始调色之前，需要妥善进行色彩空间管理。我们已了解到在更广阔的色域下进行调整的必要性，但具体该如何设置呢？我们再次打开设置面板，在"色彩科学"下拉列表中选择 DaVinci YRGB Color Managed 选项，并取消选中"自动色彩管理"复选框。接下来，在"色彩处理模式"下拉列表中选择 HDR DaVinci Wide Gamut Intermediate 选项。最后，设置"输出色彩空间"为 Rec.709。对于Windows 用户，Gamma 值可以选择 2.2 或 2.4；而 Mac 用户则需选择 Rec.709A，如图 9-10 所示。完成这些设置后，就可以确保色彩在整个调色过程中的准确性和一致性。

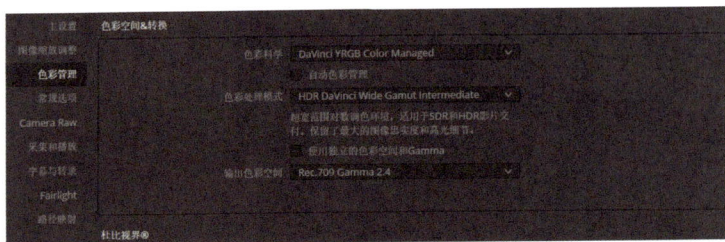

图9-10

9.2　一级校色与还原

在达芬奇调色流程中，一级校色与还原占据着举足轻重的地位。它们不仅为后续调色奠定坚实基础，更对最终画面的视觉效果和艺术表现力产生深远影响。在前期拍摄时，由于光线条件、摄像机设置等诸多因素，画面可能会出现曝光不当、白平衡偏差等问题，进而导致色彩失真。一级校色的核心任务正是纠正这些偏差，通过精细调整色温、色调、曝光等关键参数，使画面色彩恢复正常状态，为接下来的二级调色和细节优化奠定扎实基础。

此外，在一部完整的影片中，保持不同镜头之间画面风格的一致性至关重要，这有助于确保观众获得连贯的视觉体验。一级校色通过初步调整整体画面的色调、对比度和饱和度，有助于协调不同镜头间的视觉风格，从而提升影片的整体观感。优质的一级校色还能充分保留画面中的色彩信息，为二级调色阶段提供更丰富的操作空间和可能性。通过精确控制一级校色参数，可以确保画面中的色彩细节得到充分挖掘，使后续调色更加得心应手。

那么，为何一级校色与还原在调色流程中占据首要位置呢？原因在于，一级校色是整个调色过程的基石。只有当画面的曝光和色彩被校正到一个标准水平时，后续的二级调色和细节调整才能更为顺畅和高效。若忽略一级校色环节，直接进行更深入的调色工作，可能会发现许多画面问题难以得到根本性解决。这不仅会耗费大量时间和精力，还可能对最终画面的品质造成不良影响。因此，将一级校色置于调色流程的首位，是提升调色效率、确保调色质量的关键所在。

9.2.1　LOG 素材的一级校色与还原

在达芬奇中，将 LOG 素材从其原始的灰暗状态转变为色彩明亮、对比度适中的画面，是一项至关重要的工作。为了顺利完成这一转变，首先需要深刻了解为何 LOG 素材会呈现灰暗的外观。

LOG 模式，即对数模式（LOGarithmic Mode），是一种运用对数函数来记录视频信号的技术。与传统的摄像机传感器所采用的线性记录方式不同，LOG 模式通过非线性的方式处理曝光曲线，从而在高光区域和暗部细节上提供更为出色的表现力。这种记录方式使传感器能够全面利用其动态范围，捕获并保存更多的场景细节。然而，由于对数函数的特性，未经调整的 LOG 视频信号在视觉上往往显得灰度较高、对比度和饱和度较低。LOG 模式的核心优势在于，它为后期制作带来了极大的灵活性和调整余地。由于记录了大量的细节信息，调色师在后期处理中可以自如地调整画面的对比度、饱和度和色彩平衡等关键参数，从而达到理想的视觉效果。

1.输入色彩空间还原LOG灰片

在达芬奇中，色彩管理系统能够自动将画面还原至预设的输出色彩空间，但这一功能的实现前提是达芬奇能够准确识别所处理的素材类型。以图 9-11 为例，即便已经进行了色彩管理设置，画面有时仍可能呈现为灰片状态。为解决此问题，我们需要告知达芬奇该素材是由哪种摄像机以及使用哪些具体的 LOG 参数拍摄的，以便启用其自动还原灰片的功能。

图9-11

具体操作步骤如下：在"片段"面板中，选中相应的素材（或多个素材）并右击，在弹出的快捷菜单中选择"输入色彩空间"子菜单中的相应选项。例如，若素材是由 Sony 摄像机在 SLOG3 模式下拍摄的，则应选择 S-Gamut3/S-LOG3 选项，如图 9-12 所示。完成此操作后，达芬奇会自动将该片段从灰片状态还原至预设的输出色彩空间——Rec.709 gamma2.4。

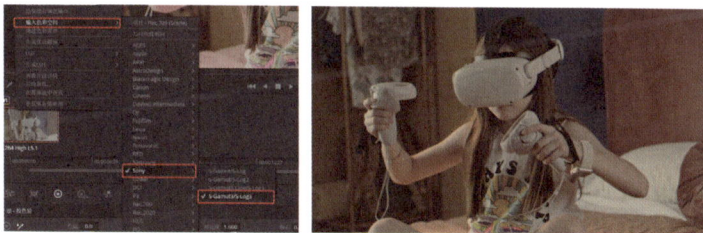

图9-12

值得注意的是，尽管我们将画面还原至 Rec.709 标准，但后续的所有调色操作并非在 Rec.709 色域内进行，而是在达芬奇的广色域色彩空间中完成。因此，调色师无须担忧宽容度被压缩的问题。

2.色彩空间转换还原LOG灰片

除了通过输入色彩空间自动还原灰片，手动进行色彩空间转换也是一种有效的还原方法。在"特效库"中，找到"色彩空间转换"工具，并将其拖至相应节点上，如图 9-13 所示。

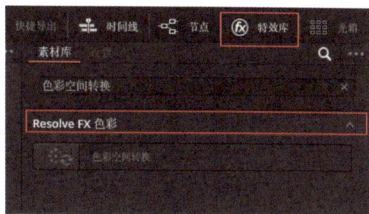

图9-13

在"色彩空间转换"面板中，手动设置"输入色彩空间"和"输入 Gamma"选项，以确保达芬奇能准确理解原始素材的色彩状态。同时，将"输出色彩空间"和"输出 Gamma"设置为与 Rec.709 标准相关的选项。完成这些设置后，灰片状态的画面将被成功还原为符合 Rec.709 标准的鲜艳画面，如图 9-14 所示。

图9-14

3.还原LUT还原LOG灰片

除了上述两种方法，我们还可以通过应用还原 LUT 来实现 LOG 素材的还原。各大摄像机厂商都会提供自家的还原 LUT，可以访问相应官网进行下载。

LUT（查找表）的使用方法相当简单。只需右击节点，在弹出的快捷菜单中选择 LUT 子菜单中相应的还原 LUT 选项即可。例如，对于本例中的素材，可以选择 Sony SLOG3 to Rec.709 选项还原 LUT。另外，也可以在"LUT 库"中直接找到对应的 LUT，并将其拖至节点上，实现相同的效果。通过这种方法，画面能够得到有效的还原，如图 9-15 所示。这种方法简便、快捷，特别适用于需要快速还原 LOG 素材的情况。

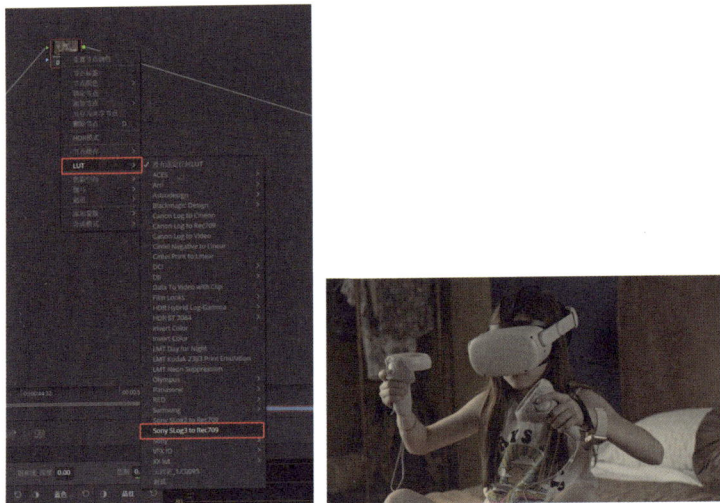

图9-15

4.手动还原LOG灰片

上述 3 种方法均依赖于达芬奇的自动调整功能来实现还原，这对素材本身的拍摄质量提出了较高要求。若拍摄时素材已存在曝光不当或颜色偏色严重的问题，则仍需要进行手动调整。因此，手动还原也成为一种重要的还原方法。

通过对比图 9-16 的波形图和图 9-17 的矢量图，可以清晰地看到，左侧为灰片状态，而右侧经过还原后的波形图（以输入色彩空间还原方法为例）则展现出曝光反差拉开、高光上移、暗部下沉以及中间调对比度增强的效果。同时，矢量图也显示出饱和度显著提升。因此，在手动还原过程中，我们只需针对曝光、对比度和饱和度这 3 个方面进行调整，便能获得与上述 3 种自动还原方法相近的画面效果。

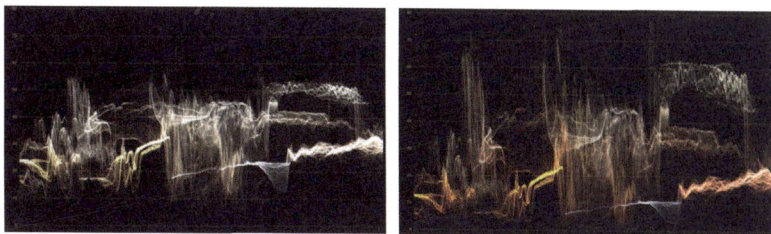

图9-16

图9-17

　　首先是曝光调整。我们可以选择使用色轮或曲线工具，如图 9-18 所示，将黑白两端调整至适宜的位置。这两种方法均能达到相同的效果，根据个人偏好选择其中一种即可。通过这样的调整，我们便能将曝光还原至理想水平，实现图 9-19 所示的效果。然而，与图 9-16 相比，尽管高光和暗部已接近理想状态，但中间调部分仍需进一步调整。因此，需要继续增加对比度，如图 9-20 所示。

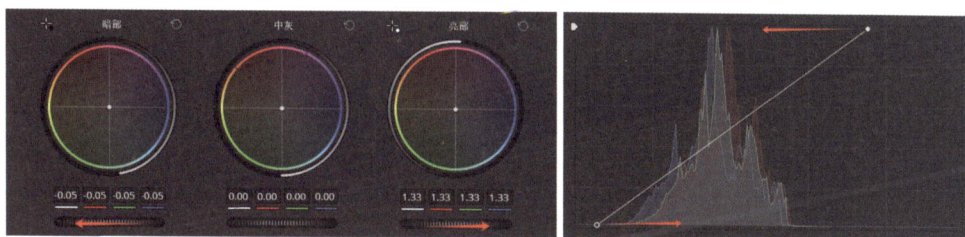

图9-18

图9-19

图9-20

在调整好曝光和对比度之后，只需为画面增加适当的饱和度，便能获得如图 9-21 所示的色彩鲜艳、对比度适中的画面效果。这一步骤能够显著提升画面的整体视觉效果，使其更加生动逼真。

图9-21

5. 4种还原方式的对比

肯定有不少人发现，达芬奇提供了多种还原方式，那么它们之间到底有什么区别，又该如何选择呢？

这些还原方式各有特点，选择哪种方式取决于具体的需求和素材情况。图 9-22 直观地展示了 4 种不同的还原结果。其中，图①的"输入色彩空间"与图④的"手动还原方式"所得的画面效果颇为相近。而图②的"色彩空间转换"在饱和度上表现出色，但在曝光与对比度上略显不足；图③的"还原 LUT"则面临饱和度欠缺的问题。这些差异源于各种方式独特的处理逻辑和设计目的。

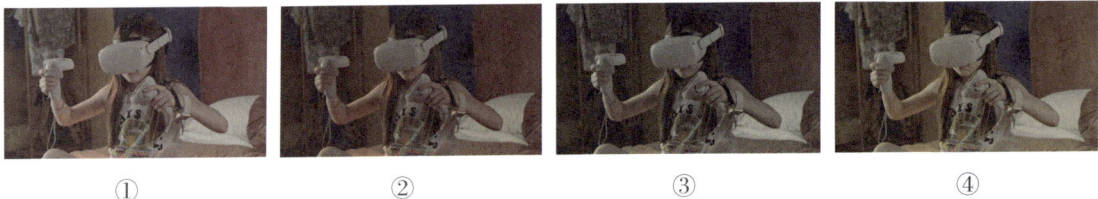

①   ②   ③   ④

图9-22

※ "输入色彩空间"调整是一种基于达芬奇智能解析与判断的机制，旨在最大限度释放素材的原有信息，同时保留 LOG 素材的宽广动态范围。这种方式相当于为画面施加了一层即时的还原效果，无论在哪个节点操作，均直接作用于原始素材，使用户能实时观察到调整结果。其优势在于操作的灵活性与直观性，适合追求高效且不愿牺牲素材原始特质的场景，推荐指数 3 颗星。

※ "色彩空间转换"则是通过达芬奇的映射技术，对素材的曝光与饱和度进行精细调整，以确保画面还原的安全性与准确性。在处理 LOG 或 RAW 格式素材时，这些格式能捕捉的亮度信息远超普通 HDR 显示器的显示极限。达芬奇的色调映射技术巧妙地将超出显示范围的部分柔和过渡至可显示范围内，特别适用于多格式素材混编的环境，能统一不同素材的曝光压缩，使调色更加统一。由于该方式将 LOG 素材转换为 Rec.709 标准，并结合达芬奇节点的继承特性，后续操作均在 Rec.709 环境下进行。一般来讲，我们会在最后一个节点上设置色彩空间转换的效果（前提是已经做好了达芬奇广色域的色彩设置，如图 9-23 所示）。这种方式推荐指数 4 颗星。

图9-23

※ "还原 LUT"本质上是一种预设的参数集合，允许用户通过预设值快速调整 LOG 素材的曝光、对比度及饱和度。尽管在其他软件中，这种"一键调整"功能极为便捷，但在达芬奇中，其灵活性有所限制。一旦应用 LUT，后续操作同样受限于 Rec.709 环境。此外，市场上 LUT 种类繁多，除官方提供的 LUT 外，还有许多由个人调色师创建的具有个人风格的还原 LUT。这对于新手而言，增加了选择与判断的难度。因此，这种方式推荐指数为 2 颗星。

※ "手动还原"则强调对画面原始状态的超越。相较于前 3 种自动还原方式，手动还原不依赖于原始画面的完美状态。即使面对过曝或欠曝等问题，也能通过熟练掌握的技巧，在示波器辅助下进

行精确调整，实现更为科学、可控的还原效果。此方式不仅提高了对前期拍摄瑕疵的容忍度，还大大增强了调色的灵活性与深度，是追求极致画面质量的优选。这种方式推荐指数5颗星。

综上所述，达芬奇提供的多种还原方式各有优势，用户应根据项目需求、素材特性及个人偏好灵活选择最适合的还原策略。

9.2.2　直出画面的一级校色与还原

在视频制作过程中，由于拍摄条件的限制，我们并不总能捕获到高品质的LOG模式或RAW格式素材。在这种情况下，通常会选择使用Rec.709标准的画面。然而，Rec.709画面受限于摄像机内置的色彩模式、处理算法以及Rec.709色彩空间自身的特性，其色彩展现和动态范围都较为有限。

在多变的光线环境下，Rec.709画面可能难以精确地捕捉并还原真实的色彩与亮度细节，特别是在高光和阴影区域。再者，由于Rec.709画面在拍摄时就已完成了色彩校正等处理，因此给后期制作留下的调整空间相对较小，这在一定程度上束缚了创作者进行个性化创意调整的手脚。尽管如此，Rec.709画面因其便捷性和直观性，在需要快速制作和分享视频的场合仍具有独特的优势。

相比之下，LOG素材因其广阔的动态范围和丰富的色彩层次而受到青睐。它能够记录更多的图像信息，包括高光与阴影部分的细腻细节，从而为后期制作提供了极大的灵活性。利用LOG素材，调色师可以在后期自由地调整画面的亮度、对比度和色彩，以达到更加精确且富有创意的视觉效果。此外，LOG素材对拍摄环境的要求并不严苛，即使在光线不佳的条件下，也能通过后期处理获得令人满意的画面。

因此，尽管直出画面在某些场合可能已足够使用，但在追求高品质视频输出和后期创意性调整的场景中，LOG素材显然更具优势和潜力。它不仅能提供更为丰富的画面信息，还能为创作者带来更广阔的后期处理空间，有助于实现更为卓越的视觉效果。

1. 曝光错误的画面

然而，Rec.709画面并非无法进行后期调色。通过一级校色与还原，我们同样可以对Rec.709画面进行恰当的优化，为后续的精细化调整奠定基础。以图9-24为例，该画面明暗反差极大，左侧室外部分过曝严重，而室内则显得非常昏暗。这样的画面可读性极差，且对于调色师而言，调整空间极为有限。

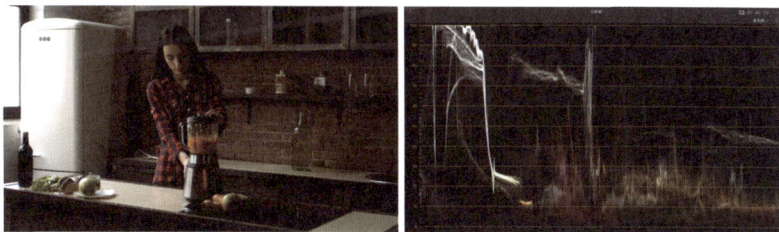

图9-24

调色的核心在于强化画面中的关键部分，同时弱化次要部分。针对此画面，我们需要解决的主要问题是曝光不均。具体而言，我们需要提高暗部曝光，同时降低高光部分的曝光，以增加画面的可读性。从波形图来看，高光部分已完全碰顶，甚至部分信息已被切切，无法挽回。但暗部信息尚未明显裁切，因此可以略微提高一级校色轮中"暗部"色轮的曝光，并适当降低"亮部"色轮的曝光进行尝试性调整，如图9-25所示。

经过图9-25所示的调整操作后，我们得到了如图9-26所示的效果。画面中的主要内容已恢复细节，室内信息清晰可见。从波形图来看，暗部提高并未带出被裁切的信息，这是理想的结果。然而，左上角高光部分在降低亮度色轮曝光时，裁切部分被显现，说明该过曝部分已无法挽救。尽管如此，我们的调整仍在很大程度上为后续处理提供了更大的空间。对于左上角的高光部分，我们选择舍弃，保持其过曝状态。

若强行降低该部分曝光，则会导致如图 9-27 所示的情况：高光部分不仅未恢复细节，反而变得不通透，产生灰度感，这是不合理的还原。

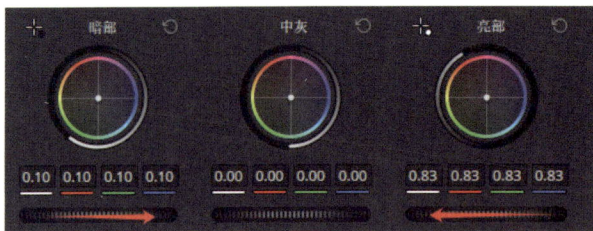

图9-25

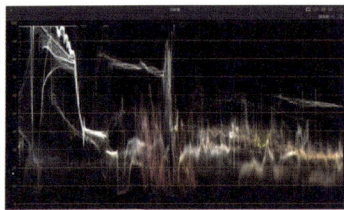

图9-26　　　　　　　　　　　　　　　　　　　　图9-27

对于 Rec.709 画面的还原，我们遵循两个原则：一是尽可能找回画面细节，为后续的精细化调色做好准备；二是在合理的前提下，对于无法找回细节的部分，选择牺牲该部分信息。针对此画面而言，室内外光比悬殊，因此保证占比最大且主体所处的室内画面清晰可见是首要任务。同时，室外部分的过曝在合理范围内，因此不必过分强求。此外，这里提及的 Rec.709 画面不仅包含我们自己拍摄的 Rec.709 素材，还包括剪辑工作中大量使用的网络素材。这些网络素材经过压缩处理，因此在前期还原工作中需更加谨慎，以确保全片风格的统一。

2.白平衡不正确的画面

素材问题通常是综合且难以预测的，曝光问题是最直观也是最常见的，但白平衡问题也同样不容忽视。如图 9-28 所示，这个画面就存在综合性问题：人物所处位置曝光不足，右上角的天空过曝且显得灰暗。在这样一个晴天的场景中，整体颜色却偏绿偏蓝。这些都是我们需要调整的内容。

无论是在一级校色与还原阶段，还是在精细化调整阶段，我们都应遵循先调光再调色的原则。针对曝光问题，由于画面整体曝光不足，我们可以直接提高"偏移"值，从而整体提升曝光，得到如图 9-29 所示相对合理的曝光画面。

图9-28　　　　　　　　　　　　　　　　　　　　图9-29

然而，颜色问题仍未得到解决。如前所述，在晴天拍摄的画面中，整体色调应该偏暖以体现阳光的质感。但目前画面偏绿偏蓝，因此需要调整负责蓝黄变化的"色温"滑块以及品绿变化的"色调"滑块。具体来说，我们将色温向黄色方向调整，将色调向品色方向移动，如图 9-30 所示。这样就得到了一个合理且和谐的画面，成功解决了这个 Rec.709 素材的问题。

图9-30

从上述两个例子可以看出，一级校色与还原对于 Rec.709 直出画面而言具有至关重要的意义。由于 Rec.709 画面是摄像机根据 Rec.709 色彩空间标准直接拍摄并即时处理的视频输出，其色彩表现和动态范围受到摄像机内置色彩模式、处理算法以及 Rec.709 色彩空间本身特性的限制。因此，在实际拍摄中，Rec.709 画面可能会遇到曝光不准确、白平衡偏移等问题，导致画面色彩和亮度与真实场景存在偏差。

一级校色与还原的作用在于通过对 Rec.709 画面进行初步且精细的调整，尽可能地恢复画面的真实色彩和亮度，从而提高画面的可读性和观赏性，以还原画面的真实效果。通过一级校色与还原，我们可以有效提升 Rec.709 画面的质量，使其更加贴近真实场景的效果。这不仅有助于提高观众的观看体验，也为后续的精细化调色和剪辑工作奠定了更好的基础。

9.3　节点建立顺序与逻辑

在调色流程中，节点建立顺序的重要性不言而喻，它直接关乎调色流程的条理清晰度和调色师的工作效率。合理的节点布局能让调色步骤一目了然，便于调色师快速定位和调整特定环节，尤其在处理包含多个片段的项目时，其优势更加明显。相反，如果节点顺序混乱无序，可能会增加调色的难度和复杂性，进而加重调色师的工作负担，提高时间成本。在需要频繁切换不同片段以确保整体色调和谐统一的情况下，缺乏合理的节点顺序将严重影响微调的效率。

每位调色师都有自己独特的节点建立顺序，这背后实际上体现了他们的调色逻辑。因此，构建一个系统化、有条理的节点组合顺序，对于快速形成清晰的调色思路至关重要。接下来，将深入剖析 3 位职业调色师常用的节点建立顺序，并详细探讨它们的特点、优势以及劣势。

9.3.1　自定义节点逻辑

第一种节点结构以色彩空间管理为核心进行调整。首先，如图 9-31 所示，创建 4 个串行节点：首先是降噪节点，其位置最靠前，目的是在保留更多细节的同时优化降噪效果；接下来是校正节点，主要负责曝光对比和白平衡的精确调整，为后续调色工作奠定坚实基础；第三个节点专注于饱和度调整，由于饱和度调整可能涉及 HSV、LAB 等多种方式，这些操作会改变节点的色彩空间，因此单独设立此节点，以避免对其他调色工具效果的影响；最后一个节点用于着色，根据画面需求强化或改变颜色，确保后续风格化调整的顺利进行。这 4 个节点能够满足画面的初步意向调整，特别是着色节点，通过提前设定画面颜色倾向，有助于导演或客户提前把握调色方向，从而规避方向性错误。

在此基础架构上，于第 4 个节点下增设并行节点，专门用于肤色保护，以保证肤色选区在风格化处理中不受影响，同时又能与场景的整体风格和谐相融。随后，再新增 4 个串行节点，依次命名为曝光分级、颜色分级、影调和定调，并遵循总分总的结构布局进行整体安排，如图 9-32 所示。

图9-31

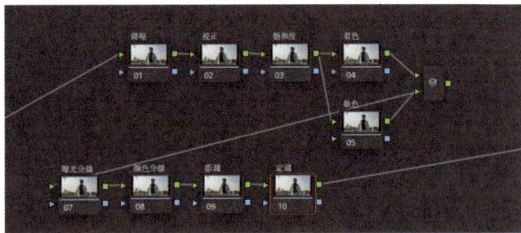

图9-32

这种结构的优势显而易见：降噪节点的前置处理最大化地保留了图像细节；校正节点的精确还原为后续调整提供了可靠基准；饱和度节点的独立设置实现了对色彩更为精细的掌控；而着色节点则能灵活应对画面颜色的各种需求。同时，该结构严格遵循先调光后调色的原则，确保调色工作能在稳定的素描关系基础上进行，从而有效避免因光影变动而导致的调色失误。

在着色节点中，我们根据画面需求灵活调整色彩，例如通过 RGB 混合器实现特定的色调效果。肤色校正节点则利用了并行节点的特性，既保护了肤色选区的自然真实，又使其与场景的整体风格相得益彰。曝光分级节点和颜色分级节点分别负责 LUT 的应用、曝光的精细调整以及颜色的风格化处理。这些操作可以通过新建多个串行或并行节点来实现更为灵活的控制，而在此仅以单个节点展示调整流程。影调节点用于全局性的调整，如通过曲线或色轮增加画面的对比度等。最后，定调节点作为整个流程的收尾，根据画面的最终呈现需求进行自定义调整。

值得一提的是，在整个调色流程中，我们一直强调先调光后调色的重要性。这是因为达芬奇的许多调色工具，如一级校色轮与 HDR 色轮等，都是基于曝光进行分区调整的。如果在未确立好影调素描关系的情况下，错误地将调光节点置于调色节点之后，那么先前的调色节点将无法随着素描关系的变动而自适应调整。例如，如果我们期望画面中的高光部分偏向暖色调，而暗部偏向冷色调，在未确定光影关系前便进行色彩调整，那么后续对光影的任何改动都可能导致色彩分布的失衡。因此，在达芬奇调色中，严格遵循先调光后调色的原则至关重要，它确保了调色工作能在稳定的素描关系基础上顺利进行。

9.3.2　并行节点逻辑

接下来介绍第二种节点构造，它同样以色彩空间管理为核心进行调整，但与第一种结构在风格化处理方式上有所不同。首先，依然是创建 3 个串行节点，但各个节点的职责有所调整。如图 9-33 所示，它们依次为降噪、校正、饱和度与肤色。

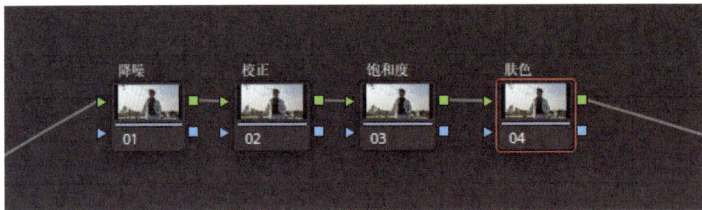

图9-33

在创建了前 3 个节点之后，在 04 号位置建立一个并行节点，并将 06 号节点与 03 号节点的连接断开。然后，从左侧素材源方块上拉一根线连接到 06 号节点，如图 9-34 所示。这种结构的特色在于，第二排的风格化处理直接连接到原始素材，与一级校色流程并行。因此，风格化操作是对原始素材（即灰片）进行调整。这使在曝光区域的识别上，第二种结构与第一种结构存在差异。在调色过程中，采用这种结构可以确保一级校色的调整不影响风格化操作，从而为调色师提供了更大的灵活性。至于剩余的节点逻辑与各自负责的板块，则与第一种结构保持一致，如图 9-35 所示。

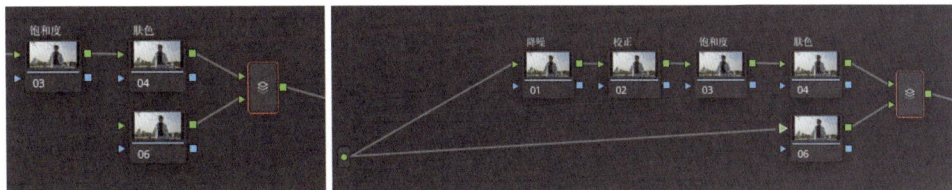

图9-34

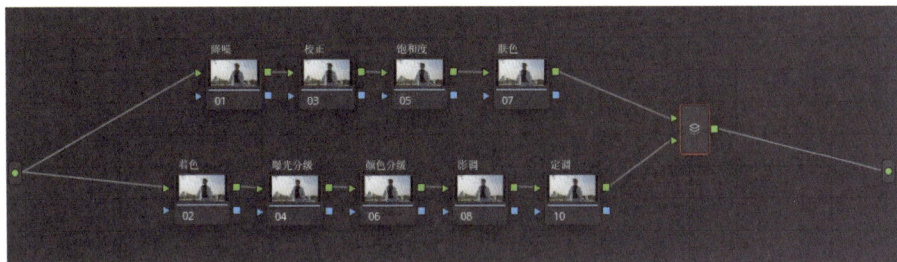

图9-35

9.3.3 色彩空间转换节点逻辑

最后，介绍第三种节点结构，它以色彩空间转换作为还原的基础。在这种结构中，降噪依然是第一个节点。然而，在第二个节点中增加了色彩空间转换的步骤，将素材从原有的色彩空间转换至达芬奇的广色域。这个节点被命名为 IDT，如图 9-36 所示。紧接着，在 IDT 节点之后，再建立一个名为 ODT 的节点，同样需要进行色彩空间转换，但这次是将素材从达芬奇的广色域转换回输出的 Rec.709 色彩空间，如图9-37所示。通过这样的设置，我们便能够在 IDT 和 ODT 节点之间充分利用达芬奇广色域环境对素材进行精细调整。

图9-36

图9-37

在进行具体调整时，需要将原本位于第三个位置的节点移至最后，并在 IDT 和 ODT 节点之间建立所需的调整节点，如图 9-38 所示。这样的调整顺序能确保我们在广色域中进行色彩调整后，再将其转换回标准色彩空间进行输出，从而保持色彩的一致性和准确性。

169

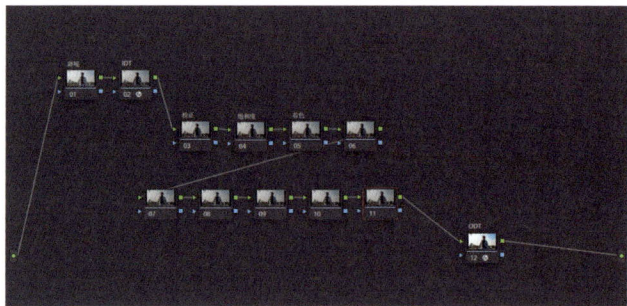

图9-38

这3种节点结构各有优势。第一种节点结构适用于拍摄条件复杂、摄像机种类多样的项目。通过手动调整一级校色，可以使不同摄像机拍摄的镜头片段在色彩上达到统一，为后续的风格化调整提供便利。第二种节点结构则更适用于前期拍摄布光和场景搭建都较为完善的项目。在这种情况下，一级校色与还原的工作量相对较小，而风格化调整则更多的是强化和突出已有的视觉元素，而非创造新的色彩或光影效果。第三种节点结构则适用于摄像机种类较少、素材一致性较高的场景。

总的来说，这3种节点结构提供了不同的调色思考路径，旨在帮助大家根据具体项目需求选择最合适的调色策略。在实际操作中，也可以根据项目的实际情况对节点的位置和顺序进行微调，以达到最佳的调色效果。

第10章
局部精细化调整

本章将深入介绍达芬奇在视频调色领域的局部精细化调整技巧，主要聚焦于曝光调整、风格化颜色处理以及肤色调整这3大核心内容。曝光是视频画面的基石，其精细调整对于提升画面品质和视觉冲击力具有举足轻重的作用。我们将深入探讨曝光与影调之间的内在联系，并展示如何通过自定义分区来精准调整曝光，从而使画面元素得到恰如其分的展现。

在风格化颜色调整方面，这是为影片赋予独特视觉魅力和艺术格调的关键环节。特别是画面染色技术，它能够显著增强画面的情感表达和视觉吸引力。我们将详细介绍画面染色的各种技巧，涵盖青橙色调等流行风格的实现方法，助你打造独具匠心的视觉作品。

此外，肤色调整也是视频制作中不可或缺的一环。肤色的准确性和自然度直接影响着观众对画面的整体感受。因此，本章还将着重讲解肤色调整的专业技法和巧妙思路，包括肤色指示线的灵活运用以及肤色还原的实用策略，确保你的作品在肤色呈现上既自然又不失真实。

通过学习本章内容，你将能够全面掌握达芬奇在视频调色中的局部精细化调整方法，进而提升视频制作的艺术表现力和专业水准。

10.1 曝光的精细化调整方法

本节将深入探讨曝光精细化调整的方法，并阐述其在视频制作中的重要性，同时剖析曝光与影调之间的紧密联系。曝光是构成视频画面的核心要素之一，对其进行精细化调整对于提升整体画面质量和增强视觉冲击力具有至关重要的作用。借助达芬奇等专业的调色软件，我们能够实现对分区曝光的精准操控，从而确保画面中各个元素得以恰当且精准地呈现。

在本节中，将详细介绍如何通过自定义分区来调整曝光的方法。通过具体且生动的案例，展示如何利用软件工具对画面进行细致入微的曝光调整，以达到优化画面效果的目的。同时，我们也会深入探讨曝光与影调之间的相互关系，分析在不同天气条件和时间段下影调的具体表现，并介绍在调色过程中如何恢复和保持正确的影调关系，使最终的画面能够更加真实地还原拍摄现场的氛围和情绪。

10.1.1 自定义分区调整曝光

本节效果与节点预览如图10-1所示。

图10-1

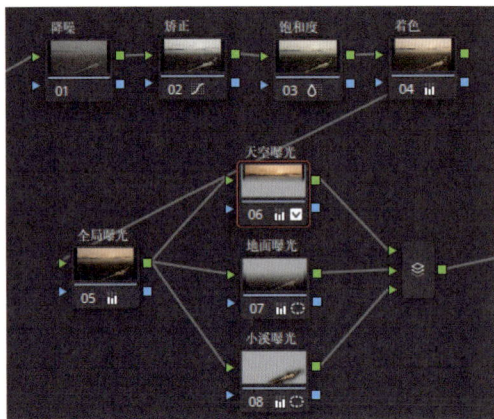

图10-1（续）

　　曝光是视频画面情绪表达、故事叙述、结构分层及主体强化的核心手段，其重要性显而易见。恰当的曝光不仅能准确传递画面信息，更能增强视觉冲击力，提升观众的观看体验。在视频制作中，尤其是在使用达芬奇等专业调色软件时，精细调整分区曝光至关重要。通过精准的曝光控制，可确保画面中每个元素都得到合适的展现，从而构建出层次分明、主体突出的视觉效果。

　　以图 10-2 为例，该图为一个采用 LOG 模式拍摄的航拍灰片。从画面中可以看出，这是一个逆光拍摄的镜头，远方明亮的太阳高悬，太阳下方雾气缭绕的山脉若隐若现，而近处则是内容丰富的地面景观，包括葱绿的草地和潺潺的小溪。这个画面的构图和内容层次非常鲜明，但若不进行恰当的分区曝光调整，便可能导致画面主体不突出，层次感模糊。

图10-2

　　为了还原并优化这个画面，需要先对其进行基础还原。具体操作为：新建 3 个串行节点，第一个节点预留作降噪处理（即便不进行降噪操作，也建议保留此节点以备后用；若无须降噪，可将该节点空置）。在第二个节点中，将高光调至 90% 左右，暗部调至 10% 左右，以还原画面的曝光，如图 10-3 所示。这组参数对于晴天拍摄的画面而言较为通用，但具体还需根据画面实际情况灵活调整。经过这样的处理，我们得到了如图 10-4 所示的画面，其整体对比度已较为适宜，因此无须进一步调整"对比度"参数。

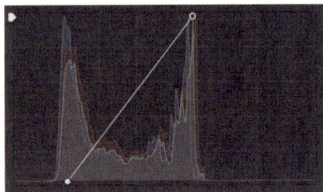

图10-3

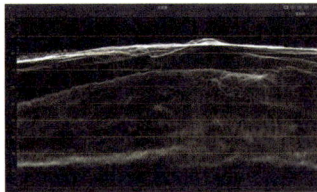

图10-4

　　接下来，为提高画面色彩饱和度，我们在第三个节点中运用"色轮六矢量切片"工具来增加饱和度，操作如图 10-5 所示。考虑到这是一个夕阳画面，整体亮度偏低，因此在提升饱和度的同时需适当降低曝光度，以防画面产生刺眼的荧光感。经过这样的调整，我们得到了一幅色彩更为丰富且更贴近夕阳质感的画面，如图 10-6 所示。

　　若感觉画面色彩仍不足以体现夕阳的特质，可以在第四个着色节点上为画面增添一丝暖色调。具体方法是调整色温和色调的组合：将色温向黄色方向微调，色调则向品红色方向微调，如图 10-7 所示。这样的调整可以为画面注入一抹暖红色彩，使其更加符合夕阳的温暖氛围，效果如图 10-8 所示。

图 10-5　　　　　　　　　　　　　　　　　　　　图 10-6

图 10-7　　　　　　　　　　　　　图 10-8

　　完成一级校色与还原后，节点配置如图 10-9 所示。为了进一步提升画面的夕阳氛围，需要进行更深入的调整。夕阳后即是夜幕降临，这时未被光线照射的部分应呈现较深的暗调。然而，在当前画面中，全局曝光偏高，这是需要首先调整的地方。同时，无论是人像还是风光画面，明确画面主体或做好视觉引导都至关重要。视频是动态内容，若画面表达不清晰，将增加观众的解读难度。

图 10-9

　　为解决这两个问题，我们进行了精细化调整。首先，新建了 3 个串行节点，并将它们放置在第二排。在第五个节点中，针对全局曝光进行了调整。由于画面整体偏亮，降低了地面的亮度，同时保持夕阳天空的亮度不变。通过观察波形图，如图 10-10 所示，我们确定了地面曝光的调整范围在 10%~50%，因此适当降低了"中灰"色轮的曝光度，如图 10-11 所示。在进行任何曝光调整时，我们都需密切关注波形图，确保高光不溢出，暗部不丢失细节。这样调整后，画面更加贴近夕阳的氛围，如图 10-12 所示。

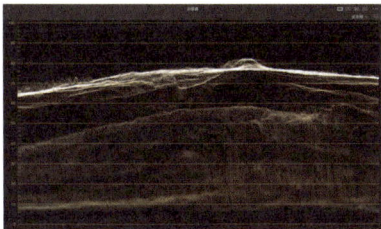
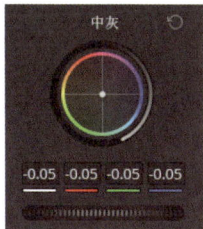

图 10-10　　　　　　　　　　　　图 10-11　　　　　　　　　　　　图 10-12

　　然而，夕阳的天空层次丰富，我们需要进一步强调这一点。为了单独调整天空，在第五个节点完成全局调整的基础上，在第六个节点为天空创建了遮罩，如图 10-13 所示，并增加了对比度，如图 10-14 所示。对比度的提升可能会在一定程度上增加饱和度，因此若感觉天空部分饱和度过高，可适当降低饱和度滑块。经过这样的调整，我们获得了天空层次更加丰富的画面，如图 10-15 所示。

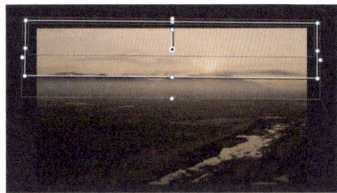 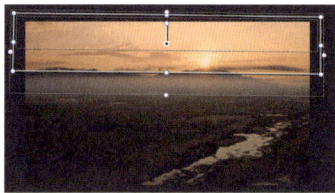 

图10-13 　　　　　　　　　　　图10-14 　　　　　　　　　　　图10-15

接下来，利用局部调整工具——遮罩来强化天空的反差。同时，考虑到夕阳的光衰减效应显著，我们对远离太阳的地面部分进行了适当调整。为了模拟光衰减情况，降低了这部分的饱和度和亮度。降低亮度是显而易见的，但为何要降低饱和度呢？因为画面中的所有暖色调均源自太阳的照射，因此除了曝光需要衰减外，颜色也需要相应调整。

在第六个节点上，建立了一个并行节点，并在此并行节点（即第七个节点）上从下往上创建了一个渐变遮罩。随后，降低了该区域的曝光度。此时需要注意，我们降低的是由太阳照射产生的高光部分，因此最好调整"亮部"色轮以减少太阳照射的影响，而非"中灰"或"暗部"色轮。因为不当的调整不仅无法有效去除高光，还可能导致暗部过于黑暗而丢失细节。同时，我们再稍微降低了饱和度，如图10-16所示。经过这样的调整，我们得到了如图10-17所示的效果。与图10-15相比，地面部分的关注度有所降低，明暗反差更为显著，画面立体感更强。

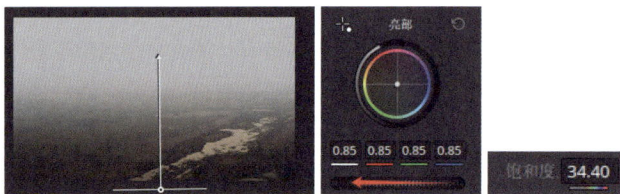 

图10-16 　　　　　　　　　　　　　　　　图10-17

最后，为了提升画面的趣味性和视觉呼应，对地面的小溪进行了提亮处理，如图10-18所示。再次建立了一个并行节点，为小溪绘制了遮罩并加大了柔化效果。随后，略微增加了该区域的"亮部"色轮曝光度（原因与上一步调整曝光的逻辑相同）。经过这样的调整，画面整体的视觉效果更引人入胜，如图10-19所示。与原图相比，可以明显看出我们的画面调整更为精准和适宜。

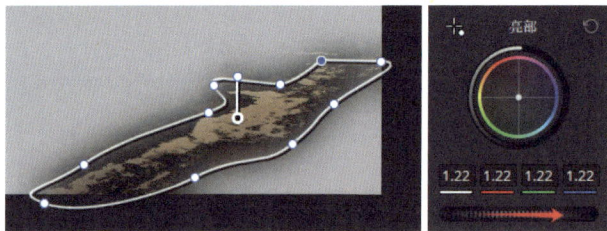

图10-18

图10-19

本例详细展示了一个完整的曝光分区调整流程。通过精细的曝光控制，我们成功地还原并提升了画面效果，确保画面中的每个元素都得到了恰到好处的展现。同时，我们还借助遮罩等局部调整工具对画面进行了更深入的优化，使画面更加贴近夕阳的质感并呈现出丰富的层次感。尽管调整工作尚未完结，还可以继续对画面的色彩进行精细化调整，但从曝光分区的角度来看，已经取得了显著的效果。本例不仅凸显了曝光调整在视频制作中的关键作用，也展示了达芬奇在曝光调整方面的卓越性能。调整后的节点配置如图 10-20 所示。

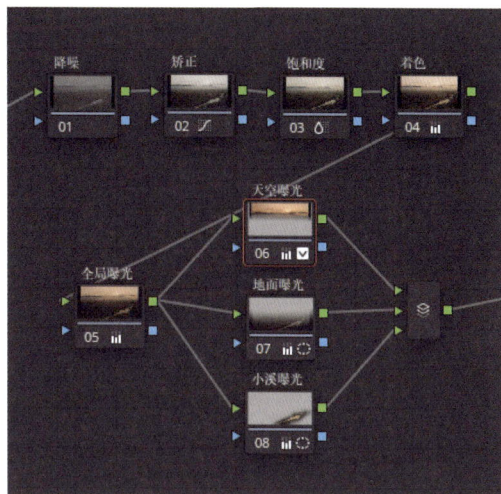

图10-20

10.1.2　曝光与影调的关系

影调，也被称为"照片的基调"或"调子"，是构成照片视觉层次的核心要素。它涵盖了从最耀眼的高光到最深邃的阴影之间的所有明暗变化，不仅塑造了摄影作品的视觉美感，更是传达情感和营造氛围的关键。在摄影中，曝光量是调控影调高低的重要因素，它直接决定了影片的明亮或暗沉程度。当感光度保持不变时，增加曝光量会使影调趋向于高调，展现出明亮轻快的特质；反之，减少曝光量则使影调偏向低调，营造出神秘压抑的氛围。因此，摄像师通过精确调整曝光量，能够控制影片的明暗分布，并表达其独特的创作意图。在后期制作中，调色师也可以通过细致的调整，进一步优化画面的影调效果。

不同的影调风格能够激发不同的情感共鸣。高调影片以其明亮柔和的特点，常用于表现欢快的场景，给人轻松愉悦的感觉，如图 10-21 所示；而低调影片则以其深沉内敛的特点，擅长描绘庄重忧郁的氛围，引人深思，如图 10-22 所示。至于中间调，它巧妙地平衡了高调与低调，使画面层次丰富、细节细腻，更加立体饱满，如图 10-23 所示。

图10-21

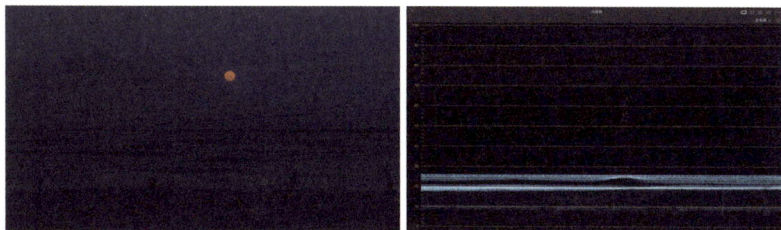

图10-22

图 10-23

在后期调色流程中，影调关系的调整与轴心的判断密切相关。轴心的位置会影响对比度的调整效果。例如，如果将轴心放在中间调偏暗部（如轴心位置为 0.300）然后增加对比度，整体画面会因为轴心的设定而增大提亮部分，从而更符合明亮的场景，如晴天的正午。相反，如果轴心放在中间调偏亮部（如轴心位置为 0.700）然后增加对比度，则会因为轴心的设定而增大压暗部分，更符合整体曝光下降的画面，如晴天的下午至傍晚。

不同天气和时间段的拍摄内容会呈现完全不同的影调效果。在一级校色与还原阶段，我们的目标是将画面还原为符合拍摄时影调关系的正确画面。为了实现这一点，需要明确不同天气下的光比区别。例如，在晴天，阳光强烈且直接，光比大，画面具有鲜明的立体感和层次感；而在阴天，没有直射阳光，光比极小或几乎没有，画面柔和。同样，不同的时间段如清晨、上午、正午和傍晚也会有不同的影调表现。

在晴天，阳光强烈且直接，因此光比通常较大。直射的阳光会照亮物体的受光面，而天空散射光和地面反光则负责照明物体的背光面。这种强烈的对比赋予了画面鲜明的立体感和层次感。在多云的天气条件下，阳光经过云层的散射作用，光线变得更为柔和，从而减小了光比。这种"假阴天"的效果非常适合拍摄人像，因为它可以柔化光线，减少面部的阴影，使皮肤显得更加柔和。在阴天，由于没有直射阳光，天空散射光会均匀地照明物体，因此光比极小，甚至几乎没有光比。此时，只有物体面向天空的一侧会被照亮，而其他部分则相对较暗。在雨天，光照强度会进一步降低，同时雨滴对光线的散射作用也会导致光比相对较小。

除了天气条件，不同的时间段也会影响影调表现。在清晨，阳光通常较为柔和，且色温偏冷，给人一种宁静而神秘的感觉。此时，只有太阳所在的小范围内才会呈现暖色调。除了被阳光直接照射的物体，其余部分都偏暗。到了上午，阳光逐渐变得强烈，色温也偏向暖色，光线从斜上方投射，形成明显的阴影，因此光比相对较大。正午时分，阳光直射且强度达到最大，因此光比也最大。虽然此时的光线十分强烈，但可能过于明亮，导致阴影过重。从下午到傍晚，阳光开始变得柔和，色温依然偏暖。随着光线角度的逐渐降低，会形成较长的阴影，同时高光部分并不会过于明亮。

在实际调色过程中，由于拍摄现场往往以正确曝光为首要原则，以确保信息的完整记录，因此画面可能不会完全贴合拍摄现场的影调关系。这时，调色师就需要承担起恢复影调的重任，这也是为什么本书不推荐使用自动还原功能的原因之一。

以图 10-24 为例，虽然该画面采用了 LOG 模式的灰片，但通过观察影子与高光的情况，可以推断出其拍摄于下午至傍晚时分。因此，在还原画面时，需要根据这一时间段的光照特点进行调整。

对于下午至傍晚在晴天拍摄的内容，其高光部分通常呈现柔和的质感，而不会过于明亮。在调色时，可以先将高光设置在 80% 左右，暗部保持在 10% 左右，作为初步的调整。如果效果不理想，可以后续进行微调，并适当增加饱和度。然而，即使经过这样的调整，虽然能够得到如图 10-25 所示还算不错的画面，但由于影调关系的不准确，观众可能难以一眼识别出拍摄的具体时间点。

考虑到下午至夕阳时段晴天的画面特点——高光部分不会达到正午的亮度，且画面内容在波形图上的分布偏向亮部和暗部，而非中间灰度部分。因此，需要通过增加对比度来强化画面的层次感。而对比度的调整则需依据轴心的位置来决定。由于此时高光不高且光比大，意味着整体亮度不会过高，同时对比度较强。因此，可以将轴心向右移动，在增大对比度时减少提亮部分、增加压暗部分，以达到更贴近夕阳感觉的效果，如图 10-26 所示。经过这样的调整，我们得到的画面更加符合夕阳的氛围，如图 10-27 所示。如果再为画面增添一丝暖色，整体的画面关系便趋于完美，如图 10-28 所示。至此，一级校色与还原工作也基本完成。

图 10-24

图 10-25

图 10-26   图 10-27

图 10-28

10.2 风格化颜色的调整方法

接下来，将深入探讨风格化颜色的调整技巧，特别是关注画面染色技术在影视后期制作中的广泛应用。我们将聚焦于青橙色调，这一当前极为流行的调色风格。作为调色流程中的核心环节，画面染色技术能够显著提升画面的视觉冲击力，并加强情感的传达。我们将通过具体的案例，详细演示如何恰当地为画面进行染色处理。在此过程中，我们将利用达芬奇对画面的曝光和色彩进行精细化的调整。借助遮罩、色轮等强大工具，可以精确地掌控画面中的色彩分布，从而实现理想的视觉效果。

10.2.1 如何正确地为画面染色

本节效果与节点预览如图 10-29 所示。

图 10-29

在影视后期制作中，调色是为影片打造独特视觉效果和艺术氛围的关键步骤。在达芬奇中，画面染色更是占据至关重要的地位。作为精细化调整的环节之一，染色不仅负责提升画面的视觉冲击力，更是导演实现创作意图和情感表达的重要手段。恰当的染色能够突出画面内容，为影像增添独特的情感色彩和氛围，引导观众的注意力聚焦于导演希望传达的主题。同时，当拍摄过程中因光线、天气等不可控因素导致画面效果不佳时，染色便成为一种有效的补救措施。通过精细的颜色调整，调色师可以弥补画面的不足，甚至使画面效果超越原始表现，从而达到理想的视觉效果。因此，颜色调整在后期调色中占据核心地位，它不仅是技术层面的精细操作，更是艺术创作上的一次再创造，对最终影像的呈现效果具有决定性的影响。

以图 10-30 为例，该画面是由大疆无人机拍摄的 DLOG 模式画面。在灰片状态下，画面的色彩和细节难以直接呈现，因此需要进行还原处理。经过简单的色彩还原操作后，我们得到了图 10-31，画面中的色彩开始逐渐显现。

图 10-30　　　　　　　　　　　　　　　　　图 10-31

然而，由于海面上的雾气影响，远处的小岛显得有些朦胧。虽然近处的草地透露出这是一个夕阳时分的画面，但雾气导致天空并没有明显的夕阳颜色，只有淡淡的红色。如果全局性地给画面增加暖色，如图 10-32 所示，虽然能使画面整体呈现暖调感觉，天空也变得像夕阳那般暖红，但这并不符合实际的光照情况，如图 10-33 所示。仔细观察画面可以发现，太阳此时应位于摄像机的正左侧，因此画面右侧被山体遮挡的部分应处于蓝色色调，远处的海面也应如此，不会出现大面积的红色。这说明全局颜色调整无法使画面呈现准确的颜色效果。

图 10-32　　　　　　　　　　　　　　　　　图 10-33

为了更精确地调整颜色，需要将画面左侧小部分天空染上一点儿红色，同时将近处草地的高光部分调整得偏向橙色一些。在一级校色与还原阶段，让画面稍微偏暖一些，至少使天空的暖色能够稍微明显一些，为后续染色提供一定的颜色基础，如图 10-34 所示。

图 10-34

接下来需要对画面的光影进行进一步的强化处理。首先是进行全局影调调整（05 号节点），通过增加明暗反差来消除画面雾蒙蒙的状态。根据夕阳时分的光照特点，将被光照射到的部分提亮，而其余部分则进行压暗处理。通过观察 Light 色轮的范围可以发现它正好对应所有被光照射到的地方，如图 10-35 所示，因此可以提高 Light 色轮的曝光度同时降低 Shadow 色轮的曝光度。经过这样的调整后得到的画面将更符合夕阳的影调特点，如图 10-36 所示。

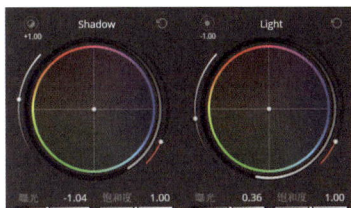

图10-35

图10-36

虽然明暗反差已经得到了一定的表现，但是夕阳高光不强的特点还未完全呈现出来。此时并不需要降低 Light 色轮或 Highlight 色轮的曝光度来实现这一效果；相反，我们可以通过使用"色轮六矢量切片"工具在 06 号节点处增加画面的密度来达到目的。这一操作虽然不会使画面发生明显的改变，但是能够在细微之处增加画面的质感，如图 10-37 所示。

图10-37

为了营造出完美的天空颜色倾向，即左侧受到阳光照射的部分天空被夕阳染红，而右侧则是即将进入蓝色时调的蓝色天空。我们需要对天空的明暗反差进行重塑处理。由于达芬奇的色轮是通过曝光度作为分区依据来进行操作的，因此，只需要让左侧小部分的天空变得更亮一些，而右侧的天空则变得更暗一些，就可以精准地对局部区域进行染色处理了。这一想法可以通过使用遮罩功能来实现：在 07 号节点和 08 号节点处，分别拉取渐变遮罩并调整其曝光度，从而重塑出符合要求的光影分布情况，如图 10-38 和图 10-39 所示。

图10-38

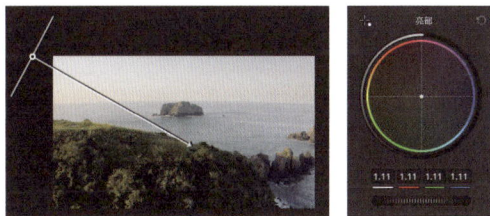

图10-39

此时，我们已经能够重塑天空的光影分布情况。通过 07 号和 08 号节点的操作，实现了对天空光影的精细调整。对比操作前后的效果，可以清晰地看到天空的变化，如图 10-40 所示。

图10-40

对于远处的小岛，也采用了遮罩和对比度调整的方法，使其轮廓更加清晰，从而解决了雾蒙蒙的问题，如图 10-41 所示。至此，光影调整的阶段已经结束，接下来将正式进入画面染色的环节。

图10-41

经过 07 号和 08 号节点的调整，成功地将天空区分为亮区和暗区。因此，在 11 号节点，利用 HDR 色轮中的 Highlight 色轮为更亮的左侧天空进行染色。通过调整 Highlight 色轮对应的范围，精确地选定了天空中更亮的左上角区域，并通过色轮的改变为这一区域增添了些许暖色，如图 10-42 所示。倘若没有进行 07 号和 08 号节点的操作，通过 Highlight 色轮选定的范围将会涵盖几乎整个天空，如图 10-43 所示。经过染色后的画面整体氛围更加贴合夕阳的质感，如图 10-44 所示。

图10-42

图10-43

图10-44

然而，近处的绿植高光部分仍然偏黄。为了使其更加偏向橙色，我们采取了多种调整方法。例如，通过 RGB 混合器给绿色中加入一点儿红色，如图 10-45 所示，或者利用蜘蛛网工具将这一块的颜色向橙色方向调整，如图 10-46 所示。无论采用何种方法，核心目标都是为了实现全局高光偏向橙色的质感，如图 10-47 所示。

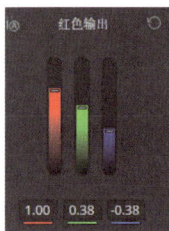

图10-45

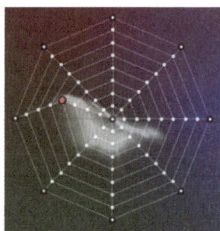

图10-46

图10-47

经过上述染色处理，高光部分已经得到了显著的改善，但海面的蓝色饱和度仍然稍高，且亮度也略微偏高。因此，在13号节点，借助"色轮六矢量切片"工具为青色和蓝色增加了一定的密度，并适当降低了饱和度，如图10-48所示。

图10-48

调整完毕后，再次查看波形图。发现经过我们的调整，曝光已经偏离了原先的控制范围，高光部分达到了90%，如图10-49所示。尽管当前画面的颜色表现良好，但曝光度却与夕阳那种柔和的效果不符。这种情况在调色过程中是非常正常且常见的。经过二级调色的各种操作后，必然会对我们在一级校色与还原阶段建立的曝光情况产生影响。此时，需要从定调的角度出发，通过调整柔和对比度或左右对比度来重新平衡高光与暗部的关系。

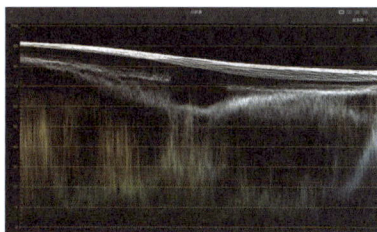

图10-49

柔和对比度能够有效地重新界定高光与暗部的范围，使画面更加柔和且符合夕阳的质感。因此，在14号节点，利用曲线工具进行了柔和对比度的调整，使曝光能够适度下沉，如图10-50所示。尽管从波形图上看左上角的曝光仍然接近90%，但考虑到这一部分内容本应是被太阳照亮的区域，因此问题不大。画面的其余部分曝光基本上被控制在70%以内，从而呈现了非常出色的画面效果，如图10-51所示。

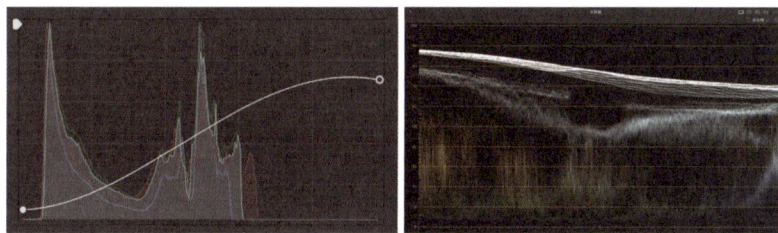

图10-50

图10-51

调色的精髓在于准确把握画面的明暗反差，并根据画面的实际情况恰到好处地增添或强化色彩。需要强调的是，调色并非对画面进行颠覆性的改造，而是在保持真实且正确的基础上进行的细腻操作。每一步调整都应尊重原画面的实际情况，以确保最终效果既真实又富有艺术表现力。

10.2.2　青橙色调的多种调整方法

青橙色调，这一融合了蓝绿调与橘黄调的色彩组合，近年来在摄影和视频调色领域异军突起，迅速成为备受推崇的颜色风格。其受欢迎的原因，可以从色彩的结合与冲突两个维度来深入剖析。

首先，从色彩结合的角度来看，青橙色调的高明之处在于它巧妙地将冷暖两种色调融为一体，从而打造出别具一格的视觉感受。青色与橙色，在色轮上位于相对位置，这种对比鲜明的色彩组合，既保持了画面的和谐平衡，又为其注入了更多的生动与层次。青色，作为冷色调的代表，常被用于处理画面的阴影部分，营造出一种冷静、神秘，甚至略带忧郁的氛围；而橙色，则以其暖色调的特性，常被运用于高光或人物肤色，为画面带来温暖、舒适与活力的气息。这种冷暖交融的色调风格，对画面的颜色分布要求并不苛刻，尤其适用于包含人物的场景，这也是其广受欢迎的重要原因之一。

其次，从色彩冲突的角度来审视，青橙色调通过强烈的色彩对比，营造出鲜明的视觉冲击力和艺术感。这种对比不仅提升了画面的吸引力，更有助于增强其立体感和空间感。在视频调色中，青橙色调的运用能够使人物主体更为突出，引导观众的注意力，同时增加镜头的深度，让画面更富有动态感和空间层次。

此外，青橙色调的适用范围也极为广泛。无论是展现自然风光的壮丽、城市景观的现代，还是刻画人物肖像的情感，青橙色调都能为画面赋予独特的情绪和氛围。其在好莱坞等电影制作中的广泛应用，更是证明了其独特的艺术魅力和实用价值。

综上所述，青橙色调之所以能成为视频调色中的热门选择，得益于其冷暖色调的巧妙结合、强烈的色彩对比以及广泛的适用性。这种色调不仅保护了肤色等关键元素，更通过丰富的视觉层次和冲击力，为画面注入了更多的生命力和情感色彩。因此，本书特设一节来详细探讨青橙色调的运用与魅力。

以图 10-52 为例，该画面在初看时难以判断其具体拍摄时间和天气状况。然而，经过还原处理，右侧的画面展现出了更多的细节。通过仔细观察和分析，可以发现这并非在晴天正午时分所拍摄的画面。从左上角的光影渐变情况来看，更有可能是在阴天的白天所捕捉到的场景。

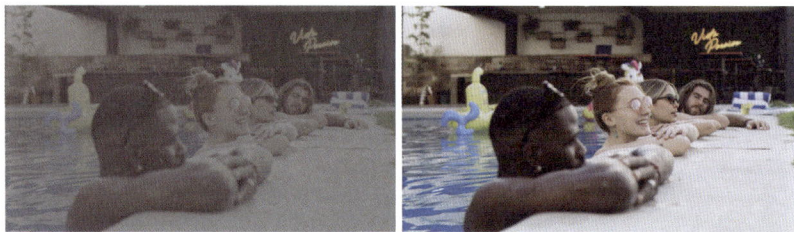

图 10-52

对于阴天画面，由于整体亮度较低，而人脸上的曝光却相对刺眼，需要在 05 号节点降低曝光。这可以通过调整 Light 和 Shadow 色轮来实现，如图 10-53 所示。调整后，画面的光影效果会变得更加柔和。但在此过程中，需要关注两个方面。

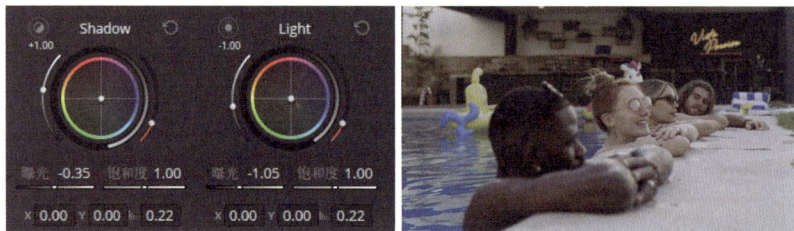

图 10-53

首先，改变曝光后，应查看波形图，以确定是否需要调整 Dark 色轮使其更暗，或者调整 Highlight

色轮使其更亮,从而避免过曝或死黑的风险。从图 10-54 的波形图可以看出,虽然高光部分有所压缩,但并未过曝,而暗部则存在一点死黑的风险。因此,可以适当提高 Dark 色轮的曝光,以保护暗部细节。

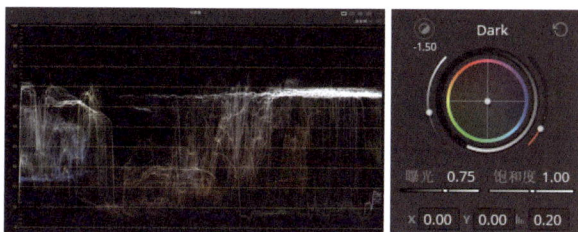

图10-54

其次,尽管我们遵循了影调关系,但考虑到这是一个动态画面,需要确保主体突出并强化整体氛围。过于柔和的画面可能会使主体不够鲜明。为了解决这个问题,可以将人物身上被照射到的小部分曝光稍微提亮,使主体更加立体。这可以通过调整 Highlight 色轮的范围来实现,直到其仅覆盖人物身上的高光部分,然后略微提高 Highlight 色轮的曝光,如图 10-55 所示。这样,我们就得到了如图 10-56 所示的画面效果,既保留了阴天的柔和质感,又使主体更加立体。从右图的波形图上也可以看出,原本堆积在高光部分的信息舒展了,呈现了更多的层次。

图10-55

图10-56

为了进一步突出主体,还需要通过遮罩来强化效果。在 06 号节点,为人物区域创建了一个遮罩,并通过提高高光和降低阴影的方式,使人物更加立体,如图 10-57 所示。同时,我们还建立了一个外部节点,即 07 号节点,如图 10-58 所示,通过减小"阴影"滑块值并增大"高光"滑块值来进一步减弱对环境的影响。这两个节点的调整操作虽然看似相似,但实际上它们的作用是不同的。06 号节点主要通过提高高光来强化人物,因为高光的范围更广。降低阴影的目的是保护对比度,避免因提高曝光而降低对比度。而 07 号节点则主要通过降低阴影来弱化环境,使环境变暗。由于暗部范围更大,因此提高高光是为了保护环境中的部分高光区域,例如右上角的发光字不会被压暗。经过这些调整,得到了如图 10-59 所示的效果。

光影调整完成后,可以开始为画面进行色彩处理。此画面非常适合应用青橙色调,主要原因在于其中包含肤色、蓝色和绿色。为了确保青橙色调的和谐,应尽量保持这 3 种颜色的比重适中。

图10-57

图10-58

图10-59

1.色彩扭曲器

第一种方法是通过色彩扭曲器来实现。具体操作是将黄色、黄绿色以及品红色的控制柄向橙红色方向调整，同时将蓝色、绿色和紫色的控制柄向青色方向移动，并适当微调饱和度，如图 10-60 所示。这种方法的优势在于操作直观，画面变化易于掌控。然而，它对颜色的控制相对单一，并存在颜色断层的风险。

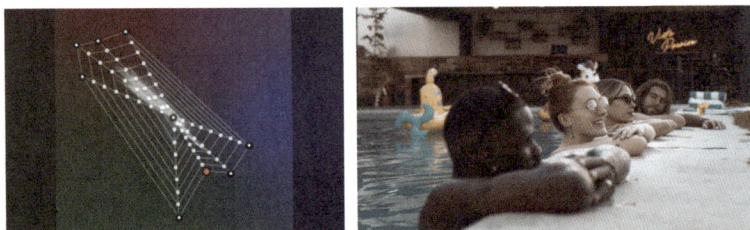

图10-60

2.曲线——色相对色相

第二种方法是通过色相对色相曲线来调整画面颜色。与色彩扭曲器类似，将黄色、黄绿色以及品红色的色相向橙红色方向调整，蓝色、绿色和紫色的色相则向青色方向移动，如图 10-61 所示。该方法操作同样直观，画面变化也相对可控，但无法像色彩扭曲器那样同步调整饱和度，同样存在颜色断层的风险。

图10-61

3. RGB混合器——蓝减红绿加红

第三种方法是利用 RGB 混合器。在蓝色通道中减少红色，从而增加绿色成分，使蓝色与绿色混合形成青色。同时，在绿色通道中加入红色，以保护其他颜色并增加由红色和绿色混合而成的颜色（如黄色）的饱和度，如图 10-62 所示。这种方法得益于 RGB 混合器的特性，能够更和谐地改变颜色，减少颜色断层的风险。然而，它在将蓝色转变为青色方面的效果可能不够强烈。

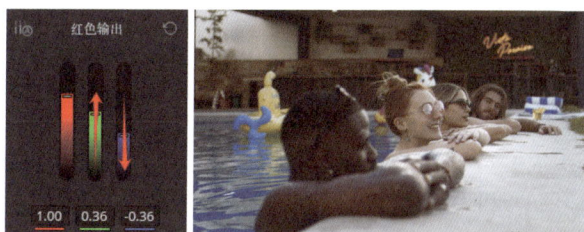

图10-62

4.RGB混合器——蓝加绿红减绿

第四种方法同样使用 RGB 混合器。在蓝色通道中增加绿色，使蓝色转变为青色。同时，在红色通道中减少绿色，以保护其他颜色并让所有由红色组成的颜色向红色方向偏移，从而将黄色转变为橙色，如图 10-63 所示。这种方法的优势在于能够强烈地风格化画面。如果红色通道降低的数值小于蓝色通道提高的数值，画面将呈现一种复古的胶片风格。

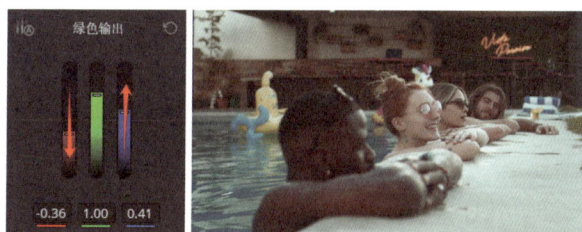

图10-63

这 4 种方法各有特点。色彩扭曲器和曲线调整方法操作直观且可控性强，但需要注意颜色断层的风险；而 RGB 混合器的两种方法则能更和谐地调整颜色或赋予画面强烈的风格，但也可能存在调整力度不足或风格化过度的问题。在实际操作中，应根据具体需求和画面特性选择合适的方法进行调色，以达到理想的视觉效果。

10.3 肤色的调整方法

肤色，作为视频画面中至关重要的元素，其准确性和自然性对于观众对画面的整体感知与接受度具有直接且深远的影响。在调色过程中，由于前期拍摄准备可能存在的不足，或者现场灯光条件的种种限制，人物肤色有时会出现明显的偏差或问题。正因如此，肤色调整在调色流程中占据了举足轻重的地位。

接下来，将深入阐述肤色还原的核心思路和实用技巧。在调色的初步阶段，对皮肤颜色的准确性进行严谨把控是至关重要的，这为后续的调色工作奠定了坚实的基础。随着调色过程的深入，特别是在进行色彩渲染等操作时，肤色很容易受到二次影响而发生变化。因此，设置肤色还原节点成为一个不可或缺的步骤。

本节将详细介绍如何科学合理地安排肤色还原节点的位置，以确保其选区的稳定性和独立性。这样做的目的在于，防止因前置节点操作的变动而对肤色还原效果产生不利影响。同时，将结合具体案例，生动展示在调色过程中应如何进行肤色还原，从而确保最终画面中的肤色呈现自然而真实的状态。

10.3.1　肤色指示线以及肤色的校正

在拍摄过程中，由于前期准备不足或现场灯光条件受限，人物肤色可能会出现显著问题，其中肤色不准确是最为突出的现象。以图 10-64 中的人物为例，可以明显观察到肤色存在偏差，同时，画面右侧的一束红色光线用于边缘勾勒，这无疑增加了肤色调整的难度。

为了更精确地评估和调整肤色，可以利用矢量图中的肤色指示线作为参考，如图 10-65 所示。这一工具为我们提供了一个判断肤色色相是否准确的基准。在默认情况下，矢量图显示的是整个画面中所有颜色的分布情况。为了对肤色进行独立且准确的判断，可以创建一个简单的遮罩，该遮罩无须精确覆盖所有皮肤区域，只需框选能代表肤色的典型区域即可，如图 10-66 所示。

 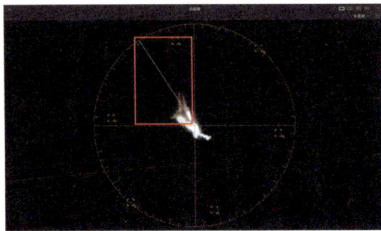 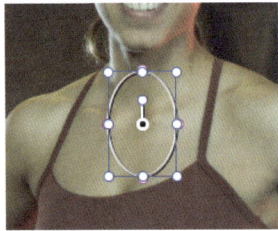

图10-64　　　　　　　　　　　图10-65　　　　　　　　　　　图10-66

在选择好遮罩区域后，通过按快捷键 Shift+H 开启突出显示功能，此时画面中仅显示选中的区域，同时矢量图中也只展示该区域的色相分布，如图 10-67 所示。仔细观察矢量图后，我们发现肤色并未落在肤色指示线上，而是顺时针偏向下方。根据色彩偏移的分析原理，由于肤色最接近的三原色是红色，而当前肤色偏向绿色方向，即肤色偏绿。

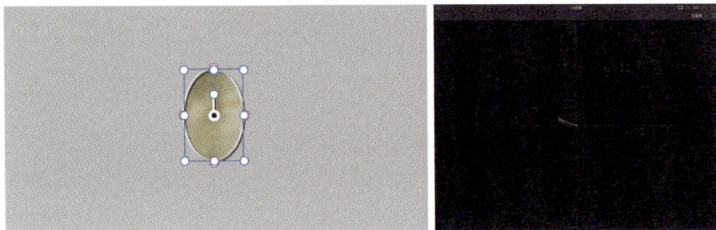

图10-67

针对这种情况，可以采取多种方法进行调整，如使用曲线工具调整色相对色相、色彩扭曲器或 RGB 混合器等。关键在于需要减少肤色中的红色所含的绿色成分。这里以色彩扭曲器为例进行说明，因其排布与矢量图和色轮一致，操作更为直观。我们只需将图 10-67 中肤色所对应的颜色区域向红色方向移动，并适当微调其饱和度，即可使肤色呈现更加自然且健康的效果，如图 10-68 所示。同时，从调整后的矢量图中可以看出，肤色对应范围已准确落在肤色指示线上，如图 10-69 所示。

 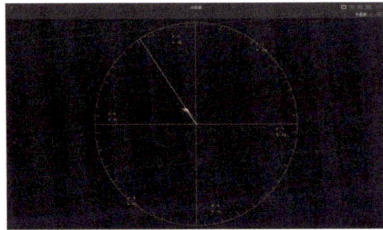

图10-68　　　　　　　　　　　　　　图10-69

然而，值得注意的是，肤色指示线并非唯一标准。虽然物体的本色是确定的，但其颜色呈现受到多种因素的影响。以图 10-70 为例，在鲜明的灯光照射下，肤色并未呈现在通常的橙黄色范围内。同时，从图 10-71 的色相分布情况也可以看出，其与肤色指示线存在较大差异。如果强行将肤色修改为肤色指示线对应的橙黄色，那么得到的画面将与拍摄时的场景和故事意图完全脱节，如图 10-72 所示。

图 10-70

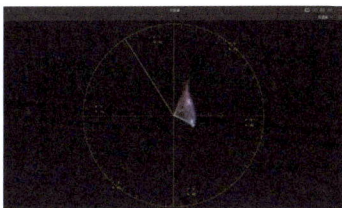
图 10-71

图 10-72

因此，在使用肤色指示线时，应将其作为辅助判断工具而非唯一标准。在调整肤色时，我们需要综合考虑画面的整体效果和故事情境，以画面的合理性和正确性为主要判断依据。同时结合肤色指示线的辅助判断功能，我们可以更准确地调整肤色，使画面达到最佳表现效果。

10.3.2　肤色还原的思路

在调色的初步阶段，我们必须密切关注皮肤颜色的准确性，这是整个调色工作的基石。为确保肤色的真实再现，我们需要对皮肤颜色进行精细的校正。然而，在调色的后续环节中，特别是涉及染色步骤时，皮肤颜色常会受到二次影响而发生变化。因此，我们必须采取恰当的措施来恢复肤色，以保证最终画面的肤色自然而真实。

肤色还原的过程需要摆脱原有的调色逻辑，以避免因前置节点操作的变动而改变肤色的选区范围，从而增加操作过程的复杂性。为实现这一目标，肤色还原节点应设计为相对独立，并保持其选区的稳定性。同时，鉴于达芬奇中节点的继承性，我们需要确保肤色还原节点的前置节点在调色过程中保持稳定。在一级校色与还原阶段，我们的目标是准确还原画面，确保色彩和曝光等参数接近真实场景。因此，此阶段的还原操作在后续流程中通常不会再次调整。若画面提交后需要修改曝光等操作，一般会在风格化精细调整的第二排节点上进行，而非返回一级校色与还原节点。故而，肤色还原节点应恰当地放置在一级校色与还原阶段。

如图 10-73 所示，该图展示了一级校色与还原阶段所使用的节点配置。01 号节点负责降噪处理，02 号节点调整曝光、对比度和白平衡，03 号节点调整饱和度，而 04 号节点则用于处理偏色。在这些节点中，需要确定哪些节点在后续调色中通常不会再次调整。由于 04 号节点的着色操作是为画面设定基础颜色意向，该意向会根据反馈不断调整，因此真正不会再次改变的节点是 02 号和 03 号节点。降噪处理的 01 号节点不在此考虑范围内。因此，肤色校正的节点应放置在 03 号节点之后。

图 10-73

接下来，需要决定肤色校正节点是与 03 号节点串行还是与 04 号节点并行。考虑到肤色的展现不仅依赖于肤色指示线，还需要结合场景内的灯光等颜色进行相对调整。若我们在 04 号节点对画面进行了颜色倾向的调整，那么皮肤颜色也需要相应调整以保持和谐。因此，肤色还原节点应与着色节点并行，如图 10-74 所示的 05 号节点，以确保肤色的还原与着色更加协调。

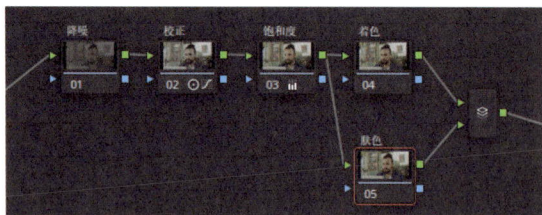

图10-74

现在，我们已了解肤色还原节点的基本逻辑，接下来需要针对实际画面进行还原。以图10-75为例，进行还原后得到如图10-76所示的画面。前文曾提及，在一级校色与还原阶段，需要让画面呈现正确的状态。该画面的白平衡明显偏暖，因此仍需在02号节点进行白平衡的校正，如图10-77所示。

图10-75

图10-76

分析画面可知，这是一个夕阳傍晚的场景，人物面部左右两侧的光比差异显著。为营造慵懒柔和的画面质感，我们需要在着色节点上给画面稍增暖色，如图10-78所示。此处可能有人疑问，既然还原后已呈现暖调风格，为何还要先还原成正常色调再增加暖色呢？这便是着色节点的核心目的。我们在02号和03号节点上的操作旨在将画面还原成无明显风格的正确画面，就像一张白纸，为后续任意调整奠定基础。而04号节点的着色则是对画面进行风格化的颜色倾向处理，该倾向并非最终效果，而是可以根据客户或导演的需求进行调整。因此，此节点的操作并非重复行为，而是对一级校色与还原后的画面进行初步染色的过程。

图10-77

图10-78

既然我们确定这是一个夕阳傍晚的画面，那么影调关系就需进一步强化。可以通过调整 Highlight 色轮的曝光来提高高光部分，同时降低 Shadow 色轮和 Light 色轮的曝光来增强光比，如图10-79所示。让高光略微呈现暖调，暗部呈现少许冷调，以营造更加真实的夕阳效果。

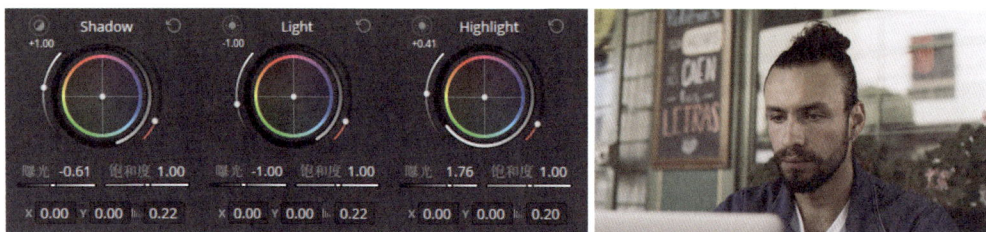

图10-79

然而，在增强光比和色彩倾向的过程中，可能会发现人物的肤色变得不自然，嘴唇也失去了原有颜色，如图 10-80 所示。此时需要回到 05 号节点对肤色进行还原处理。通过限定器和窗口等工具，精确地选出肤色部分并进行细致调整，如图 10-81 所示。

图10-80

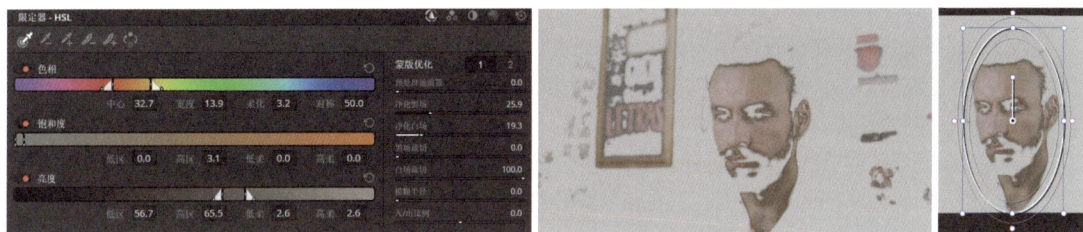

图10-81

在还原肤色的过程中，我们需要思考肤色变得不正确的原因。显然，在一级校色与还原后的画面中肤色是正确的，但经过后续染色操作后肤色才变得奇怪。此处可采用一个小技巧：逆着影响肤色的操作进行操作。即在 08 号节点中用 Light 色轮往左上角移动给亮部增加了暖色，用 Shadow 色轮往右下角移动给暗部增加了冷色，那么只需在 05 号节点中用 Light 色轮往右下角移动，用 Shadow 色轮往左上角移动，即可抵消 08 号节点染色对肤色产生的影响，如图 10-82 所示。

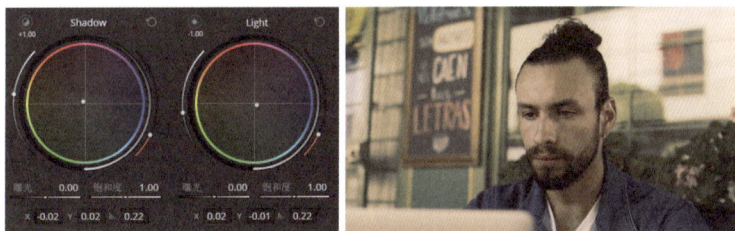

图10-82

经过这样的调整，不仅能恢复嘴唇的正常颜色，还能确保肤色与画面的整体颜色倾向更加融合，同时呈现出正确的颜色。这便是肤色还原的核心所在：通过在一级校色与还原节点建立一个独立的并行节点来保持选区的相对固定，并利用"逆着影响肤色的操作进行操作"的方法来抵消导致肤色偏色的操作。最终我们能得到一个肤色正确且风格化效果明显的画面。

第11章
调色魔法

经过前面 10 章的深入讲解，我们已经全面了解了达芬奇的界面布局、基础概念及核心知识。现在，是时候亲自动手，将理论转化为实践了！本章作为本书的实战开篇，将通过具体案例引领你逐步深入软件操作的核心，让你切实体验每个工具的强大功能。

从本章起，我们将从观察者转变为真正的创作者。试想一下，你手中的达芬奇软件如同一个装满神奇工具的魔法箱，每件工具都能为你的视频作品注入独特魅力。我们将围绕达芬奇中的各个主要调整工具，逐一展开实战案例的解析。例如，你将学会运用一级校色轮工具来调整视频色调和饱和度，使画面色彩更加引人入胜；你还将掌握曲线与色彩扭曲器的使用技巧，学会如何局部增强对比度，实现更直观的颜色调整；此外，RGB 混合器和风格化 LUT 等工具的实操案例也将让你的视频作品更显专业、更具创意。

为了让实例过程更加清晰易懂，我们将采用"一步一图"的展示方式，详尽呈现每一步操作的具体流程，确保你能够轻松跟进，不遗漏任何细节。

11.1 使用一级校色轮的调色：室内晴天活力风格

本节效果与节点预览如图 11-1 所示。

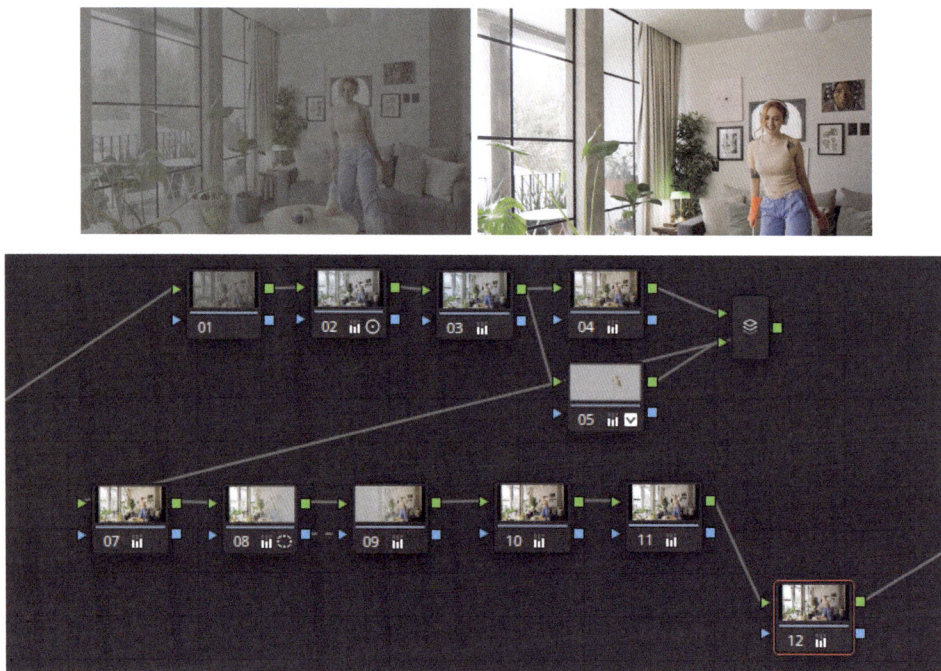

图11-1

在调色实践中，一级校色轮的使用频率往往高达 60% 以上，堪称调色工具箱中的核心利器。其强大的调整功能使许多效果仅需借助一级校色轮便能轻松实现。以图 11-2 为例，该画面展示了一个室内人像场景，即便在灰片状态下，也能初步领略其内容和构图的韵味。虽然窗外天气状况尚不明朗，但室内元素却清晰可见，色彩纷呈。

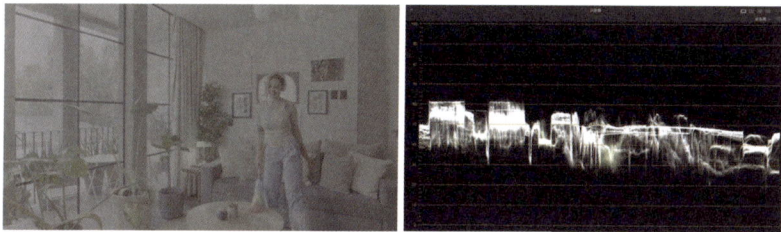

图 11-2

11.1.1 初步还原与曝光调整

调色的首要步骤始终是恢复画面的真实色彩和准确曝光。在图 11-3 中，通过调整 02 号节点的曝光参数，具体操作为加大"亮部"色轮值并减小"暗部"色轮值，从而实现了高光区域与暗部区域的恰当平衡，有效展现了画面细节，解决了 LOG 模式影片常见的灰度失真问题。这一步骤为后续调整奠定了坚实基础，确保了画面信息的完整展现和精确表达。

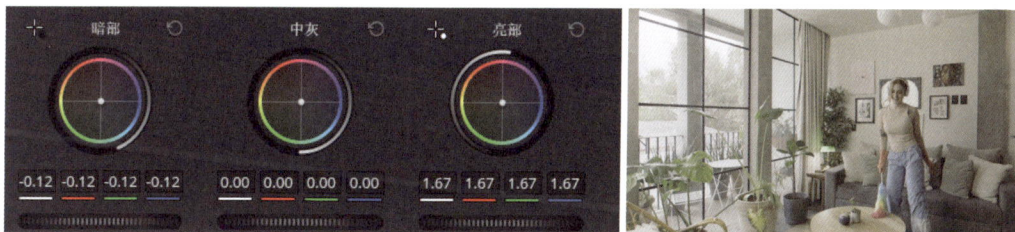

图 11-3

11.1.2 白平衡校正与饱和度调整

虽然画面的曝光已经得到了恰当的调整，但白平衡仍存在明显偏差。因此，需要在 02 号节点对白平衡进行校正。具体的操作方法是，使用"吸管"工具吸取背景中的白色墙壁来进行白平衡校正，如图 11-4 所示。

图 11-4

完成白平衡校正后，接下来的关键步骤是在 03 号节点调整饱和度。通过适当增加饱和度，可以使画面色彩更加丰富饱满，从而提升整体视觉效果，如图 11-5 所示。

图 11-5

11.1.3　光照分析与色彩调整

　　仔细观察还原后的画面，可以明显感受到自然光对画面的影响。窗外射入的光线照亮了室内环境，但室内光照强度逐渐减弱，尤其是画面右侧区域显得较为昏暗。为了增添画面的生动感，选择在 04 号节点通过调整色温来融入暖色调，如图 11-6 所示。这一调整旨在强调晴天的温暖氛围，使画面质感更为突出。

图 11-6

11.1.4　精细化分区调整与影调优化

　　在精细化分区调整的第二阶段，针对曝光进行了更深入的优化。通过提升高光区域的亮度并适度加大明暗之间的反差，画面的层次感得到了显著增强。这一调整并非在 02 号节点完成，因为它更注重于光影效果的突出。如果客户或导演倾向于小清新、低对比度的视觉效果，我们就需要降低中间调的反差，以满足不同的审美需求。这再次凸显了一级校色和色彩还原的重要性，它们为后续的精细调整提供了精准的起点，如图 11-7 所示。

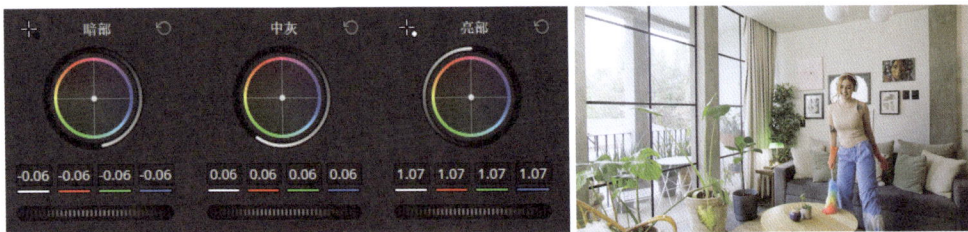

图 11-7

　　为了更精细地调控影调分布，在 08 号节点运用了渐变遮罩工具，如图 11-8 所示，通过从左至右拉动渐变，我们依据光线方向提升了高光区的亮度，同时降低了阴影区的亮度，这样既保护了画面的对比度，又防止了左侧背光墙壁过曝。这一调整使室内光照效果更加逼真，贴合了实际的光照特性。

图11-8

1. 曝光平衡与风格塑造

　　在提亮画面的过程中，必须谨慎操作以避免失真。因此，在 09 号节点，如图 11-9 所示，创建了外部节点来降低其他部分的曝光度，特别是减弱从窗外射入的高光，以确保暗部细节的清晰度和可读性。经过这些调整，画面光照更加贴近实际时间段的效果，为接下来的风格塑造打下了坚实基础。

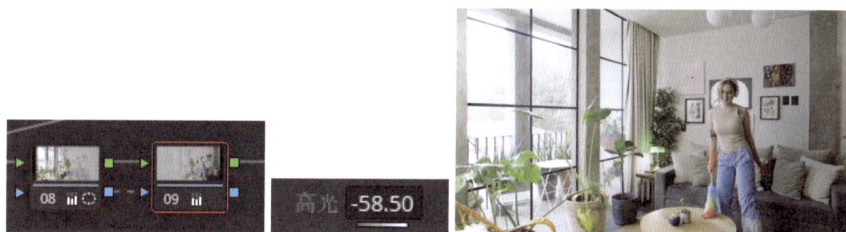

图11-9

2.颜色调整与风格化处理

　　颜色调整在调色过程中占据重要地位。之前，在 10 号节点，我们通过增加高光部分的暖色调来强化晴天的氛围和活力。然而，过度偏暖可能会影响画面的整体平衡。为了平衡先前的染色效果，我们使用了"中灰"色轮和"暗部"色轮向蓝色方向进行微调，如图 11-10 所示。

图11-10

　　画面高光部分的色彩表现良好，但整体色调偏暖。需要注意的是，如果人物未受强光照射，那么他们在画面中通常位于中灰区域。为了保持高光部分的暖色调，同时使其他部分保持原色或略带冷调，我们需要将"中灰"色轮与"暗部"色轮稍微向蓝色方向调整，如图 11-11 所示。

图11-11

这样的调整能够平衡先前的染色效果，并在一定程度上保留我们期望的色彩倾向。虽然全局颜色调整是有效的，但它对饱和度的影响可能超出预期。因此，需要在后续添加 11 号节点，略微降低低饱和度部分的饱和度，以使画面更加清新舒适。同时，如果需要增强色彩以获得更舒适的画面效果，那么必须观察高饱和度部分的饱和度情况，并考虑使用"饱和度"滑块进行平衡调整，如图 11-12 所示。

图 11-12

3. 人物肤色优化与最终调整

经过先前的调整，作为主体的人物肤色略显暗淡。因此，需要回到 05 号节点，选择肤色并进行适当的曝光提亮和饱和度增加，以使人物看起来更加自然舒适，如图 11-13 所示。

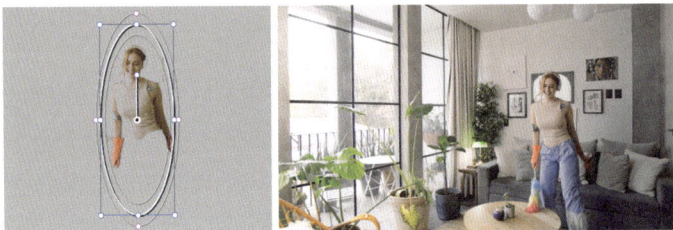

图 11-13

最后，通过增加左右两侧的对比度来强化中灰区域的反差，使人物形象更加立体且富有层次感，如图 11-14 所示。

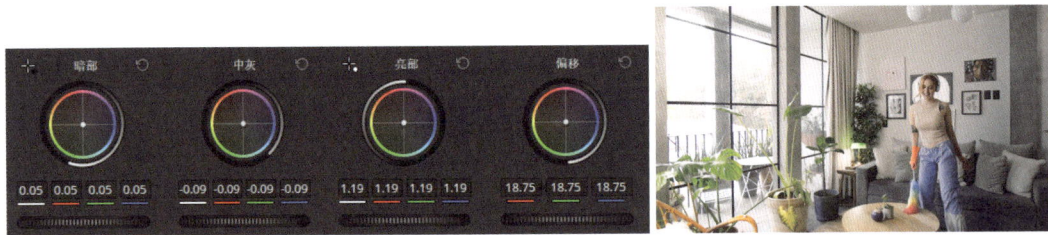

图 11-14

经过上述调整过程，最终呈现一个内容丰富、风格独特的画面。与原始还原画面相比，调整后的画面不仅更加生动有趣，还更准确地传达了创作者的意图和情感。这一过程充分展示了一级校色轮在调色中的核心作用以及通过细致观察和精确调整所能实现的艺术效果。

在视频调色中，一级校色轮的操作至关重要。它不仅是实现色彩精确还原的基础工具，更是塑造独特视觉风格、增强画面层次感和立体感的关键要素。通过精细的调整，一级校色轮能够校正色彩偏差并确保画面色彩的真实性。同时，它还允许我们根据创作需求进行创造性调整以塑造独特的视觉风格。在整体调色思路上，我们遵循了从初步还原、白平衡校正到精细化分区调整、颜色调整与风格塑造再到整体优化与细节处理的流程，而一级校色轮作为核心工具始终发挥着关键作用，助力我们创作出令人难忘的视频作品。

11.2　使用曲线与色彩扭曲器的调色：多人室内场景

本节效果与节点预览如图 11-15 所示。

图 11-15

曲线工具堪称"调色之王"，它赋予了我们实现众多调色效果的能力。特别是当我们巧妙地将曲线与色彩扭曲器结合运用时，便能更为精确、直接地调整画面的曝光度和色彩，从而达到理想的视觉效果。

11.2.1　曝光平衡与初步风格塑造

以图 11-16 所示的多人室内场景为例，面对众多人物、丰富衣物颜色以及光影分布不均的复杂画面，我们运用了自定义曲线这一关键工具来解决问题。

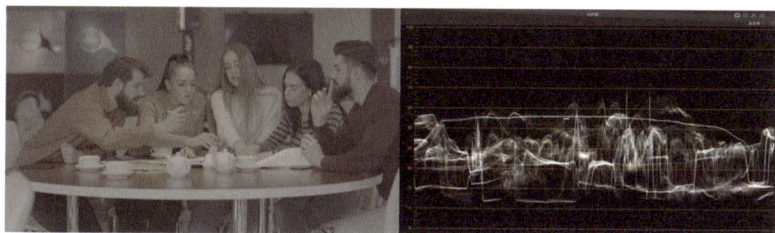

图 11-16

首先，通过调整曲线的上下两端来还原曝光，确保高光和暗部处于合适的范围。接着，在曲线中间部分塑造出 S 形，以此增强画面的对比度，初步塑造出独特的画面风格。这一调整在一定程度上解决了 LOG 模式画面发灰的问题，效果如图 11-17 所示。

图 11-17

11.2.2　饱和度提高与色彩统一

在初步调整曝光之后，我们可能会注意到画面饱和度略显不足。此时，借助自定义曲线中的 R、G、B 3 条曲线，我们可以有效提升饱和度。具体方法是，为这 3 条曲线分别绘制出相同的 S 形，这样可以全局性地增加饱和度，如图 11-18 所示。

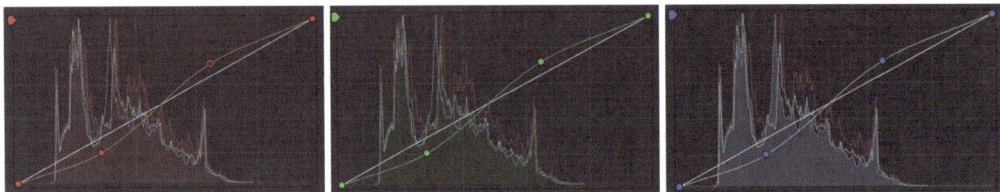

图11-18

手动操作往往难以保证 3 条曲线完全一致，不过达芬奇提供了一个便捷工具，能够让我们快速复制已设置好的曲线，并将其粘贴到其他曲线上。我们只需调整好其中一条曲线，然后选择"复制到绿色通道"与"复制到蓝色通道"选项，如图 11-19 所示，即可确保 R、G、B 3 条曲线拥有相同的曲率，从而实现全局饱和度的提升。

图11-19

11.2.3　色调调整与现代化风格塑造

针对商务内容的画面，我们通常倾向于将整体色调调整为偏冷色，以彰显现代化风格。这种调整同样可以借助曲线工具来实现。在着色的 04 号节点中，通过单独提升 B 通道的曲线来增加画面的蓝色成分，同时适度提高 G 通道的曲线，以避免纯蓝色可能带来的紫调感，从而使画面展现出更为自然的淡蓝色调。通过精心选择中间调至亮部区域进行调整，我们能够让蓝色氛围随着光照自然地呈现出来，进一步增强画面的现代感，如图 11-20 所示。

图11-20

11.2.4　对比度增强与光源塑造

完成一级校色与还原后，我们进入精细化调整阶段。在这一阶段，需要进一步提高对比度，以增强画面的层次感。然而，在此过程中，我们必须小心操作，以防出现过曝现象。由于目前的曝光已相对饱满，随意调整可能会导致过曝，尤其是曝光度最高的白色杯子部分。因此，可以单击白色杯子，此时自定义曲线上会自动标记一个点，这个点即为高光限定的点。在这个点与暗部的点之间的范围，是我们能够相对自由调整的区域。在这个范围内，可以调整出一个 S 形曲线，从而在增加对比度的同时，避免高光部分过曝。需要注意的是，此时仅需调整曝光关系，因此只需调整 Y 曲线即可，如图 11-21 所示。

图11-21

然而，调整并未结束。我们之前分析过，室内场景的光源控制较为复杂，光线很容易变得混乱，从而导致画面主体不突出。因此，需要顺着光的方向，强化光的形状。在 06 号节点中，顺着光源建立一个遮罩，如图 11-22 所示，然后采用相同的方式，设定好高光点，以增加中灰及暗部的曝光，使光照效果更为明显。

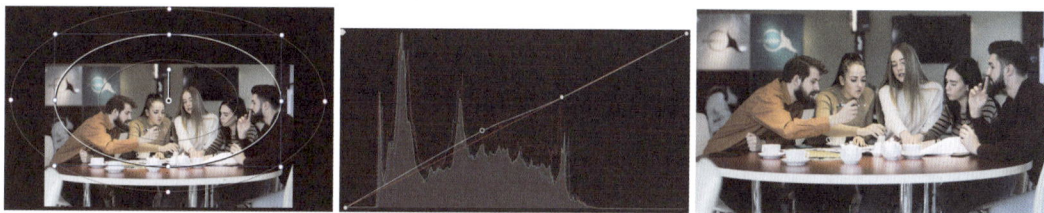

图11-22

同时，建立一个外部 07 号节点，以降低其他部分的曝光度。降低曝光与提高曝光一样，都需要保护画面的细节可读性。因此，需要在画面中最暗的部分，即桌子下方的裤子上设定一个点，以保护暗部不会过于黑暗，然后再降低曝光度，如图 11-23 所示。

图11-23

11.2.5　色彩反差增强与皮肤调整

如果希望增强画面高光与暗部的颜色反差，那么可以利用曲线工具来实现。在高光部分设定一个点，然后略微提升红色曲线和绿色曲线，就能使画面的亮部展现出暖色调的风格。同样，在暗部也设定一个点，并适度提高蓝色曲线和绿色曲线，这样画面的暗部就会呈现冷色调的风格，如图 11-24 所示。

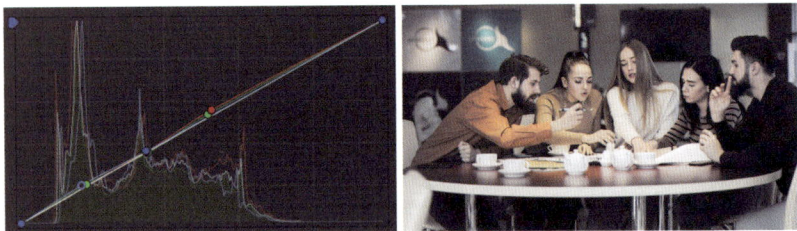

图11-24

经过这样的调整，皮肤可能会略显偏黄。虽然调整红色曲线和绿色曲线的比例可以纠正这一问题，但这种方法不够直观。因此，可以采用如图11-25所示的方法，通过色相对色相曲线来更快速、直观地调整皮肤色相。此外，还可以利用色相对饱和度曲线来优化皮肤颜色的舒适度，再稍微提升色相对亮度曲线，使皮肤看起来更加透亮，如图11-26所示。

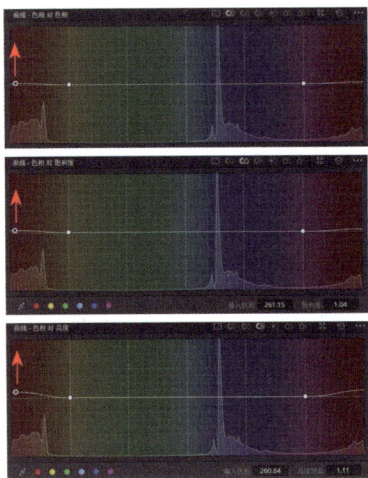

图11-25

图11-26

11.2.6　色彩统一与饱和度平衡

在调色的最终环节，我们应当注重色彩的和谐统一以及饱和度的均衡。通过运用色彩扭曲器，将画面中的蓝色、紫色和绿色向青色靠拢，可以进一步增强画面色彩的整体性，如图11-27所示。

图11-27

同时，借助饱和度对饱和度曲线来均衡画面的饱和度。通过降低过高饱和度的部分，并适当提升低饱和度区域，使整个画面色彩更为鲜艳且观感舒适，如图11-28所示。

最后，可以为画面增添一层柔和的对比度，这样既能避免高光过于刺眼，又能防止暗部过于昏暗，同时还能丰富中间调的细节，从而提升画面的整体质感，如图11-29所示。

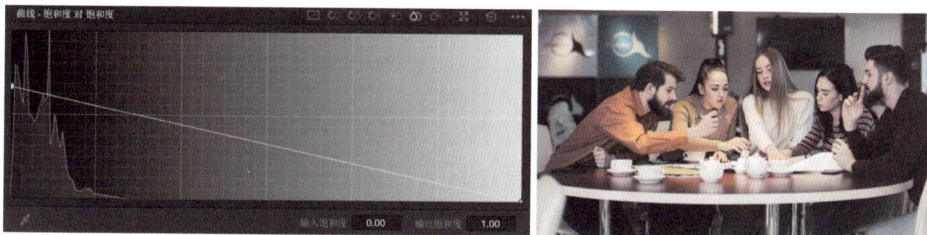

图 11-28

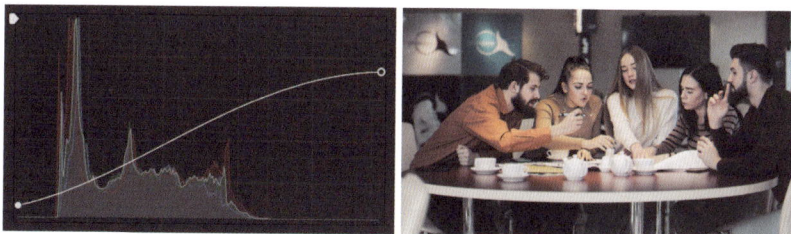

图 11-29

通过综合运用曲线和色彩扭曲器，我们能够精确地调整画面的曝光、色彩、对比度等核心要素，进而塑造出富有质感和层次感的视觉作品。在每个调整步骤中，我们都需要根据画面的具体状况进行细致入微的观察和调整，以求达到最理想的视觉效果。这些高级的调色技巧不仅提升了画面的审美价值，还为我们提供了广阔的创作天地。

11.3 使用 LUT 的调色：综合影像风格 LUT 与颜色 LUT

LUT（查找表）在视频调色领域中一直占据着举足轻重的地位。市场上，LUT 的种类繁多，其中两大类尤为引人注目：还原 LUT 和风格化 LUT。还原 LUT 主要由各大厂商针对自家 LOG 曲线进行精心设计，其目的在于将 LOG 模式准确还原为 Rec.709 标准的画面。而风格化 LUT 则进一步细分为综合影像风格 LUT 与颜色 LUT 两种。前者能够全面影响画面的曝光、反差以及颜色，为视频带来整体性的风格变化；后者则专注于颜色的风格化调整，为视频色彩赋予独特的艺术韵味。

11.3.1 综合影像风格 LUT

在达芬奇中，自带的综合影像风格 LUT 被整齐地集成在"LUT 库"的 Film look 文件夹内，如图 11-30 所示。诸如 Kodak 2383 与 Fujifilm 3513 等备受推崇的经典 LUT 均可在此找到。

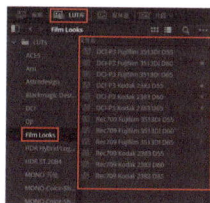

图 11-30

应用这些 LUT 非常简便，只需将其拖至相应的画面节点即可。然而，需要注意的是，由于这类 LUT 对画面具有全面的调整能力，如果直接应用于 Rec.709 画面，可能会导致反差过大、高光过曝以及暗部细节丢失等问题，如图 11-31 和图 11-32 所示。这是因为，例如 Kodak 2383 这样的 LUT，在设计时并非专为 Rec.709 画面所打造。通过"记事本"软件打开 LUT 文件，可以清楚地看到，该 LUT 的输入空间（Input）需要在 Cineon LOG 的环境下进行，而输出则是 Rec.709 Gamma 2.4，如图 11-33 所示。

这意味着，我们需要先将画面转换成 Cineon LOG，然后才能正确使用这类 LUT。

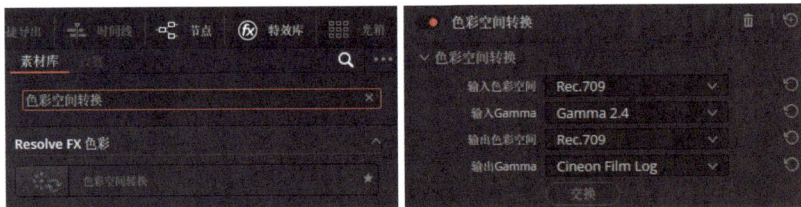

图11-31　　　　　　　　　　　　图11-32　　　　　　　　　　　　图11-33

　　为了进行色彩空间的转换，需要借助达芬奇中的"色彩空间转换"插件。在特效库中搜索"色彩空间转换"，并将该插件拖至相应的节点上。如图 11-34 所示，在"输入色彩空间"与"输入 Gamma"下拉列表中选择对应的色域空间，例如 Rec.709 Gamma 2.4，然后在"输出色彩空间"与"输出 Gamma"下拉列表中选择 Rec.709 Cineon Film LOG。完成这些设置后，再在后方建立一个串行节点，并将 LUT 应用到这个新节点上，这样画面就能呈现一个相对更为舒适的效果，如图 11-35 所示。

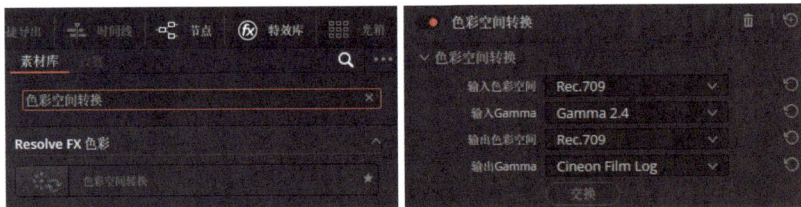

图11-34

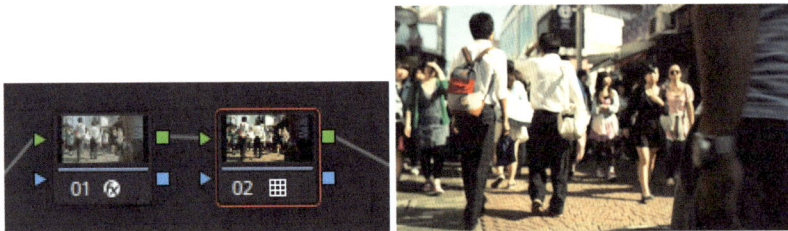

图11-35

　　然而，尽管这一步骤能够在一定程度上改善画面效果，但由于 LUT 的参数是固定的，对于高对比度的画面可能仍然不够适用。为了解决这个问题，需要在 LUT 与色彩空间转换之前添加额外的节点，如图 11-36 所示。通过这个新节点，可以对原始素材的对比度和反差进行调整，例如图 11-37 所示的降低对比度的操作。这样一来，我们就能得到一个观感更加舒适的画面，如图 11-38 所示。

图11-36　　　　　　　　　图11-37　　　　　　　　　图11-38

　　在实际应用中，是否需要转换为 Cineon LOG 主要取决于原画面的色彩空间。对于已经是 LOG 模式的影片，这一转换步骤可能并非必需。直接应用综合影像风格 LUT，并根据需要对曝光和反差进行微调，通常就能达到令人满意的效果。尽管这类 LUT 是在 Cineon LOG 环境下设计的，能在该环境下发挥最大功效，但调色并非只是简单地套用 LUT，而是一个需要不断迭代和调整的过程。

无论是否进行色彩空间转换，我们都需要对 LUT 应用后的结果进行细致的微调。因此，简化调色流程并明确调色目标显得尤为重要。对于 Rec.709 色彩空间的画面来说，在应用综合影像风格 LUT 之前，转换成 Cineon LOG 是必要的。然而，对于已经是 LOG 模式的影片，这一步骤则不是必需的。

以图 11-39 为例，这是一个使用 S-LOG3 拍摄的画面。如果直接套用 Kodak2383 LUT，得到的画面可能整体效果并不理想，如图 11-40 所示。但是，只需在 LUT 节点前稍微调整一下曝光和反差，即可得到一幅不错的画面，如图 11-41 所示。

图11-39   图11-40

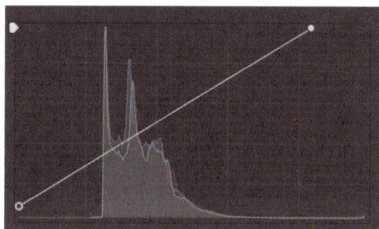
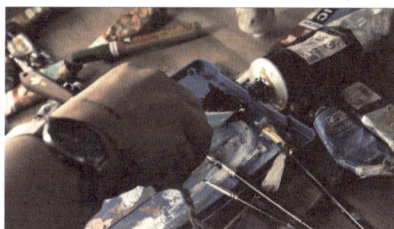

图11-41

如果先进行色彩空间转换，再应用 Kodak2383 LUT，并且不做任何额外操作，得到的画面与直接应用 LUT 并微调反差后得到的画面相比，其实差别并不大。而且，通过简单的操作，我们可以得到与转换成 Cineon LOG 后应用 LUT 几乎相同的画面效果，如图 11-42 所示。这进一步证明了，对于已经是 LOG 模式的影片，色彩空间转换并不是必需的。

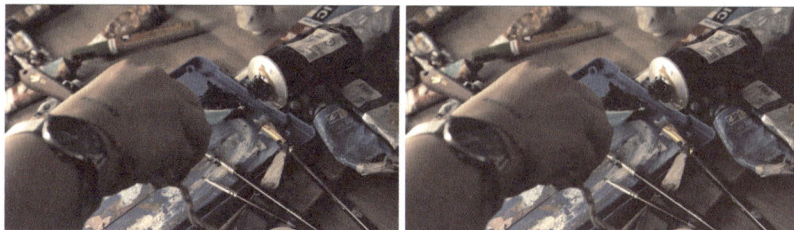

图11-42

在调色过程中，我们需要尽量简化流程并明确目标。色彩空间转换无形中增加了工作量，因为无论是否进行转换，我们都需要对 LUT 应用后的结果进行微调。既然需要进行调整，那么就不必再增加色彩空间转换这一环节。

"前面的节点"通常指的是在 LUT 节点之前的调整节点。由于 LUT 对画面的影响较难控制，如图 11-43 所示，我们通常需要在原素材的基础上进行逆向调整。这包括释放暗部信息、调整曝光、反差和饱和度等关键步骤。这些需要调整的内容与一级校色与还原阶段的任务非常相似。

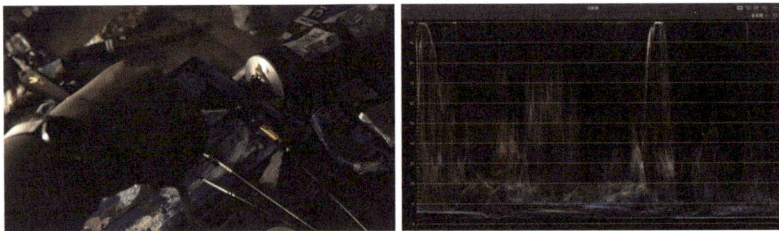

图11-43

因此，我们往往会将 LUT 节点放置在第二排精细化调整的第一个位置，如图 11-44 所示中的 05 号节点，以便能够通过一级校色与还原阶段的节点对画面进行逆向调整。按照前面的分析，我们需要释放暗部信息，让更多的内容从暗部变回中间调部分，并提高整体的曝光。这可以通过在前面的节点（如 02 号节点）使用曲线来实现，如图 11-45 所示。如果觉得饱和度不够，也可以在相应的节点（如 03 号节点）稍微增加一点饱和度。如果需要改变整体颜色倾向，可以在着色节点（如 04 号节点）进行微调。这与灰片画面的一级校色与还原行为非常相似。

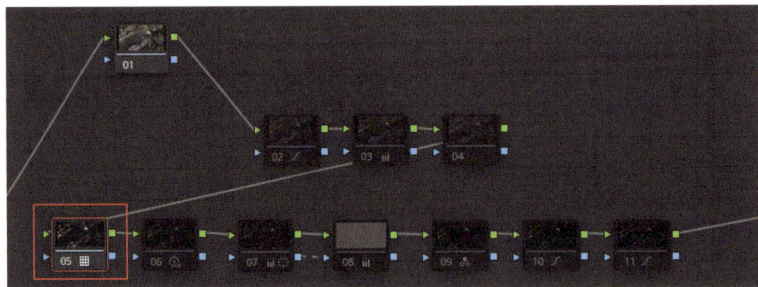

图11-44

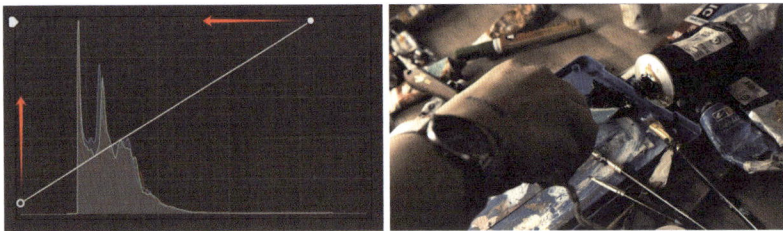

图11-45

LUT 节点虽然位于第二排，但精细化分区调整工作实际上是在这个节点之后展开的。针对画面，我们需要再次进行全局性的光影重塑。为了营造出夕阳画面的特有质感，首先在 06 号节点，略微提高高光部分的曝光，同时压低其他部分的曝光，如图 11-46 所示，从而塑造出优美的光影效果，进一步拉开画面的层次感。

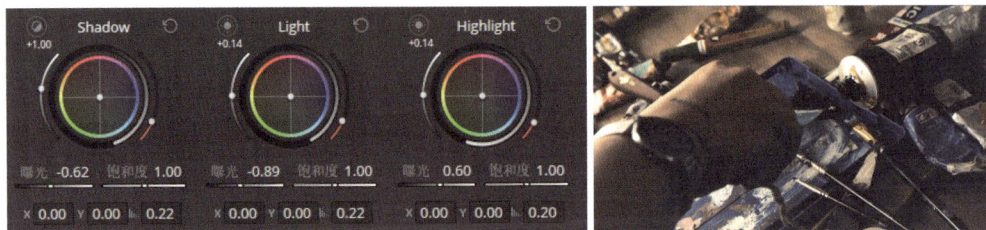

图11-46

接下来，在 07 号节点，顺着光的方向建立一个圆形遮罩，并提亮这一区域，如图 11-47 所示。随后，创建一个外部节点，即 08 号节点，用于压暗画面其余部分的曝光，从而让光的形状更为凸显，使画面的明暗对比更为鲜明。

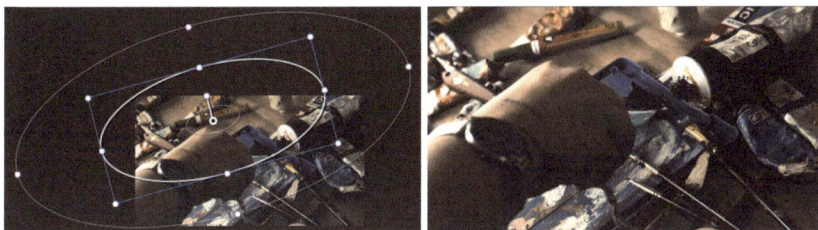

图 11-47

在 09 号节点，通过 RGB 混合器来增强橙色和蓝色的表现力，使其更加鲜艳且富有活力。同时，这一步骤还有助于统一画面的整体色调，如图 11-48 所示。

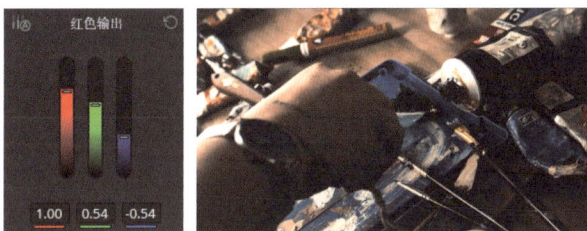

图 11-48

如果饱和度过高，不必担心，可以通过调整饱和度曲线来适当降低高饱和区域的饱和度，从而使画面更加耐看，如图 11-49 所示。

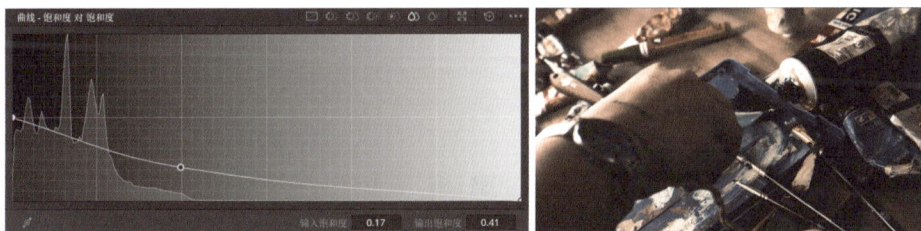

图 11-49

最后，应用一个柔和的对比度调整，以确保画面更加舒适自然。这样一来，高光部分不会显得过于刺眼，而暗部也不会显得过于昏暗，如图 11-50 所示。

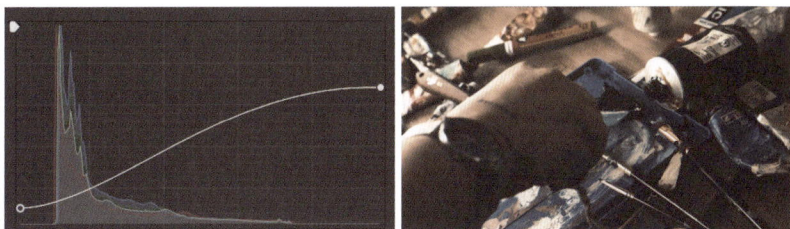

图 11-50

以上就是一个完整的综合影像风格 LUT 在 LOG 模式影片中的应用流程。如果处理的是 Rec.709 色彩空间的影片，只需在 LUT 节点之前添加一个色彩空间转换节点（如 05 号节点），其余操作步骤保持不变，如图 11-51 所示。

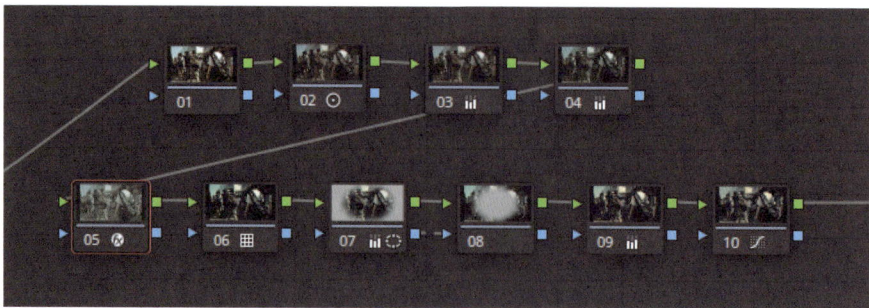

图 11-51

11.3.2 颜色 LUT

综合影像风格 LUT 会对画面的影调、反差和颜色进行全面干预，而颜色 LUT 则与之不同，它主要影响的是画面的颜色表现。以图 11-52 为例，该图展示了一个 LOG 模式的影片画面。

当我们为这幅画面应用一个颜色 LUT 时，可以观察到颜色发生了显著变化，然而，画面的整体曝光和影调关系并未受到明显影响，如图 11-53 所示。

图 11-52

图 11-53

因此，在处理这类颜色 LUT 时，需要先对画面进行还原处理，然后应用 LUT。这样一来，我们就能够得到一个色彩表现优秀且影调关系协调的画面，如图 11-54 所示。其中，左图为还原后的画面效果，右图则展示了加上颜色 LUT 后的画面效果。

图 11-54

LUT 在视频调色中确实为我们带来了便捷，它能够迅速实现特定的色彩风格或还原画面效果。然而，调色是一个高度主观且需要精细操作的过程，要求我们针对画面的具体细节进行周到的优化调整。尽管 LUT 可以在一定程度上提升工作效率，但我们也不能忽视其固有的局限性，例如参数固定以及无法针对细节进行精细调整等。因此，在使用 LUT 时，应紧密结合画面的实际情况，灵活运用色彩空间转换、曝光调整、反差控制以及饱和度调节等多种调色手段，力求达到最佳的调色效果。

第12章
综合调色练习

在本章中，我们将踏入实践操作的"实战演练场"。本章精心策划了5个紧密联系实际、各具特色的综合案例。这些案例均源自多个项目中的实战经验，汇聚了作者在反复尝试与调整中积累的宝贵知识。

调色，这一环节虽富含个人风格和主观判断，但不同案例背后的调色逻辑与思考方式却具有共通性。尽管最终的色彩效果可能因个人审美差异而有所不同，但我们追求的是调色技巧和思路的普适性。

通过这5个综合实操案例，我们期望引领读者逐步深入达芬奇调色的世界，亲身体验从原始素材到成品的完整流程。我们不仅会提供操作指南，更会深入解析每一步的原理，让读者理解操作的目的，并学会在不同情境下灵活应用这些技巧。

无论读者是视频编辑爱好者，还是面临各种调色挑战的专业人士，这些案例都将提供实用的参考与启示。让我们共同实践，感受达芬奇调色的魅力，将普通的视频素材转化为充满艺术感和表现力的视觉作品。

在此过程中，读者不仅能学习到具体的调色技巧，还能培养自身的审美和色彩感知能力。通过不断实践和调整，读者将逐渐掌握如何根据个人风格和需求进行个性化的视频调色。希望这些案例能成为读者调色路上的得力助手，助力创造出更多惊艳的视觉作品。

需要说明的是，本章所有案例的调色工作均在达芬奇广色域环境下进行，采用的还原手段为手动还原。

12.1 室内场景的综合调色

本节效果与节点预览如图12-1所示。

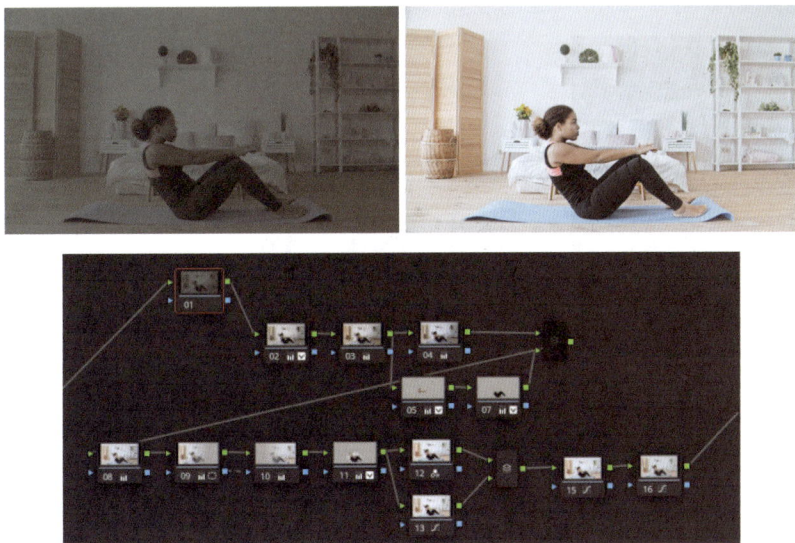

图12-1

室内场景调色看似简单,实则极具挑战性。尽管光源明确,但光的衰减现象却十分显著。以图12-2为例,在还原画面后,可以清楚地看到光线从左侧照射,但当光线传播至画面右侧时,其强度大幅减弱,导致右侧区域显得非常昏暗。为了获得整体通透、明亮的视觉效果,必须对画面进行一系列精细的调整。

图12-2

在追求画面通透感的过程中,一个常用的技巧是向画面添加少许蓝色调,以赋予其更加现代和清爽的观感。具体来说,在04号着色节点上,可以通过调整色温向蓝色方向偏移,从而增加画面的蓝色成分,如图12-3所示。

图12-3

接下来,进入第二阶段的精细调整。此时,画面整体仍然偏暗,这是自然光拍摄室内场景时常见的问题。除非紧邻光源,否则大部分区域都会显得较为昏暗。从图12-4的波形图分析可以看出,画面内容主要集中在中灰至暗部区域。为了改善这一全局性问题,需要整体提亮画面内容,使其更加清晰明亮。在08号节点,可以通过提高阴影部分的亮度来实现这一目标。同时,为了避免高光区域过曝并超出安全范围,可以适当降低高光部分的亮度,如图12-5所示。经过这样的调整,画面将呈现更为均衡的亮度分布,如图12-6所示。

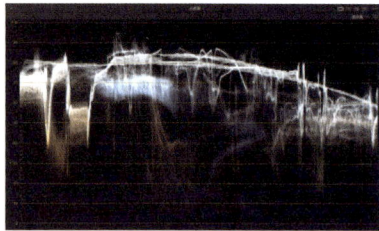

图12-4

图12-5

图12-6

然而,在提高曝光度和提亮阴影区域后,画面的明暗层次可能会受到一定影响,特别是左侧竹篓的位置。在这里,我们需要理解"灯下黑"的概念。竹篓左侧为受光面,因此其亮度较高是合理的;而右侧为背光面,理应较暗。但由于画面缺乏立体感,我们需要通过调整来增强明暗反差。在09号节点,我们可以顺着光线方向从左至右拉一个渐变遮罩,并增强此区域的明暗反差,即提亮高光并加深阴影。这样不仅能还原竹篓正确的明暗过渡,还能强化光线的形状,增强画面的立体感,如图12-7所示。

在创建了从左至右的渐变遮罩后,可以进一步在外部节点上按照图12-8的操作对右侧暗部进行轻微提亮,即适度提高阴影部分的亮度。这一调整的目的是使室内空间更加通透明亮。

图12-7

图12-8

　　具体来说，我们希望波形图中的最上方区域能展现相对一致的高度，从而避免调整前画面右侧出现的明显曝光下降现象，如图 12-9 所示。通过提升阴影部分的亮度，我们尽力使右上角区域的曝光接近其余墙壁的曝光水平，以此实现整个室内空间的亮度均衡，如图 12-10 所示。

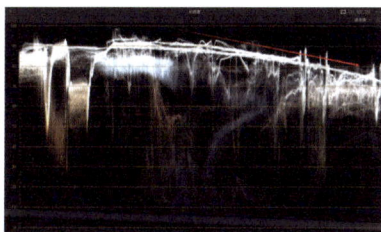

图12-9

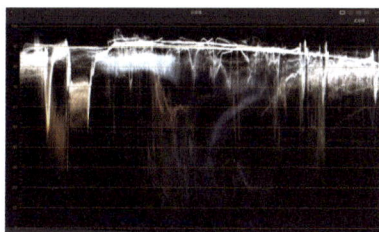

图12-10

　　在关注画面整体亮度的同时，细节部分的处理也不容忽视。例如，人物和左侧竹篓的暗部区域亮度过高，导致画面缺乏立体感，影响了整体质感。因此，在 11 号节点，需要为人物部分创建一个遮罩，并适度增强对比度，以营造舒适的明暗反差效果，如图 12-11 所示。

图12-11

　　在调色时，许多初学者倾向于让所有画面元素都"清晰可见"。尽管这样的处理能让画面显得鲜艳透亮，但容易引发视觉疲劳。优秀的画面应具备合理的明暗层次和恰当的影调反差，以提升画面的可读性和观赏性。

　　接下来，着手调整画面颜色。目前，画面色彩略显乏味，主要包含肤色、左侧竹制品的橙黄色、瑜伽垫的蓝色以及背景绿植的绿色。为了使这些颜色更加和谐统一且鲜艳，我们在 12 号节点利用 RGB 混合器进行调整，如图 12-12 所示。通过增加红色通道中的红色成分，并减少蓝色通道中的红色成分（相当于增加蓝色中的绿色成分），让画面色彩更为鲜艳且协调。当然，这一效果也可通过曲线或色彩校正工具来实现。

图12-12

但需要注意的是，这样的调整可能使右侧的黄绿色绿植偏黄。实际上，日常所见的绿植并非纯绿色，而是带有黄色的黄绿色。增加红色通道的红色成分会导致黄绿色向橙色偏移，显得更黄。为解决这个问题，在 12 号节点上创建一个并行节点，如图 12-13 所示，通过色相调整曲线将绿植调回更绿的色调。

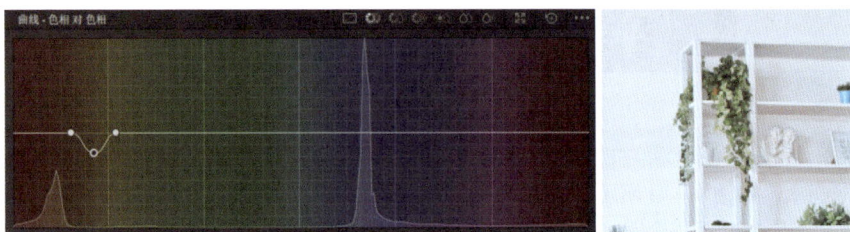

图12-13

调色过程中，我们还需密切关注皮肤的表现。当后续操作对皮肤影响较小时，应返回 05 号节点对皮肤进行优化。此时，皮肤存在对比度和饱和度过高、整体颜色过浓的问题。因此，在 05 号节点，需要选出皮肤区域，并适当降低对比度和饱和度，以获得更自然的皮肤色调，如图 12-14 所示。

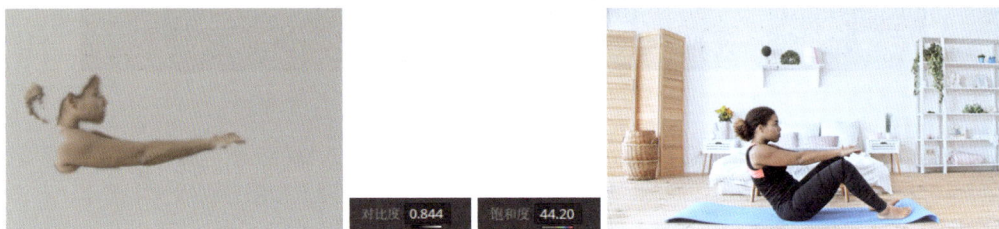

图12-14

除了皮肤，人物衣服的呈现也需关注。回顾最初还原的画面，清晰可见人物衣服原为黑色，但调整后略带蓝色。在产品宣传片中，这种颜色偏差是不被接受的。因此，我们可以借鉴肤色还原的方法，对衣服进行还原处理。在皮肤还原的 05 号节点后添加一个串行节点（即 06 号节点），选出衣服区域，并通过增加对比度和降低饱和度来恢复其原本的黑色调，如图 12-15 所示。

图12-15

至此，画面调整已接近尾声。最后，在第 15 号节点，对饱和度进行平衡调整，即降低高饱和区域和暗部的饱和度，使画面更加耐看、干净。同时，应用柔和对比度的效果，以柔化高光和暗部区域，如图12-16 所示，从而得到一个非常出色的室内综合画面。通过这一系列精细的调整，我们成功提升了画面的整体质感和观赏性，如图 12-17 所示。

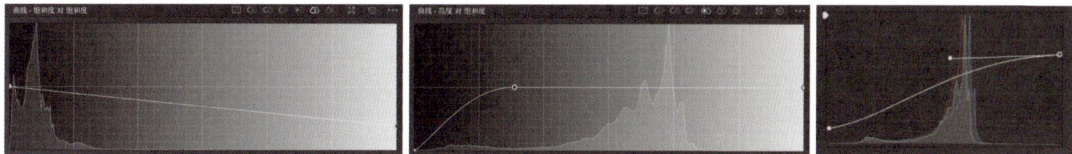

图12-16

图12-17

12.2　户外人像的综合调色

本节效果与节点预览如图 12-18 所示。

图12-18

户外摄影与室内摄影在调色处理上存在显著差异，特别是在对天气条件的依赖上更为明显。在室内环境中，即使天气不晴朗，白天时自然光也可通过窗户照射进来，为后期调色提供了多种可能性，以便模拟不同的天气效果。然而，在进行户外拍摄时，调色工作必须紧密围绕实际天气的光影和色调特性来展开，以保持画面的真实感和自然氛围。

以图 12-19 所示的户外人像为例，该画面在初始状态下就显示出其阴天拍摄的特点，还原后这一特征更为明显。此画面存在几个明显问题：首先，人物主体不够突出，通常需要通过明暗对比或色彩对比来实现，但在此画面中两者均显不足；其次，画面色彩过于繁杂，需要进行调整以达到和谐统一。

图 12-19

对于阴天画面，我们自然会想到利用蓝色调来营造忧郁的氛围。因此，在 04 号着色节点上，可以适当给画面添加蓝色，使色彩更加统一，初步调整后即可看到明显效果，如图 12-20 所示。

图 12-20

接下来，在第二轮调整中，需要对画面全局进行光影优化。阴天画面的曝光特点应为整体偏暗、光线柔和且对比度低。为此，在 08 号节点上，可以降低 Shadow（阴影）和 Light（亮光）的曝光度，以符合阴天的光影特性，如图 12-21 所示。

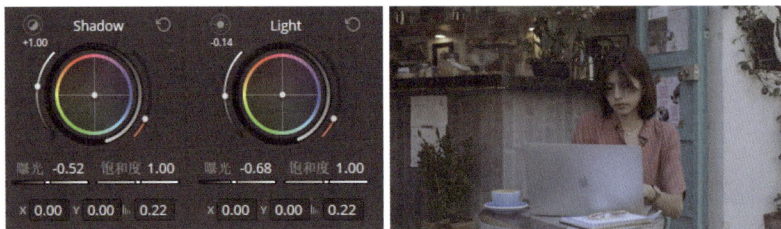

图 12-21

调整这两个参数后，必须审慎观察画面是否需要进一步调整 Highlight（高光）和 Dark（暗部）。在此画面中，为了提高整体亮度并防止暗部过黑，我们需要适当增加 Highlight 的曝光度，以确保画面有明确的高光区域，避免整体画面过于灰暗；同时，也要确保 Dark 的曝光度有所提高，以防止暗部出现死黑的情况，如图 12-22 所示。

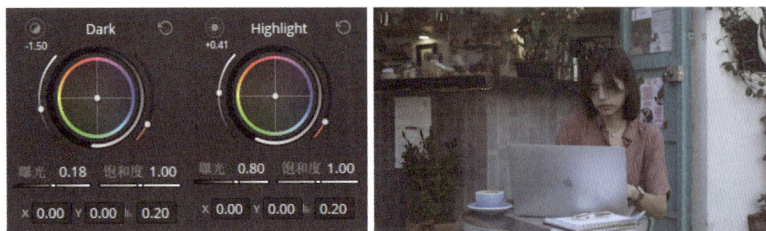

图 12-22

整体画面的光影调整完成后，需要单独强化人物部分。对于这个画面来说，由于阴天导致整体饱和度不高，因此通过颜色反差来突出人物略显困难。尽管人物的衣服与背景颜色差异很大，但更有效的方法是通过曝光反差来进行强化。为了更自然地提亮人物，可以顺着光的方向使用一个渐变遮罩。在 09 号节点上，从右往左顺着光的方向来提亮人物，而不是仅在人物周围画一个圆形遮罩来提高曝光，如图 12-23 所示。

图12-23

在提亮人物的过程中，可能会同时提亮背景中的无关部分，如右侧的墙壁。为了解决这个问题，可以利用遮罩的差集功能，在右侧墙壁位置再建立一个方形遮罩，并选中"相减"或"排除"选项（具体术语可能因软件不同而有所差异），使渐变遮罩仅影响人物区域，如图 12-24 所示。

图12-24

光影重塑的步骤还未结束。在 10 号节点上，从左往右拉了一个渐变遮罩，目的是压暗室内的曝光，从而更加突出坐在室外的人物。但又不希望完全失去左侧室内的灯光效果，因此选择了增加"对比度"参数而非直接降低曝光度，如图 12-25 所示。这样的调整可以在保持室内灯光效果的同时，更好地突出室外的人物主体。

图12-25

接下来，我们着眼于画面的色彩调整。首先，右侧墙壁的色彩显得杂乱，既包含之前添加的蓝色，又混杂着斑驳的黄色。为了解决这个问题，在 11 号节点上，使用方形遮罩精确选中该墙壁区域，并降低其饱和度。同时，为了避免影响到紧邻的绿植色彩，我们选择了对低饱和部分更为敏感的色彩调整功能，并谨慎地增大"饱和度"滑块值，以确保绿植的色彩得到保留与增强，如图 12-26 所示。

图 12-26

色彩对比是提升画面趣味性和视觉冲击力的关键。在这幅画面中，左上角的灯光作为唯一的暖光源和明确的光源，值得我们进行重点强化。因此，在 12 号节点上，精确选中该灯光区域，利用"亮部"调整工具为其增添暖色调，从而使整个画面瞬间焕发出温暖的活力，如图 12-27 所示。

图 12-27

为了进一步加强画面的冷暖对比效果，我们还创建了一个外部节点（即 13 号节点），并运用"偏移"功能为画面的其余部分增添冷色调。在此过程中，我们特别注意避免对肤色造成过大的影响。因此，在"中间调"调整工具上，轻微地向暖色方向进行调整。由于人物肤色通常位于中间调范围内，这样的调整可以有效地平衡"偏移"功能对肤色产生的潜在影响，如图 12-28 所示。

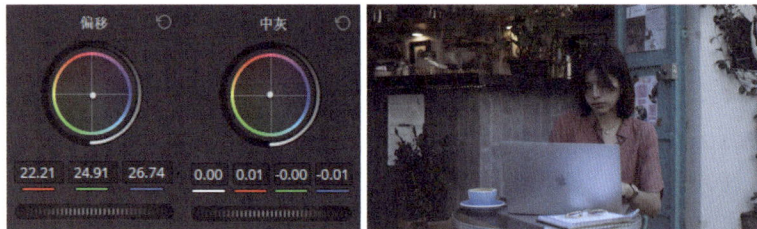

图 12-28

此外，我们还借助 RGB 混合器对色彩进行更为精细的微调。例如，在红色通道中增加红色成分，同时在绿色通道中减少红色成分，这样的调整有助于强化画面中已有的色彩对比和层次感，如图 12-29 所示。

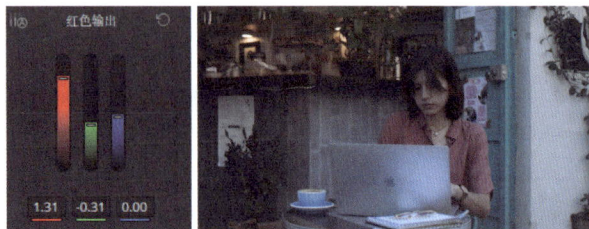

图 12-29

在调整的最后阶段，我们对肤色进行了优化处理。虽然肤色的整体色调已经相当自然，但略显暗沉。为此，返回到 05 号节点，精确选中皮肤区域，并适当提高其亮度。如果画面中包含笔记本电脑等产品元素，此时也可以针对这些元素进行细节增强和对比度提升的处理，以突出其质感和细节，如图 12-30 所示。

图 12-30

最后，在 15 号节点上，为整个画面添加了一个左右对比度调整工具，旨在进一步拉开画面中间调的明暗反差，增强立体感。同时，我们还添加了一个暗角效果，以引导观众的视线聚焦于画面中心，如图 12-31 所示。经过这一系列精心细致的调整步骤，我们最终获得了一幅非常出色的户外人像作品，如图 12-32 所示。画面的整体质感和视觉吸引力得到了显著提升，更加符合户外人像摄影的审美标准和要求。

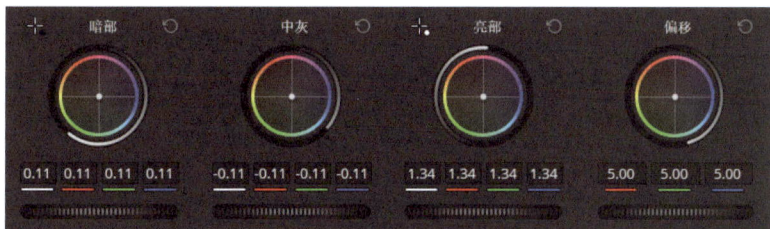

图 12-31

图 12-32

12.3 宣传片风格的综合调色

本节效果与节点预览如图 12-33 所示。

图 12-33

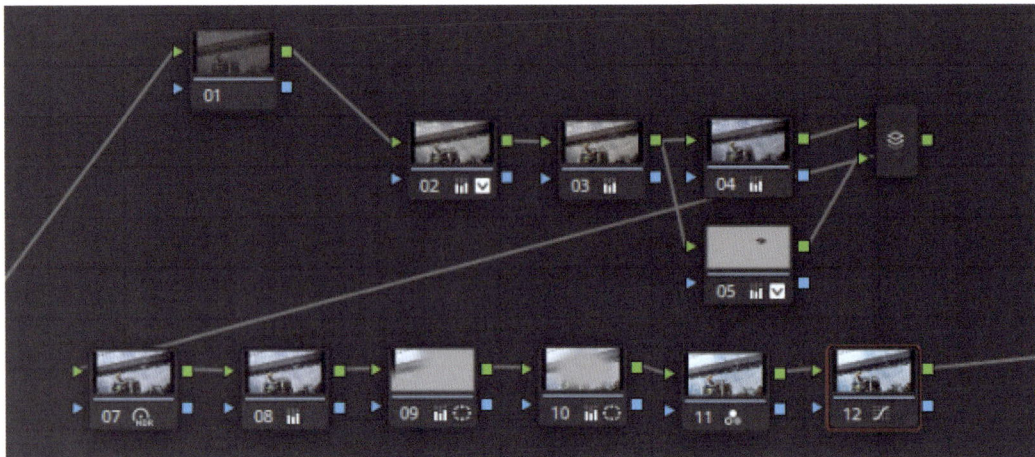

图12-33（续）

　　宣传片在中国商业领域中具有举足轻重的地位，其数量占比持续居高不下。在众多需要调色的项目中，宣传片调色需求尤为突出。客户在制作宣传片时，往往追求现代化、通透感等视觉特效，以期能全方位、正面地展示其企业或品牌形象。然而，实际拍摄过程中常受天气、时间等客观条件限制，难以总是获得最理想的画面。这时，后期调色就显得至关重要，它能够弥补前期拍摄的不足。

　　以图 12-34 所示的现场勘查宣传片镜头为例，虽然通过玻璃的反光可以隐约看到天空的云彩，但整体画面略显沉闷，且带有暖色调，这主要是由于拍摄时间较晚所导致的。

图12-34

　　这一问题并非由白平衡设置不当引起，因此在 02 号节点无须进行过多调整。相反，应在 04 号节点进行色彩调整，将整体画面色调向蓝色偏移。经过这样的调整，画面立刻变得更加通透，也更符合拍摄时的预期效果，如图 12-35 所示。

图12-35

　　接下来，需要进一步优化全局曝光。为了营造出宣传片所追求的通透感，必须确保画面中的明暗过渡更加流畅、自然，即使曝光的分布范围更广，而非局限于特定区域。在此画面中，大量信息集中在中灰偏亮区域，导致画面通透感不足。因此，在 07 号节点，即第二排精细化调整的第一个节点中，可以通过提高 Light 色轮的曝光并降低 Shadow 色轮的曝光，来更好地展现中灰部分的信息，如图 12-36 所示。

达芬奇19高质量调色实操手册

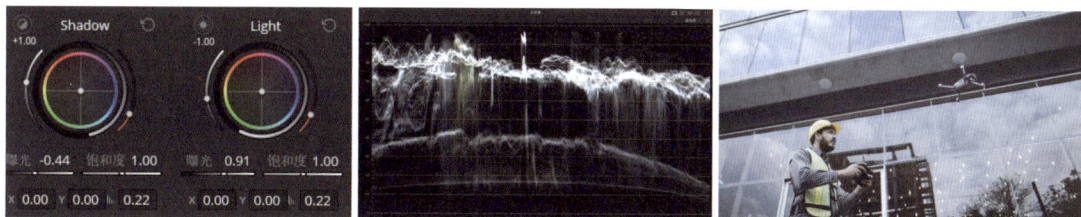

图12-36

经过上述调整，画面整体已有明显改善，但暗部区域仍显得缺乏层次感。因此，在 08 号节点中，可以适当增大阴影部分的值，同时为了保持高光部分的曝光稳定，可以略微减小高光部分的值。这样的调整将使画面更加柔和、自然，如图 12-37 所示。

图12-37

若要使画面更具"广告感"，冲光是一个有效方法。我们可以根据画面中光线的来源方向，在高光位置绘制遮罩并进行提亮处理，如图 12-38 所示。这样，画面将更具现代感。但需要注意的是，冲光效果是人为添加的，因此遮罩的羽化必须足够大，且曝光调整应适度。否则，如果人为痕迹过重，将影响观众体验。

图12-38

此时，画面整体效果已相当出色，但四周的暗角仍较明显。当使用广角镜头并将焦距调至最广时，常会出现暗角现象。为了解决这个问题，可以在 10 号节点创建一个圆形遮罩并反转。然后，通过增大阴影部分的值来消除暗角，并进一步增强画面的通透感，如图 12-39 所示。

图12-39

在现代化，尤其是科技类宣传片中，如果画面中的蓝色能略带绿色，呈现青色的调子，将有助于提升整体视觉效果。因此，在 11 号节点中，可以减少蓝色中的红色成分（即增加绿色成分），并同时提高红色通道的值以平衡其他颜色，确保整体色调不受过大影响，如图 12-40 所示。

图 12-40

如果航拍器现场勘查是该企业或项目组的独特优势，那么在后期制作中同样应当突出这一重点。为此，可以返回到 05 号节点（与 04 号节点并行），为航拍器专门绘制一个遮罩，并针对性地增大对比度和中间调细节的值，使其影像更为醒目、立体，如图 12-41 所示。若在调色过程中发现肤色出现偏差，也可以在此环节进行相应的调整优化，具体做法是在该节点后串联一个新的调整节点。

图 12-41

最后，为整个画面添加一个柔和的对比度调整，如图 12-42 所示。这一步骤在宣传片制作中至关重要，它能够为画面带来更加柔和、自然的视觉效果，从而充分展现画面的质感与层次，最终效果如图 12-43 所示。

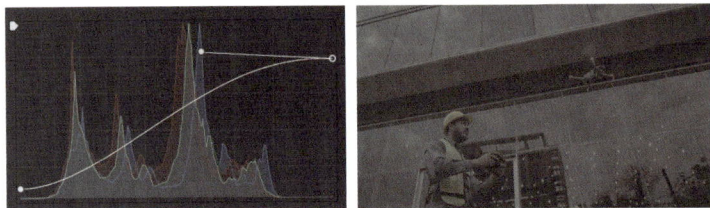

图 12-42

图 12-43

值得一提的是，这一调色流程并非仅限于特定案例，而是可以灵活应用于各种不同的镜头。为了实现节点设置的快速套用，只需打开"片段"选项卡，选中需要应用调色的片段，如图 12-44 中的 113 片段，然后使用鼠标中键单击已经调色完成的片段，如图 12-44 中的 112 片段，即可直接套用已有的节点设置。

图 12-44

由于我们遵循的是一套经过验证的成熟调色流程，因此在粘贴节点设置后，若需要进行微调，只需找到对应的节点进行调整即可。例如，如果需要调整曝光度，我们可以直接定位到第二排的第一个节点进行相应的操作。实践证明，这种方法能够显著提升宣传片的整体视觉效果，如图 12-45 所示。

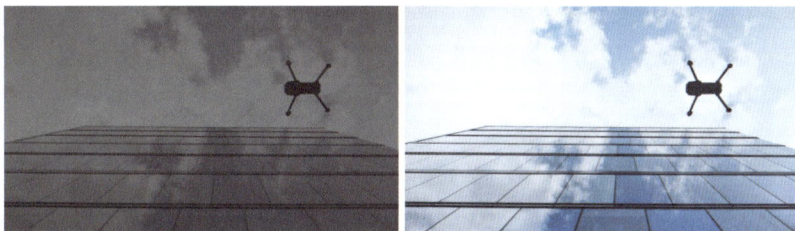

图12-45

12.4 电影风格的综合调色

本节效果与节点预览如图 12-46 所示。

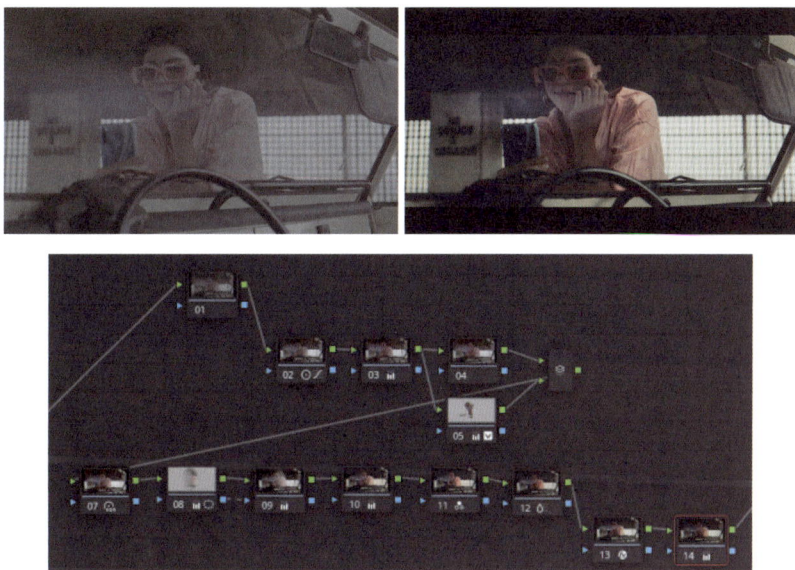

图12-46

电影风格，作为一种独特的视觉表达手法，其应用并不局限于电影领域。尽管电影市场广大，但高门槛使许多人难以直接参与电影制作。因此，电影风格更多地被引入到旅拍、VLOG、剧情类短片等领域，用以提升画面的艺术层次和风格特点。电影风格具备两大鲜明特征：一是倾向于营造较暗的视觉氛围，通过显著压暗中灰及暗部区域，形成独特的影像效果；二是色彩运用大胆，擅长利用互补色来强化情感表达。

以图 12-47 为例，可以观察到原始画面的色彩相对单调，整体曝光也缺乏层次感。基于电影风格的上述特点，可以对画面进行有针对性的调色处理。

图12-47

在调色过程中，04 号节点的着色步骤需要根据画面的实际情况来灵活调整。如果原图色彩已经相当出色，或者调色方向尚未明确，可以暂时保留该节点的原始设置，不进行任何调整。这样做是为了保持调色流程的完整性，避免不必要的混乱。

进入第二排精细化调整环节，我们的目标是增强画面的明暗对比，使其更加丰富和立体。在 07 号节点，通过提高 Light 色轮的曝光并降低 Shadow 色轮的曝光来实现这一目标，如图 12-48 所示。这一调整是全局性的，暂时不考虑特定元素如人物的影响，而是着眼于整体曝光分布的均衡性。

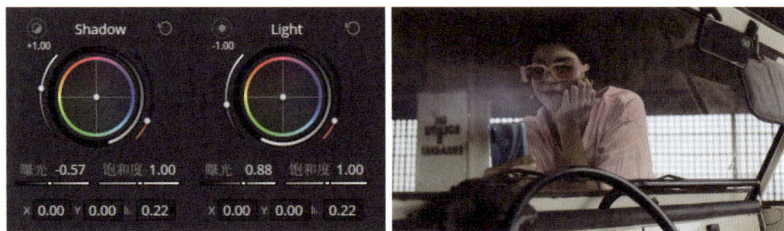

图 12-48

考虑到人物身上的光线是从右侧照射过来的，并呈现渐变效果。为了提亮人物并保持与拍摄条件的一致性，需要建立一个渐变遮罩，并在人物范围内再建立一个圆形遮罩。这样可以将渐变效果局限在人物身上，并通过适当提高曝光来使人物更加立体，如图 12-49 所示。在进行电影风格调色时，人物不应被视为画面主体，而是作为画面中的一个元素来处理。如果人物是画面中的有趣元素，则对其进行强化；如果是其他物体，则强化相应的物体。

图 12-49

为了进一步增强电影风格的效果，可以在 09 号节点建立一个外部节点，并通过调整"阴影"滑块来压暗四周环境，使画面呈现更加沉郁和深邃的氛围。在电影风格调色中，大胆压暗是常用的手法，因为情绪和故事的传达往往比内容的清晰可见更为重要，如图 12-50 所示。

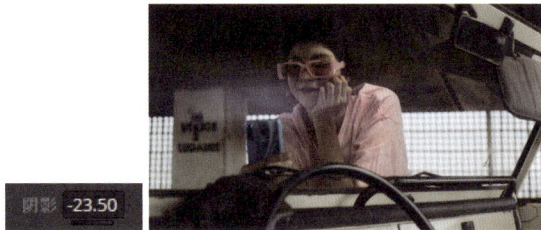

图 12-50

完成曝光调整后，进入染色阶段。根据互补色原理，我们寻找画面中的高光和暗部区域，并分别进行色彩调整。在本例中，我们给画面的高光部分增加橙黄色调，而为暗部添加橙黄色的互补色——青绿色调。这一调整在 10 号节点上完成，通过"亮部"色轮和"暗部"色轮的配合使用，使画面展现出鲜明的风格特征，如图 12-51 所示。

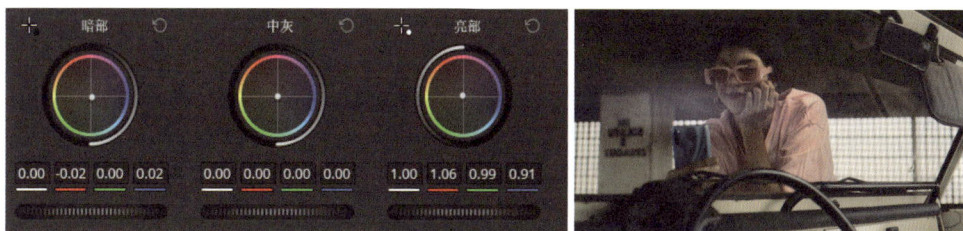

图 12-51

　　然而，仅靠色彩调整还不足以让画面达到理想的艳丽程度。我们还需要借助 RGB 混合器，对画面中的主导颜色进行统一与增强。举例来说，我们可以在红色通道中增加红色成分，同时减少绿色通道中的红色成分，以凸显绿色效果。这样的调整策略能够使画面色彩更为饱满且鲜明，如图 12-52 所示。

图 12-52

　　电影风格的画面往往具备厚重的质感。为了实现这一特效，可以利用色轮六矢量切片工具来提升画面的密度。在本例中，我们除了增加全局密度外，还特意加强了黄色与青色这两种主色调的密度，从而让画面显得更为厚重且深邃，如图 12-53 所示。值得注意的是，尽管此类调整可能会让人物肤色显得偏暗，但我们可以在后续的流程中进行相应的优化处理。

图 12-53

　　回到 05 号节点，选定人物并适度降低其对比度，同时调整轴心，以使人物形象更为柔和自然。此外，通过适当减少中间调细节，我们可以让肌肤质感显得更加细腻平滑，避免出现过于斑驳或粗糙的视觉效果，如图 12-54 所示。

图 12-54

　　在调色的最后阶段，为画面添加一个电影感外观创作器会是一个不错的选择。鉴于我们之前已经对画面的影调与色彩分布进行了精细的调校，加入电影感外观创作器后，即便不进行任何参数调整，也能显著提升画面的电影感，如图 12-55 所示。

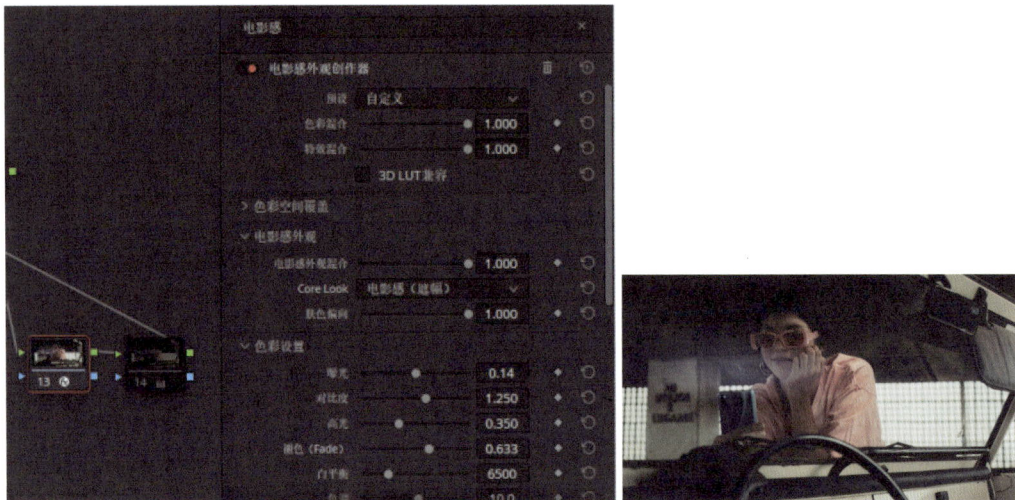

图 12-55

左右对比度调整是电影风格调色的一个有效收尾步骤。通过加大中间调的反差，可以让画面的层次感更加分明，从而进一步强化所谓的"电影感"，如图 12-56 所示。

图 12-56

经过上述一系列的调整，我们最终获得了一幅效果出色的画面。若再为其添加一个遮幅，比如采用 2.35:1 的画面比例，那么电影感的效果将会更加凸显。这样的画面不仅展现了独特的艺术风格，还能更好地传达故事情感，为观众营造出沉浸式的视觉体验，如图 12-57 所示。

图 12-57

12.5 风光的综合调色

本节效果与节点预览如图 12-58 所示。

图12-58

　　风光摄影的调色工作既繁复又精细，其技巧难以通过单一实例全面阐述。为了深入探讨，我们将通过改进一张普通风光照片的过程，来揭示风光调色中分区调整的精髓与技巧。

　　图12-59展示的是一张较为普通的风光照片。在风光调色中，若原始素材已足够出色，轻微调整即可获得满意效果。然而，这样的案例缺乏普遍教学意义。相反，通过改进那些看似平常的照片，我们能更深刻地理解风光调色的挑战与吸引力。从原图中可见，天空虽蓝却显得暗淡无层次，云层缺乏立体感；海面同样显得不够清澈；右侧的沙滩则色彩单调且灰暗。

图12-59

　　风光调色的核心在于对画面各部分进行独立调整。这需要我们对每个区域进行细致分析，并遵循总分总的调色逻辑。为增强画面整体通透性，可以在着色节点适当增加蓝色。因为晴朗且能见度高时，远处的景物更清晰，世界也更通透，此时拍摄的照片会略微偏蓝。所以，在04号着色节点加蓝能提升画面通透感，如图12-60所示。当然，此技巧需要根据具体场景灵活应用。

图12-60

接下来进入第二排的精细调整阶段。针对画面发灰问题，最有效的方法是增强明暗对比。通过提高 Light 色轮的曝光并降低 Shadow 色轮的曝光，可显著提升画面对比度，使其更生动，如图 12-61 所示。

图 12-61

然而，仅整体调整还不够。接下来，将按照分区调整策略，对不同部分进行精细处理。首先是天空部分，通过结合限定器与遮罩，单独选出天空区域，并提高其对比度和饱和度。这样，原本灰暗的天空将重现深邃的蓝色，云层也会呈现更丰富的层次感，如图 12-62 所示。

图 12-62

接下来是海面部分。同样，我们利用限定器和遮罩选出大海的范围，增加其饱和度，使海面更加清澈且充满活力，如图 12-63 所示。

图 12-63

最后是沙滩部分。通过限定器选出沙滩区域后，同样通过提高饱和度的方式，让沙滩变得更加鲜艳有质感，如图 12-64 所示。

图 12-64

这 3 个分区调整步骤以并行节点的形式进行，如图 12-65 所示。它们并非简单调整，而是对画面的关键补救和优化步骤。通过这些操作，我们能让原本普通的画面焕发生机，为后续的风格化调整奠定坚实基础。此过程中，调色师的分区调整思维能力得到了充分考验和锻炼。风光调色的魅力在于：只有充分且独立地考虑每块内容，才能创造出更出色的风光作品。

前面我们所做的都是补救和优化工作。现在获得的画面可视为刚完成一级校色与还原阶段。接下来，将正式进入调整阶段，进一步优化全局影调。通过分析可知，此画面拍摄于下午，太阳从右侧照射，整体照度不高。虽未到傍晚，但我们可以根据下午至傍晚的光影变化来调整，营造一种高光不亮、大光比的影调关系。在 10 号节点，降低 Light 色轮和 Shadow 色轮的曝光来使大部分内容变暗，同时提高 Highlight 色轮的曝光来增强光比效果。这样，画面将呈现更加立体且富有层次感的视觉效果，如图 12-66 所示。

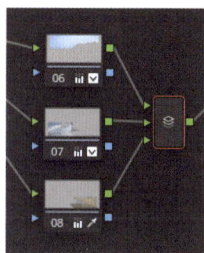

图12-65   图12-66

接下来，在 11 号节点，再次单独选出天空部分，通过提高对比度和增加中间调细节，进一步强化天空的层次感，如图 12-67 所示。此步骤并非必须后续进行，而是依据调色过程中的自然思考流程而定。在 06 号节点，我们主要致力于将天空恢复到较为理想的状态；而到了后续阶段，则进一步思索如何增强天空的层次感和细节表现。

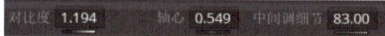

图12-67

随后，为了塑造光的形态并赋予画面更立体的感觉，我们从右至左拉一个渐变遮罩，并适当提亮，如图 12-68 所示。但鉴于天空部分已呈现优美的渐变，若再次提亮可能导致过曝。因此，我们利用遮罩的差集功能单独提亮地面部分，并创建外部节点以降低其余部分的曝光。这样，画面将更加立体，层次感也更为丰富。

图12-68

若画面色彩显得过于单调，可以通过为红色添加红色调，使沙滩更显鲜艳；同时，通过为蓝色减少红色（即增加绿色），让天空和海面的颜色更为饱和且稍带青翠，从而增强画面的风格特色，如图 12-69 所示。

最后，为了画面的和谐统一，我们需要平衡饱和度，即降低高光和暗部的饱和度，并施加柔和的对比度，如图 12-70 所示。至此，整个调色过程完成，效果如图 12-71 所示。

图12-69

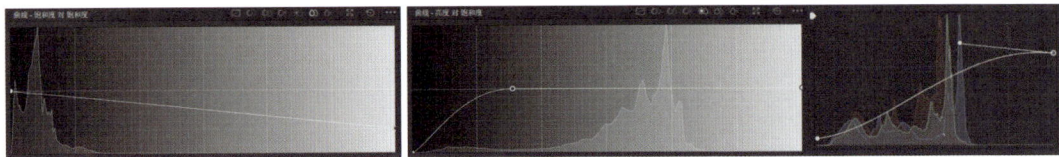

图12-70

图12-71

调色并非如想象中那般错综复杂。关键在于清晰的思路与恰当的方法。若盲目套用他人模板，而忽视素材的实际情况，调色便只能触及表面，无法深入其精髓。唯有通过不断的实践、探索与思考，我们才能逐步领悟风光调色的核心技巧与奥秘，进而创作出更为出色的风光作品。

在深入剖析了上述 5 个风光调色案例后，我们可以提炼出调色的核心思路：观察、分析、分区、调整与平衡。

观察是调色的起点。我们需要细致观察原始素材的色彩、光影与构图，洞悉其内在特质与不足。只有充分把握画面的整体氛围与细节表现，才能为后续调整奠定坚实基础。

分析色彩在调色中至关重要。在观察的基础上，我们需对画面进行深入剖析，识别影响画面效果的主要因素，并明确调整的方向与重点。这一步骤要求我们具备敏锐的色彩感知能力与扎实的摄影基础知识。

分区是调色的精髓所在。通过将画面划分为不同区域，并针对各区域特点进行单独调整，我们能够更精准地掌控画面的色彩与光影效果。分区调整不仅要求我们具备娴熟的调色技巧，更需要拥有严谨的逻辑思维与丰富的创意想象力。

在分区调整的基础上，我们还需要进行整体的调整与优化。通过调整色彩饱和度、对比度和亮度等参数，我们可以进一步提升画面的视觉效果与表现力。同时，也需要时刻关注画面的整体平衡，避免过度调整导致画面失真或和谐感丧失。

平衡是调色的终点。在完成各项调整后，我们需要再次审视整个画面，确保各部分之间达到最佳平衡状态。只有在色彩、光影与构图等方面实现和谐统一时，我们才能创作出真正赏心悦目的作品。

调色的核心思路是一个由观察、分析、分区、调整到平衡的过程。只有掌握这一思路，并在实践中不断运用与完善，我们才能成为真正的调色大师，创作出更为出色的作品。